复杂构造带深层碳酸盐岩礁滩气藏高效勘探开发技术

——以川东北龙会场地区为例

曾汇川　何　骁　赵　松　黄雪松　王　刚　刘　钧　等　著

科学出版社

北　京

内 容 简 介

本书针对制约复杂构造带深层碳酸盐岩生物礁及鲕粒滩油气勘探开发的关键问题，将理论研究与生产实践紧密结合，以川东北龙会场地区二叠系长兴组、三叠系飞仙关组为例，结合国内外相关领域的研究现状及进展，深入探索深层碳酸盐岩礁滩气藏的高效勘探开发技术，主要内容包括高质量地震采集及精细构造解释研究、沉积特征及分布规律研究、储层特征识别及预测研究、储层流体识别研究以及钻井、试油、试采等开发技术研究等。旨在通过研究，形成复杂构造带礁滩岩性气区地质-地球物理-钻井试油开发工程的一体化勘探开发综合配套技术，为邻区及类似含油气盆地中生物礁滩油气的有序勘探开发提供借鉴。

本书可供从事油气勘探开发的高校、科研院所以及生产单位参考使用。

图书在版编目（CIP）数据

复杂构造带深层碳酸盐岩礁滩气藏高效勘探开发技术：以川东北龙会场地区为例/曾汇川等著. —北京：科学出版社，2017.6

ISBN 978-7-03-052960-2

Ⅰ. ①复… Ⅱ. ①曾… Ⅲ. ①碳酸盐岩油气藏–油气勘探–川东地区 ②碳酸盐岩油气藏–油田开发–川东地区 Ⅳ. ①TE344

中国版本图书馆CIP数据核字（2017）第116456号

责任编辑：张 展 罗 莉 / 责任校对：刘 勇
责任印制：罗 科 / 封面设计：陈 敬

科学出版社出版
北京东黄城根北街16号
邮政编码：100717
http：//www.sciencep.com

四川煤田地质制图印刷厂印刷
科学出版社发行 各地新华书店经销
*
2017年6月第 一 版 开本：787×1092 1/16
2017年6月第一次印刷 印张：12 1/2
字数：296 400

定价：98.00元

（如有印装质量问题，我社负责调换）

《复杂构造带深层碳酸盐岩礁滩气藏高效勘探开发技术——以川东北龙会场地区为例》

作 者 名 单

曾汇川　何　骁　赵　松
黄雪松　王　刚　刘　均
曹　刚　张　航　葛　枫
汪　洋　任　阳　任洪明
蒋　东　罗　韧　宋　勇
蒲军宏　曹脊翔　曾令平

前　言

自 20 世纪五六十年代以来，随着对碳酸盐岩生物礁的认识不断深化以及国际上碳酸盐岩油气勘探的突破，碳酸盐岩储层成为寻找油气的重点。生物礁滩储层是一种重要的碳酸盐岩储层，世界上可采储量达 8000 万 t 以上的大型生物礁油田多达十余个，总的可采储量超 50 亿 t，主要分布在伊拉克、利比亚、墨西哥、加拿大和美国。我国海相生物礁分布广泛，有利勘探区域众多，自 1987 年在南海北部珠江口盆地发现第一个大型生物礁油田（流花 11-1）以来，目前已发现了相当数量的生物礁滩油气田。特别是近年来在塔里木盆地以及四川盆地的巨大发现和突破，展示出生物礁滩油气藏的巨大勘探潜力。

生物礁滩油气勘探是世界性的研究难题，主要有以下两点原因：首先，生物礁的生成和演化受比较苛刻的地质、沉积、地理环境和古气候等多种条件控制，空间分布区域是特定的；其次，生物礁储层属于隐蔽性岩性储层，岩性变化大，空间分布不规则，埋藏深、勘探难度大。如何利用地球物理资料，开展研究生物礁滩储层的内部特征与外部形态、地球物理响应特征以及分布规律等，形成有针对性的生物礁滩储层预测与流体识别方法系列，是生物礁滩油气勘探急需解决的难题。此外，生物礁储层发育区域往往构造条件复杂，钻井难度大，如何优选钻井、试油、储层改造、试采等开发技术，也会严重影响生物礁滩气藏的开发。因此，从生物礁滩储层特征、富集规律等地质条件着手，优选钻井、试油、试采等开发方案，形成礁滩岩性气区地质-地球物理-钻井试油开发工程一体化勘探开发综合配套技术，对生物礁滩气藏的有序勘探开发有重要的现实意义。

龙会场复杂构造区地理位置位于四川省达州市达川区、渠县、大竹县和重庆市梁平县境内，泛指位于开江-梁平海槽西侧，包含龙会场、铁山（铁山南、铁山北）、铁东、蒲西和双家坝五个区块的龙会场-双家坝地区。该区的油气勘探早在 20 世纪 90 年代就已开发，一直是四川盆地海相天然气勘探的重点领域和开发建产区。目前已发现普光、元坝、龙岗、铁山坡、渡口河等多个气藏，获三级储量达数千亿立方米，证明该区生物礁滩气藏勘探潜力巨大。然而在前期的油气勘探开发过程中也暴露出不少问题，严重制约着该区油气的勘探开发效果。

（1）构造解释质量有待提高。研究区属高陡复杂构造区，地表条件复杂，断层组系多。经过多轮地震构造解释在构造细节上仍不一致，圈闭规模不落实。

（2）储层分布规律不清楚。由于区内前期主要研究层系为石炭系，对二叠系生物礁储层发育演化特征研究欠缺，对飞仙关组鲕滩研究也仅集中在局部构造，对长兴组生物礁滩及飞仙关组鲕滩分布规律缺乏整体认识。

（3）岩性气藏的成藏富集条件有待深化，井位部署困难。早期对铁山气田长兴组及飞仙关组礁滩气藏类型、气水分布有基本认识，认为气藏受不规则礁滩储渗体及构造控制，但该观点指导下的邻区钻井失利较多。

（4）龙会场地区构造条件复杂，给钻井工程及其配套技术带来较大困难，因此寻找先进的、经济有效的钻井、试油、开发技术非常重要。

针对制约龙会场复杂构造区生物礁滩气藏勘探开发的关键问题，本书将理论研究与生产实践紧密结合，结合国内外相关领域的研究现状及进展，深入探索深层碳酸盐岩礁滩气藏的高效勘探开发技术。旨在通过研究，形成复杂构造带礁滩岩性气区地质-地球物理-钻井试油开发工程的一体化勘探开发综合配套技术，为邻区及类似含油气盆地中生物礁滩油气的有序勘探开发提供借鉴。

本书在编写过程中得到西南石油大学地球科学与技术学院蒋裕强教授、罗仁泽教授、陶艳忠教授等的大力支持，同时也得到了中国石油集团川庆钻探工程有限公司地球物理勘探公司、四川仁捷石油技术有限公司、中国石油西南油气田分公司勘探开发研究院等单位的领导、专家及科研人员的帮助。此外，本书在编写过程中参考、借鉴了国内外部分学者的研究成果，在此一并表示感谢。

本书的出版还得到了中国石油西南油气田分公司川东北气矿的领导、专家的大力支持，在此表示感谢。

由于笔者水平有限以及时间仓促，本书难免存在错误及不足之处，恳请广大读者不吝赐教，批评指正。

目　　录

第1章　绪　　论

1.1　全球生物礁滩油气藏勘探进展

20 世纪 50 年代末，随着对碳酸盐岩生物礁认识的不断更新，以及国际上碳酸盐岩油气勘探的突破，人们掀起了一阵在碳酸盐岩地层中寻找油气资源的热潮，碳酸盐岩成为人们寻找油气的重点对象。碳酸盐岩约占世界上沉积岩总量的 20%，而在碳酸盐岩中的油气资源量约占 50%，产量约占 60%，因而碳酸盐岩是一类重要的油气储集类型。此外，由碳酸盐岩储集层构成的油气田常常储量大、产量高，容易形成大型油气田。

因此，开展碳酸盐岩特征以及油气在碳酸盐岩中的产出位置、运移、成藏组合和产状等性质的研究就显得格外重要且具有实际的生产价值意义。一般情况下，碳酸盐岩为低孔、低渗的致密岩层，不易形成油气储层，但其中的裂缝、溶蚀孔洞和礁滩复合体则有可能成为优质储层。总体上，碳酸盐岩储层可归纳为以下几大类：处于不整合面以下的石灰岩和白云岩、潮下带到潮上带的白云岩，以及鲕粒、团粒浅滩和礁、泥晶灰岩、白云岩内的微孔隙、泥晶灰岩内的微裂缝。而其中的礁、滩和礁、滩中的孔、洞、缝储层则是如今的研究重点。世界上碳酸盐岩储层类型主要有生物礁、颗粒滩、白云岩和古岩溶四种（图 1-1），其中生物礁储层类型占有数量最多，说明生物礁研究对油气勘探具有重要意义。国际上，从科学的角度对生物礁进行研究已有近 200 年的历史，主要着重于生物礁成因研究。

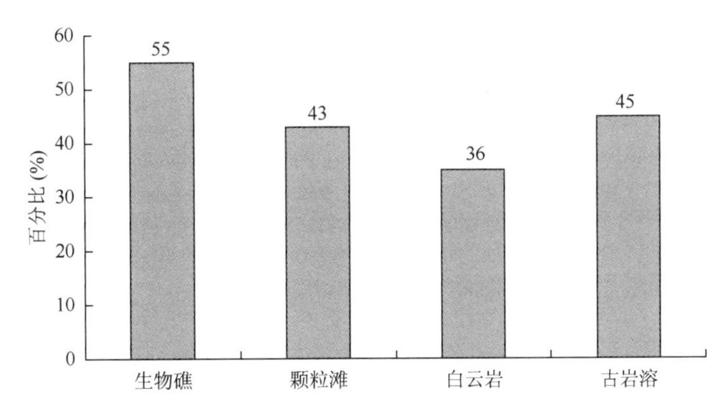

图 1-1　全球大型碳酸盐岩油气田储层类型统计特征（张兵，2010）

20 世纪 20 年代在生物礁中发现了大量的油气，此后人们开始重视生物礁的研究。目前，世界上可采储量达 8000 万 t 以上的大型生物礁油田就有十几个，总的可采储量超过 50 亿 t，主要分布在伊拉克、利比亚、墨西哥、加拿大和美国等。其中最著名的油田有：墨西哥的黄金巷油田、美国的二叠系生物礁油田、加拿大西部的泥盆系生物礁油田等。

总体而言，自 20 世纪以来，国际上生物礁的概念和相关理论发展较快，主要有以下几点：

（1）生物礁的复杂性，导致在对其研究的漫漫历史长河中存在很多的争议和挫折，尤其对生物礁的定义方面就出现过很多的分歧，百家争鸣，直至今日，也未能有一个统一的定义。20世纪70年代之前，人们对生物礁的定义主要集中于区分其建造、内部组分和外部抗浪结构，学者们的主观意识在很大程度上制约了对生物礁概念的发展，并且还引发了很大的争议。这些争议也在某种程度上促进了人们对生物礁认识的发展，所以在70年代以后，国际上才统一将那些有很大争议的生物建造称为生物礁。此后，对生物礁的认识和发展突飞猛进，生物礁的定义已不再局限于其建造、内部组分和外部抗浪结构，而是区分其内部组分和成岩作用。随着概念的不断发展，依据不同，导致分类也有很大的变化，这从侧面说明了人们对生物礁研究的重视，对生物礁的发展起到了推动作用。

（2）20世纪90年代之后，国际权威学者对生物礁进行了更为细致的分类，如簇礁、节状礁等一系列新型生物礁类型出现，与此同时，也对传统概念的骨架生物礁做了充分的补充。在这一阶段中，人们逐渐将研究重心放在生物礁的形成过程以及其成岩机理上，并在生物礁生长过程中的胶结作用和造礁生物这两个方面的研究上取得了较大的突破。

（3）在近30年来，人们对生物礁的认识变得更加透彻和深刻，已经发展到开始用生物地球化学的知识对生物礁进行研究，并取得了很好的效果，为生物礁的认识和研究提供了坚实的理论依据。随着生物礁勘探技术的发展和成熟，以工业应用为目的的碳酸盐岩地球物理学和生物礁滩勘探技术开始形成，很多大型生物礁油气田也相继被发现，然后很快地投入到生产应用中。

1.2 生物礁滩油气藏勘探开发现状

1.2.1 国外研究现状

全球生物礁油气资源丰富。据统计，目前世界上礁型油气田总的可采储量达50×10^8t以上，随着生物礁油气勘探的不断深入，更多的礁型油气田被发现，其储量值可能远超此数。生物礁油气藏在全球分布广泛（表1-1），在许多国家的油气产量中，礁型油气藏占有较大的份额，如加拿大占60%，墨西哥占70%。因此，全球生物礁油气资源潜力巨大，勘探前景良好，为今后世界油气勘探开发的重要领域。

表1-1 世界部分生物礁大型油气田（甘玉青等，2009）

油田名称	所在盆地	地层	可采储量（$\times10^8$t）
伊拉克基尔库克	波斯湾	始新统—渐新统	20.50
阿布扎比默斑.布哈沙	波斯湾	始新统—渐新统	4.10
墨西哥波扎·里卡	墨西哥湾	白垩系	3.80
墨西哥老黄金巷	墨西哥湾	白垩系	1.92
利比亚迪法	锡尔特	白垩系—古新统	2.74
利比亚茵蒂萨尔D	锡尔特	古新统	2.06
利比亚茵蒂萨尔A	锡尔特	古新统	1.64

续表

油田名称	所在盆地	地层	可采储量（$\times10^8$t）
利比亚拉赫拉·霍夫纳	锡尔特	古新统	0.96
美国马蹄礁	二叠盆地	上古生界	3.50
美国斯库瑞·斯奈德	二叠盆地	宾夕法尼亚系—下二叠统	2.64
加拿大天鹅丘	艾伯塔	泥盆系	1.33
加拿大彩虹	艾伯塔	泥盆系	1.00
加拿大红水	艾伯塔	泥盆系	1.00
加拿大靳杜克·乌德宾	艾伯塔	泥盆系	0.70

注：斯库瑞·斯奈德油田是美国马蹄礁油田的一个组成部分

国外生物礁油气勘探开发经历了一个由单纯地注重生物礁类型、成因、礁相带划分的地质学研究到对礁的发现及含油气性预测研究的发展过程。从科学的角度对生物礁进行研究始于18世纪末到19世纪初。20世纪初至20年代的一段时间里，在墨西哥等地方发现了一批生物礁高产油井和大型生物礁油气田，如圣地亚哥·特·拉玛多斯波卡斯井、彼特雷罗·德·拉诺塞罗·阿苏耳4井以及茵蒂萨尔D油田D-1井，对这些井和油气田的钻探及开发，刺激了人们对生物礁的兴趣，掀起了全球生物礁研究的热潮，有关成果大量涌现。

20世纪40年代，在墨西哥发现了波扎·里卡礁型油田。据统计，该油田的油气产量占墨西哥当年油气总产量的65%，1948年，美国的二叠盆地发现了斯库瑞礁型油田，可采储量2.636×10^8t。20世纪50～70年代，随着世界经济的复苏，生物礁油气勘探开发迅速发展，许多国家由于礁油气藏的开采而一跃成为重要的产油国。1967年，在利比亚的锡尔特盆地发现了茵蒂萨尔A和茵蒂萨尔D两个大型生物礁油田，可采储量分别为1.644×10^8t和2.055×10^8t。其中，在茵蒂萨尔D油田钻探的D-1井是世界上至今发现的四口日产万吨以上的油井之一，初产量为1.005×10^4t/d。1968年在伊拉克的波斯湾地区发现的基尔库克油田，可采储量高达20.5×10^8t，当年的产量为5375×10^4t。1971年，印度尼西亚西部的苏门答腊岛发现了阿伦气田，可采储量3.126×10^8t。1972年发现的墨西哥西美奥和卡西图斯礁型油田储量规模也相当大，投产仅两年产量就达1370×10^4t。俄罗斯滨里海盆地是一个有巨大油气资源的含油气盆地，油气储集于上古生界碳酸盐岩中。在20世纪70年代以后，采用地震共深度点法，改善了对盐下地质、构造的了解和认识，油气发现出现高峰期，先后发现了肯基亚克油田、阿斯特拉罕气田、扎纳若尔油田、田吉兹油气田、卡拉恰干纳克气田，这些碳酸盐岩油气田均与生物礁圈闭有关。

20世纪80年代以来，随着技术的进步和能源需求的增长，生物礁油气勘探更是不断升温，人们更加重视对生物礁油气的研究。20世纪90年代，在里海北部发现了超大型卡萨冈礁型油田，石油地质储量达70×10^8t。

1.2.2 国内研究现状

与国外相比，我国生物礁研究起步较晚。20世纪70年代以前，我国在生物礁的研究方面与国外先进国家差距较大。20世纪50年代，我国著名地质学家黄汲清等（1950）指出在我国勘探生物礁油气藏具有重要的意义，于是地质部组织了全国的石油普查，随后60年代初，石油工业部组织队伍勘探中国南方古生界石油，于1973年贵州石油勘探指挥部证实了二叠系生物礁的存在。

经过几十年不懈的努力，尤其是近20多年来地球物理勘探技术的突飞猛进，进一步加强了对礁油气资源的关注力度，随着地下生物礁识别技术日趋成熟，在陆区和海域礁油气藏的勘探也都获得了巨大突破，不断发现新的礁型油气藏。

我国首先在川东地区发现二叠系具有丰富的生物礁油气资源，1974年建16井钻获本区第一个礁型气藏，由此开拓了我国寻找礁型油气田的美好前景。1984年南海北部珠江口盆地首次在南海海域钻遇礁型油气田，1987年在该盆地发现了第一个大型礁油田（流花11-1）、南沙群岛以及西沙群岛永兴岛钻遇古近-新近系珊瑚礁，随后陆续在南海南部盆地发现了一批中新统生物礁油气田。

近年来在塔里木盆地以及四川盆地中发现了一些高产生物礁油气田。如2005年在塔里木盆地塔中地区发现了我国第一个奥陶系超亿吨级生物礁型大油气田。近年来四川盆地长兴组生物礁油气勘探也取得了重大突破，2006年发现了普光气田，为一特大型整装海相气田，长兴组礁滩相白云岩为主要含气层段之一，随后相继发现了龙岗大型生物礁气田和亿吨级探明储量的元坝礁大型气田。

目前，我国生物礁研究成果较多，颇为丰富，主要集中在南方古生代生物礁的研究，而西部地区生物礁研究相对落后。对生物礁的研究主要包括以下几个方面：造礁生物、附礁生物、生物群落，礁类型、形态、规模以及时空展布，礁岩石类型、孔隙类型、成岩作用与油气演化，礁结构、构造和相带划分，礁生长演化规律、控制因素及其分布规律，礁储层特征及展布规律，礁的地震相特征和测井相特征，礁地球化学特征以及成礁环境分析等。

1.3 生物礁滩油气藏勘探技术进展

生物礁滩储层的识别与预测难度极大，目前钻探成功率仍然很低，主要有以下两点原因：首先，生物礁的生成和演化受比较苛刻的地质、沉积、地理环境和古气候等多种条件控制，空间分布区域是特定的；其次，生物礁储层属于隐蔽性岩性储层，岩性变化大，空间分布不规则，埋藏深，勘探难度大。因此，如何利用地球物理资料，进行深层生物礁油气勘探是世界性的研究难题，目前国内外仍处于探索研究阶段。就目前而言，生物礁滩油气藏的勘探技术主要包括以下内容。

1. 古地貌分析技术

对于碳酸盐岩而言，地层厚度与沉积相带以及古地貌有着比较好的对应关系，不同的水深和不同的沉积地貌形成不同的沉积环境及不同的碳酸盐岩沉积建造，因此不同的碳酸盐岩沉积建造其地层沉积厚度有明显差异。对于碳酸盐岩镶边台地来说，台地边缘相一般水体能量强，有利于生物礁滩体和碳酸盐岩沉积建造的发育，因此其地层沉积厚度最大；海槽相碳酸盐岩沉积速率最慢，因此其地层沉积厚度最薄；而碳酸盐岩开阔台地相的地层沉积厚度一般介于二者之间。因此通过研究地层沉积厚度变化，可以快速地再现地层沉积时的古地形、古地貌以及岩相古地理等重要信息，从而确定生物礁滩体发育的有利沉积相带，在此基础上对生物礁滩体的发育分布做出预测。

地震层拉平技术是分析古地貌、古地形的一种比较有效的手段，在地震剖面上沿目的层附近的标志层进行层拉平，可以快速地恢复古地形、古地貌。在地震剖面上，地层厚度的变化主要是通过反射时差和相位数的变化来反映。那么对地震剖面运用层拉平分析技术,可以很直观地反映反射时差和相位数的变化,从而发现古地形高地和异常厚度沉积区，以确定生物礁滩体的有利发育位置。如菲律宾马兰帕亚油田中的Nido组，剖面上生物礁体地震反射时间明显加大且相位数较多，而其两侧地层地震反射时间则很小，相位数也很少。因此，可以快速地确定异常厚度沉积区即生物礁的发育位置，并且通过属性计算可以确定生物礁的内部结构。

2. 地震反射结构和地震相分析技术

地震反射结构和地震相分析技术是对地震资料进行地质解译的一种方法,通过地质现象与地震反射结构相结合，从而有效地将地震资料与地质资料结合在一起，实现地震资料地质化，从而利用地震反射结构和地震相来分析其沉积环境和沉积背景，预测地震反射结构和地震相的岩相和岩性等地质意义。

生物礁的形成与分布和沉积环境密切相关，具有独特的沉积环境和成岩过程，因此生物礁具有独特的地貌、结构、构造和岩石学特征，这决定了生物礁的各种地震参数诸如振幅、频率、连续性等与围岩不同，因此生物礁的地震反射结构具有一些特殊性，具体归纳为以下七种类型。

（1）反射外形呈丘状或透镜状：生物礁的厚度一般较围岩明显增大，因此，在地震剖面上生物礁外形多表现为丘状或透镜状凸起反射特征。

（2）顶面出现强反射：生物礁体与围岩的速度和密度具有明显差异，从而生物礁与围岩的波阻抗也具有明显的差异，因此礁的顶面一般具有强反射特征。

（3）生物礁内部为杂乱、断续或无反射的空白区：生物礁是由具有丰富的造礁生物和附礁生物形成的块状格架地质体，沉积层理不明显，因此在地震反射特征上，生物礁的内部多表现为杂乱、断续或无反射空白区等特征。

（4）底部出现上凸、下凹或平直特征：因地质条件不同，生物礁的底部常可出现上凸、下凹或平直三种不同的反射结构特征。当礁体速度高于围岩速度时，生物礁底部反射界面上凸，形如弯月形，当礁体速度低于围岩速度时，其底部反射界面下凹，形如杏仁状，当礁体速度与围岩速度相似时，其底部反射界面则近于平直。

（5）礁体顶部出现披覆构造：一方面生物礁沉积厚度远大于周缘同期沉积物，另一方面礁灰岩抗压强度也远远大于围岩而产生差异压实作用，因此在生物礁体顶部往往会产生披覆构造，其披覆程度向上递减。

（6）礁体翼部上超：由于生物礁的生长速率远高于周缘同期沉积物，且两者沉积厚度差异很大，因此常见礁翼沉积物向礁体周缘上超现象，在地震剖面上则可根据上超点的位置判定礁体边缘的位置。

（7）绕射波：岩性突变点或陡崖带边缘常使礁体的边界内部及基底出现绕射波，这种绕射波在一般常规地震处理过程中很难消除，可用作识别礁体的佐证。

3. 地震属性分析法

地震属性分析技术常指对地震数据经过各种数学计算与变换而得到与地震波相关的各种测量值，包括地震波的振幅、能量、频谱、相位以及统计特征等。不同的地质体由于速度、密度等方面的差异，对其采集的地震具有不同的振幅、能量、相位等，因此不同的地质体往往具有不同的地震属性。目前地震属性分析已广泛应用于油气勘探中，特别是沉积相带划分、岩性预测、储层物性预测以及含油气概率预测等方面。

生物礁体与围岩之间常常存在速度和密度等方面的差异，从而生物礁与围岩常具有不同的地震属性，因此可以应用地震属性来识别礁滩体。通过地震属性的提取与优化处理，可以识别出生物礁滩的平面分布与变化规律。

4. 三维可视化技术

近年来，随着地震资料采集、处理和可视化等技术的发展，用于沉积体系展布特征和结构研究的成像技术的分辨率明显提高。尤其是三维地震资料采集力度的增加和处理技术的进步，促进了这些新技术的发展，产生了沉积体系研究的高精度成像技术。另外，发展中的地震属性分析方法是定量研究沉积体岩性、体积的一个有力工具。三维可视化技术是利用三维数据体显示地质现象和特征的图像显示工具，是全新的地震预测和描述技术，能够快速地显示反映地质体的动态和内部结构变化特征。

5. 储层地震响应特征的数值模拟

首先根据实际地区生物礁滩地层的地质特征建立速度模型，然后利用二维或三维波动方程地震波正演和偏移方法原理对速度模型进行地震数值模拟及偏移成像，建立生物礁滩地层的地震响应模式，最后总结生物礁滩储层及含油气性的地震反射波场特征，为生物礁滩储层预测及流体识别奠定基础。

6. 叠后地震反演分析

叠后地震反演自20世纪80年代初出现以来，就成为半定量的储层预测及流体识别的核心技术之一。从实现方法上，叠后地震反演可分为基于褶积模型和基于波动方程两大类。目前常用的是基于褶积模型的反演方法，其类别也很多，如地震直接反演、测井约束反演、测井地震联合反演、模型反演等，各种反演方法各有特点和适用性，应根据实际地震资料的特点来进行选择，最常见的反演软件有DELOG、PARM、ROVIM、Jason、Strata等。

7. 时频分析法

地震信号时频谱分析是储层预测及流体识别中的研究热点，主要研究储层含流体时地震频率变化的差异，主要方法有短时傅里叶变换（STFT）、小波分析、S变换等。1946年Gabor将量子理论引入到信号分析领域；1947年，Potter等人首次提出了短时傅里叶变换

（STFT）；Wigner（1932）和 Vine（1984）提出了 Wigner-Ville 分布（WVD）；1966 年 Cohen 利用特征函数得出了 Cohen 类时频分布；1982 年 Morlet 和 Grossman 等人提出了小波变换；1996 年 Stockwell 等首次提出了 S 变换；高静怀等（2003）构造了一种新的广义 S 变换，用于薄互层的地震响应研究；贺振华、陈学华等（2005）采用尺度可以变化的局部高斯函数，提高了 S 变换的灵活性和适应能力；而分数阶时频分析最早是由 Namias（1980）从纯数学的角度提出并定义的，主要用在单分量、多分量 Chirp 信号的检测、雷达信号的目标检测和识别、SAR 和 ISAR 成像、宽带干扰抑制、运动目标检测和识别、数字水印、图像复原、图像配准等方面，而在地震资料处理和应用中相对较少。

8. 地震波吸收衰减分析

1995 年 Eastwood 和 Dilay 研究了注气井周围部分饱和气时所引起地震波衰减现象，在油气生产期和注气期，产气层及下方井周围的地震资料（1996）提出一种高频衰减分析方法（EEA 技术），即假定地层之间的背景衰减变化是缓慢的，通过一定处理方法消除缓慢变化的背景值，突出衰减的异常部分，可能就是有利的含油气区。

9. 基于 Gassman 方程、岩石物理模型的流体替换分析

主要以测井数据和岩石物理实验为依据，对储层含不同流体时地震响应特征进行研究，建立流体识别模式，为后续的流体识别提供实验模型。

岩石物理研究的主要内容包括岩石物理参数的计算、横波速度的估算、弹性敏感性参数的实验分析。例如，Castagna 在墨西哥湾地区，建立了碎屑岩的纵波速度（Vp）和横波速度（Vs）的关系式（Vp=1.16*Vs+1.36），用于估算横波速度；Ezequiel F.Gonzalez 等通过交会分析，研究了 λ 与 μ、$\lambda\rho$ 与 $\mu\rho$、Ip 与 EI、EI 与 PSEI 四组弹性参数对气层和含气水层的敏感性，得出 *EI* 与 *PSEI* 对气层最敏感，Roderick w.Van Koughnet 等研究不同岩性和流体对密度的敏感性。但碳酸盐岩的岩石物理实验研究相对较少，近几年，贺振华研究团队对碳酸盐岩进行了大量的岩石物理实验，取得较好研究成果。

10. 叠前弹性参数反演

叠前弹性参数反演是根据 Zoeppritz 方程或其近似式，利用叠前数据或部分叠加数据（角度叠加数据）及井资料进行叠前反演得到各种弹性参数。Debski 等（1995）和 ArildBuland 等（1996）利用 AVO 属性反演了 Vp/Vs 等弹性参数；Buland Arild 应用全波形反演算法在 z-p 域转换的 CMP 道集数据上进行反演，成功地对挪威海上气藏进行了预测。

弹性阻抗（elastic impedance，EI）的概念最初由 Connolly 提出，相较于声阻抗（AI），EI 包含的岩性及流体信息更加丰富。Whitcombe 等修正了 Connolly 公式，并推导出扩展弹性阻抗（Extended EI）方程，以解决反演结果随入射角剧烈变化的问题，并通过对北海油田实际资料的计算，得到了能清晰反映河道系统的阻抗图。

针对 P-SV 转换波反演问题，Duffaut，Kenneth 等提出了横波弹性阻抗（SEI）的概念；Ezequiel（2003）等推导了转换波弹性阻抗（PSEI）公式，此公式适用于任意角度，并可直接用于储层工业气流与含微气的预测。

自 2003 年以来，在国内也有大量的地球物理学者如甘利灯、马劲风、王宝丽等进行了相关的研究，并相继提出了广义弹性阻抗（GEI）、射线弹性阻抗（SEI），Zoeppritzt 弹性阻抗（ZEI）等概念。

11. 流体识别因子分析

自 1987 年 Smith 和 Gidlow 引入流体因子概念以来，国外不少学者提出了许多流体识别因子，如 Goodway 等提出的 LMR 法，Russell 等提出的 Russell 法，Dillon 等提出的直接油气指示（DHI）的波阻抗差分析法，国内学者王西文、陈遵德、于建国、刘文玲、杨文采、贺振华等也发表了不少相关论文，取得了一定的应用效果，但由于各种流体识别因子特征和应用条件不同，在不同地区其应用效果差别较大，因此，需根据实际情况具体选择流体识别因子。

第2章　生物礁基础研究

2.1　生物礁的定义

自20世纪80年代至今，随着对碳酸盐岩研究的深入，生物礁的概念正在不断地演变和分化，最初定义生物礁都是严格遵循只限于那些由造架生物形成的抗浪构造。自顿哈姆提出生态礁和地层礁概念后，礁的含义便大大扩充了，最终导出岩隆这一术语。但基本上仍可归纳为两大类，即狭义的生物礁或生态礁和广义的生物礁。

狭义的生物礁或生态礁，强调生物作用。在此类礁内，造架生物和联结生物可占较大比例，它们是形成礁体的主导力量，因此它属于生物成因。造架生物呈原地生长状态，未经受搬运。联结包覆生物可使造架生物形成坚固的抗浪实体。此类礁在地貌上呈明显的隆起。

广义的生物礁指只要是属于碳酸盐隆起即可，而忽略其是否为生物成因。这样就从单一的生物成因，扩大为造架、障积、水动力等多种成因。广义的生物礁可分为三类：以造架生物为主形成的生物岩隆礁；由障积生物为主形成的障积岩隆礁；灰泥岩隆礁。

在狭义的礁内，联结包覆主要是由生物起作用。而在广义的礁内，还有非生物的联结作用，即由亮晶方解石胶结物起胶结作用。狭义的生物礁或生态礁的主要特征为孔洞发育；造架生物十分丰富；由纤状方解石胶结物组成的栉壳构造极为普遍；包覆联结生物（蓝绿藻、管壳藻等）也非常发育。礁或为海水所淹没，离海面不远；或露出水面，因此船只遇之可能被击毁或搁浅。地质学家和沉积学家借用了这个术语，在20世纪50年代，绝大多数学者对礁的理解都是强调生物作用，并且严格地遵循它是由造架生物形成的抗浪构造。这是他们的共同认识，也代表了这一时期的传统概念。在这个时期，还有一些与礁有关的其他术语，如生物丘和滩。

早在1842年，达尔文就指出了地质因素对现代浅水珊瑚礁的描述、成因和分类的重要意义。这些地质因素包括：珊瑚礁与地球主要单元之间的关系，如海盆、陆棚以及主要的断裂系统；珊瑚礁是否与陆地相连或接近；珊瑚下伏岩石的性质；地壳变动或海平面相对升降的历史。

总的来说，从石油地质角度考虑，一般对礁采用这样概念是由造礁生物和附礁生物组成的、具有突出于同期沉积物的丘形状态，能影响四周沉积环境的碳酸盐岩隆，并把与礁在成因上有关的碳酸盐沉积的集合体称为礁复合体。具体可理解为礁的主体是由造礁生物和附礁生物在原地生长、“筑积”而成，这有别于碎屑岩的“填积”式沉积；礁具有突出于同期沉积物的地形地貌特征，形成岩隆并因此能影响其临近地域和成岩环境；礁复合体包容了礁及成因上与礁有关的沉积岩体；礁的一个典型特征就是各种生物群落及其形成的沉积物在礁中有规律地分布，具有明显的分带性。

2.2　生物礁的基本特征

2.2.1　造礁生物

主要的造礁生物——礁型六射珊瑚，其生长深度不超过 250m，多数在水深 50～100m 之内。但是有些大洋中的珊瑚礁却常分布在深度远远超过 250m 的部位，甚至有些珊瑚礁的基底深达上千米。如何解释巨厚的生物礁的形成，就成为研究珊瑚礁的成因和恢复古代环境的一个争论焦点。从生态的观点看，一般把礁的生物划分为四种类型，即礁骨架建设者、礁骨架黏结者、礁骨架居住者、礁骨架保护者，这些具有不同功能的各种生物形成一个对立和统一的总体。现在生长的礁一般都有丰富的原生骨架和次生骨架的建造生物，它们是珊瑚、钙质红藻、苔藓虫、牡蛎、结壳的有孔虫、蛇螺类、腹足类、龙介以及海绵，还有大量各种各样的生物骨骼和软体动物堆积或固着在骨架上。固着在骨架上的生物通常有钙质绿藻（仙掌藻）、柳珊瑚以及某些双壳类生物。自由生活在礁中的生物有腹足类、棘皮类、蛇尾类以及有孔虫。这些生物虽然不能构成坚固的骨架，但它们可以提供礁中的沉积物来源。此外，还有一些钻孔生物、某些双壳类海绵蠕虫以及藻类。礁群落中的生物按深度、光线、波能、淤积的条件作带状分布，同一类生物的不同种，也有不同的分布范围。

根据对大量实际资料的分析，可见各地质时代造礁生物各有其自身组合上的特征。震旦纪和寒武纪都是单一的门类，前者是叠层石，后者是古杯。就资料情况看，已知古杯可有五个属，即筛古杯（*Coscinoyathus* sp.）、阿雅斯古杯（*Ajacicyathus* sp.）、固角古杯（*Ratundocyathus* sp.）、原蕈古杯（*Archaeofungia* sp.）和始箭筒古杯（*Pnot pharetra* sp.）等，含量达 35%，化石一般保存较好。到志留纪，造礁生物种类开始增多，有藻、珊瑚、苔藓虫、海绵和层孔虫，总含量 10%～33%。其中以藻占绝对优势，占造礁生物总数的 36%，其次为珊瑚，占 5%。这五个门类的造礁生物在组合上有三个特点，即绝大部分生物个体完整；造礁生物垂直分异现象比较明显；附礁生物门类众多。泥盆纪的情况又不同于志留纪，其造礁生物以层孔虫和床板、珊瑚为主，以及部分刺毛虫。就层孔虫和床板珊瑚这两个主要造礁生物而言，它们并不是在整个造礁期都平衡发育，而是有多有少、有盛有衰，并且在它们二者之间是互相消长的，最后被蓝绿藻替代。

二叠纪的生物礁属海绵-藻礁，造礁生物中常见和大量出现的是海绵。据统计，可鉴定属名的有 10 种以上，如钝管海绵、卫根海绵等，含量可达 20%～30%，是主要的造礁生物，以原地堆积生态为主，完整的生长生态较为少见；其次为蓝绿藻，多呈藻叠层形式出现，含量可达 10%～15%，主要起缠绕造礁生物的作用；次要的造礁生物有前管孔藻、水螅、苔藓虫、床板珊瑚，可定属名的有四五种，如七柱水螅等，含量可达 10%。所有这些造礁生物，虽然都是礁核部分的主要造礁生物，并由它们组成各种类型的礁格架，然而它们在礁内的分布是不均一的。

附礁生物有腕足类、瓣鳃类、有孔虫、棘皮类、管壳石、蜓等，其含量也相当可观。中三叠纪造礁期，极盛于晚古生代的层孔虫、床板珊瑚等造礁生物已不再出现，取而代之的是以丛状生长的红藻类，起缠绕作用的蓝绿藻仍居重要地位。附礁生物有腕足类、海百合、海胆、瓣鳃类、介形虫、有孔虫和菊石。进入新生代，珊瑚藻科红藻得到空前的发展。随着中新世南海的大海侵，珊瑚藻科红藻取得了造礁的控制地位。在已揭露的中新世礁岩中，可清楚地见到两类珊瑚藻，一类是壳状珊瑚藻，一类是分节珊瑚藻。前者大量见于莺歌海的 31126 礁，后者大量出现在西沙群岛新近系。这种现象的发生主要是受环境的影响，31126 礁是在与泥沙搏斗中成长起来的，而后者是在开阔的海洋条件下成长的。

2.2.2　礁的内部结构

归纳各地质时代的生物礁，虽然它们时代不同，而礁的内部结构都是相似的，可分为三个方面。

1. 礁岩的栉壳结构

在生物礁核部分以一种特殊的"栉壳结构"发育为特征，这种结构也称为晶簇状结构或晶簇壳。它由成岩早期从文石转化的"柱状"或"针状"低镁方解石组成，常垂直于造礁生物体壁呈放射状自由生长，组成栉壳结构的第一世代，其余未充填满的空间在后期又被颗粒方解石所占据，形成第二世代，其形状、大小、弯曲程度受生物格架的控制。

2. 生物造礁格架

各时代生物礁常见的格架有三种：①支撑格架，由"枝状"生物组成，常被藻叠层所缠绕；②块状格架，由群体和块状造礁生物紧挨在一起组成；③堆积缠绕格架（或缠绕格架），由造礁生物死亡之后原地堆积，经藻叠层缠绕黏结在一起形成格架。有了格架才能够有效地抵抗风浪的袭击，礁也才能够得以继续生长，并成功地起着改变沉积环境和控制沉积相的作用。

3. 礁内填隙物

生物礁体中，除造礁生物和特殊的栉壳结构外，大量填隙物质是组成礁的重要部分，有亮晶方解石胶结物、灰泥充填物、生物砂、砾屑、附礁生物。亮晶胶结物和砂、砾屑是成礁高能环境的产物。在受遮挡的背浪一侧，水动力条件相对较弱，因而也保存了较多的灰泥充填物。

2.2.3　礁的空间地质结构

造礁生物生存于清洁的、远离陆源物污染、温暖的浅水环境中，一般水深小于 40m，最适宜的水温是 23～27℃，造礁生物的兴衰对海平面的升降十分敏感。当海平面保持稳定时，礁骨架相会逐渐向海方向扩展，从而也带动了礁中各相带向海推进；如果海平面缓慢上升与礁的生长速度保持一致，对于远离大陆的礁体而言，礁基本上是向上生长而不横向扩展，而对于近岸礁体，则礁可向海岸方向推移；当海平面上升超过礁的生长速度，礁会因无生存能力而消亡；如果海平面是稳定下降，就会造成礁向海及向下移动。

在地史中，海平面处于上升期、稳定期和下降期的反复演变，以及礁生长速度与海平面升降快慢的相对变化，使礁的诸相带在空间上呈非常复杂的叠合关系，也使礁的内部结构变得十分复杂，纵横向上变化都很大。

2.3　生物礁的分类

现代的珊瑚礁和珊瑚藻是从太古宙的微生物藻类礁发展而来的，可以算作是地球上最早的生命作用产物。珊瑚礁的成长和发展依赖于海洋环境变化，此外，不同时代的珊瑚礁是不一样的，和成岩作用的影响相结合，在不同的地质历史时期，在不同的地质作用和环境影响下，将形成不同类型的生物礁。

对生物礁进行分类是为了满足研究和交流的需要。随着生物礁研究工作的深入，对礁的分类也因学科的差异而使用不同的标准。因此，针对生物礁不同方面的特征，可以有不同的生物礁分类方案。

2.3.1　代表性学者分类

生物进化论的奠基者达尔文曾在他出版的《珊瑚礁的构造和分布》一书中系统地描述了印度洋和太平洋的珊瑚礁，将其分为岸礁、堤礁（即堡礁）和环礁，并对生物礁的成因进行了解释，这种分类获得了举世公认，为生物礁的经典分类。在此基础上有大批的研究者相继提出了不同的分类方案，目前国外较有代表性的分类有海格尔（Hager，1974）和威尔逊（Wilson，1975）的分类。现分述如下。

1. 海格尔对生物礁的分类

海格尔以是否具有抗浪标志为依据，把生物礁划分为两大类。抗浪标志主要为是否存在礁被破碎后所成的砾块组成的礁角砾岩，这些礁角砾岩一般堆积于礁前斜坡下方。如有这些礁角砾岩，就称为骨架礁。骨架礁又可分为以下几类：

（1）生物骨架礁（organic framework reef）：在礁角砾岩内含有由群体生物和造架生物构成的碎块以及被包覆生物包覆着的砾块。此术语相当于劳文斯坦礁的定义和顿哈姆的生态礁。

（2）非生物联结骨架礁（inorganic framework reef）或亮晶胶结的骨架礁（sparcemented framework reef）：礁角砾岩内的生物和砾块，均由亮晶方解石起胶结作用。

（3）叠层石礁（stromatoiite reef）：砾块由叠层石组成。

（4）灰泥骨架礁（mud-framework reef）：砾块由灰泥组成。

2. 威尔逊对碳酸盐台地边缘礁的分类

主要依据波浪、水流强度对礁体组分和生物种类的影响划分为三种类型：

（1）下斜坡灰泥堆积（灰泥丘）：主要由灰泥组成，呈丘状或面包状。一般生长于正常波基面之下，它们由固着生物捕获或障积灰泥位于陆棚边缘前斜坡。斜坡坡角为25°～30°，约等于其静止角。在陡斜坡，可能位于下斜坡，深度达100m左右，在光照带之下。

（2）圆丘礁（knoll reef）：常有固着生物和包覆生物，但块状造架生物很少。造架生物为分枝状、丛状生物。圆丘礁生长于正常波基面或数十米深度，一般分布于陆棚边缘的缓斜坡上，礁核内灰泥较多。

（3）造架礁（frame built reef）：主要由六射珊瑚和伴生的红藻组成。礁前坡陡，并有礁的砾块，一般出现于中生代到全新世。

各种类型的碳酸盐隆起构造，主要由生物形成，少数由非生物颗粒（鲕粒、内碎屑）堆积而成，因此使用岩隆礁、滩这一命名分类体系基本上可以概括各种类型的碳酸盐隆起构造。

2.3.2　按生长环境分类

鉴于油气勘探和能够从地震上识别礁的需要，故按礁生长的环境（四周水体深度）把变化很大的生物礁分为以下四种主要类型。

（1）堤礁（堡礁，barrier buildup）：位于大陆或海岛附近，其与陆地之间有潟湖相隔。为线状，沉积时两侧的水都相当深。澳大利亚大堡礁和加拿大泥盆系的拉都克-仁拜（Leduc-Rimby）礁带是现代和古代堡礁的实例。

（2）塔礁（pinnacle）：高宽比值大，沉积时围以深水。美国密歇根盆地志留系、印度尼西亚新近系中新统和加拿大雨虹湖区泥盆系都有这种礁的典型实例。在某种情况下塔礁群体生长发育联结在一起形成环状形态的变异礁体，即环礁，它分布在广阔海洋中，略呈环形，礁内环绕的是中央潟湖，并且环礁内的潟湖由礁的缺口与大洋相通，使其成为天然良港。

（3）台地（陆棚）边缘礁（platform/shelf margin buildup）：形成于台地或陆棚的边缘带，为线状。沉积时一侧为深水，一侧为浅水。美国西得克萨斯二叠系礁、西非侏罗系礁都是这种礁体的典型实例。

（4）补丁礁（patch buildup）：分散于盆地、潟湖、台地或滩中的孤立礁，称为补丁礁。一般形成于浅水潮坪环境。

2.3.3　按时代分类

礁包括现代的珊瑚礁（coral reef）和古代的礁（ancient reef）两大类。现代珊瑚礁主要由珊瑚和红藻组成，红藻起包覆作用，因此一般称为珊瑚礁。而在古代的礁内，造礁生物（或造架生物）除珊瑚以外，还有其他各种生物起造架作用。为了有别于现代的珊瑚礁，我们把古代礁称为生物礁（organic reef）。

现代珊瑚礁主要由珊瑚和红藻组成，其中珊瑚是主要造架生物，但红藻的联结包覆作用不容忽视。从各地质时期造礁生物一览表中可看出，古代生物礁除志留、泥盆纪有四射珊瑚、床板珊瑚和中生代的六射珊瑚可组成造架生物外，还有多种多样的生物，因此不能苛求古代生物礁的造架生物非珊瑚不可。

2.3.4 按礁的形成地点分类

（1）海洋礁：形成于广海中，因而与大陆的各种因素作用的关系比较小。海洋礁的构造、形态和生长方式等都与它们生长基底的地形有关。其基底为洋壳火山岩，特别是橄榄玄武岩，多数受全球构造如大洋中脊及断裂系统控制。广海的海洋礁和礁系可以按其与岛屿的关系分为：与高岛（一般是火山岛）有关的礁、与低岛（一般是沉积岩岛）有关的礁和与海岛无关的礁。

（2）陆棚礁：形成于大陆边缘的广阔陆棚上，其礁的面积和数目较少受基底面积影响，但可能由于陆地来源的碎屑和化学物质影响礁的发育。陆棚礁常形成于陆棚的边缘，或从陆棚中部连续或间断地延伸到陆地边缘。陆棚边缘的珊瑚礁常比陆棚内部的珊瑚礁更发育，因为由深海来的上涌水流温度较低，养分比较充足，有利于通过蒸发或生物作用形成碳酸钙沉积。陆棚区与生物礁有关的岛屿多数由沉积岩或地质年代较新的岩石构成，一般不用分为高岛礁和低岛礁。

陆棚礁受大陆地质作用的影响远大于海洋礁，其中陆源碎屑物的影响更大，尤其是在近陆地区及大河的河口附近，陆源碎屑物常阻碍生物礁的形成。但河水中溶解的营养元素则可以促进礁上植物的发育。然而在干旱区，大陆的降水与冲积物对生物礁的影响可以很小，如红海的暗礁绵延约 4300km，几乎没有受到淡水注入的影响。

生物礁的规模可大可小，有些规模很大，可以在野外剖面上直接观察到，而有些只能通过各种研究手段才能发现。这些礁大部分由珊瑚和红藻组成。

2.4 生物礁的发育规律

礁的产生、生长、消亡以及内部构造结构受到区域构造、环境条件、自然地理条件、海平面的变化等因素的控制。区域构造环境对生物礁的特性、类型、形状、纵向和横向的分布规模都起着重要作用。依据地台、地槽的观点，可以认为地台区发育的礁类型少、规模小；地槽区生长的礁规模大、类型多、分布广、延伸长；而从板块构造的观点来讲，生物礁分布于两个板块交界或边界处。此外，古代礁分布也明显受基底断裂、基底褶皱的控制作用，在坳陷与隆起的过渡带位置生物礁通常发育。

海平面的变化对生物礁有着明显的影响。不论是海退还是海进，礁的生长都与海平面的变化保持一定的关系。当海退时，海平面逐渐下降，海水不断变浅，正在生长的礁体一旦露出水面就会终止生长；当海进时，且礁生长的速度与海平面上升的速度基本一致时，生物礁能够继续向上生长。当海平面保持不变，礁生长到接近海平面时不再向上生长，而是向侧向发展。

生物礁的生长还会受到如海水盐度、温度、光照、水深等环境变化的影响。其中，快速的沉积作用和水流的运动是影响生物礁沉积构造的保存和形成的两个重要因素。

此外，自然地理条件也影响着生物礁的生长。其中，古地理的位置和生物礁的形态也可以在一定程度上反映出古代风的方向性，马蹄形的礁、新月形的礁或者不对称的其他类型的礁的形成都与风的方向性密切相关。台地边缘礁、圆丘形礁、斑礁在一定程度上能够反映出生物礁成长的古地理位置。

2.5　生物礁储层的测井响应特征

不同区域、不同类型的生物礁储层，其测井响应特征不同。总体而言，由于生物礁生长在高能、清洁、透光性好的浅海环境，因此，生物礁发育地陆源物质少、泥质含量极低，在自然伽马曲线上表现为低值；生物礁碳酸盐岩发育层位的速度较砂泥岩大，所以声波时差显示生物礁体呈齿状低值；生物礁碳酸盐岩的体积密度测井曲线值较高。

根据不同测井曲线数值的不同，可进行交会图分析来识别生物礁储层。目前常用以下两种方法。①储层与非储层的多井统计分析：按照生物礁滩储层不同的测井参数（如密度、纵横波速度、泊松比等）建立统计分析图，在图中识别出生物礁滩储层的总体特征，一般表现为低密度、低速度、低泊松比等特征，从而最终确定生物礁储层的各测井参数的平均值。②产气层与产水层的多井统计分析：根据测井曲线记录的岩石物理参数（密度、纵横波速度、泊松比、剪切模量、杨氏模量、流体识别因子等），建立平均统计分析图，识别出气水层。一般表现为密度气层总体上略低于水层，纵波速度分布不均，横波速度、剪切模量、泊松比、杨氏模量、流体识别因子气层往往高于水层。总之，在利用测井资料识别生物礁储层时，需要建立识别图版，结合岩心、地震等资料进行综合判别。

2.6　生物礁储层的地震响应特征

生物礁独特的地貌、构造和岩石学特性决定了生物礁地震反射的振幅、频率、连续性等特点和围岩不同，具有独特的地震响应特征。

（1）在造礁生物和胶结生物的共同作用下，生物礁的生长速度快，其沉积厚度比生物礁周围的同期沉积物明显增大。生物礁在外形上常呈现出地貌隆起现象，因此在地震剖面上生物礁的整体反射特征常呈现出丘状、土墩状、圆形、马蹄状、不规则外形的隆起。生物礁的发育规模大小不等、形态各异，隆起外形上呈现对称性或不对称性。

（2）由于生物礁是由造礁生物和胶结生物形成的碳酸盐岩构造，沉积顺序紊乱，因此在地质信息中不显示沉积层理，在地震剖面上生物礁的内部反射特征常显示为同相轴的断续、杂乱、甚至无反射等特征。但也有特殊情况，如在生物礁的发育过程中，海进海退会使礁、滩互层，此时礁、滩沉积在地震剖面上显示具有旋回性，也有可能出现层状反射结构。

（3）生物礁的生长速率比同期地层沉积大，一般出现礁翼沉积物向礁体周缘上超的现象，因此在地震剖面上就可以根据上超点的位置判定礁体边缘轮廓。

（4）生物礁与围岩在沉积过程中影响因素不同，导致其在速度和密度等物性参数上存在明显的差异，一般具有明显的波阻抗差，礁底出现弱反射特征，而礁体顶面有强反射特征。

（5）地质条件不同导致生物礁底部的反射特征呈现多种类型，如弯月状、杏仁状、水平状，也会出现由于顶面强反射的屏蔽，底面反射信息很弱甚至消失。

（6）在构造运动中，生物礁容易出现力学尖点，容易发育小断层、裂缝等，使地层孔隙度剧增。当油气充填时，在地震剖面上出现反射波同相轴杂乱、振幅突然减弱等现象，形成地震模糊带，即“气烟囱效应”，该效应是识别生物礁地震响应的重要标志之一。

具体而言，生物礁在地震上主要有以下一些特征：丘状反射外形，顶面强反射，礁体底界面弱反射［图 2-1（a）］；透镜状反射外形，披覆现象，礁体底界面及以下反射下凹［图 2-1（b）］；反射同相轴中断，内部反射断续杂乱，上超反射［图 2-1（c）］；向陆侧反射同相轴较平，向海侧反射同相轴倾斜，顶超反射［图 2-1（d）］；内部反射断续杂乱，弱反射［图 2-1（e）］；内部反射短强，呈层状［图 2-1（f）］；气烟囱效应，礁体上方和下方出现地震反射模糊带［图 2-1（g）］；绕射，假同相轴［图 2-1（h）］；礁体底界面及以下反射上拉［图 2-1（i）］；礁体底界面及以下反射下凹［图 2-1（j）］；斜坡陡缓转折带上发育的礁［图 2-1（k）］；构造上部发育的礁［图 2-1（l）］。

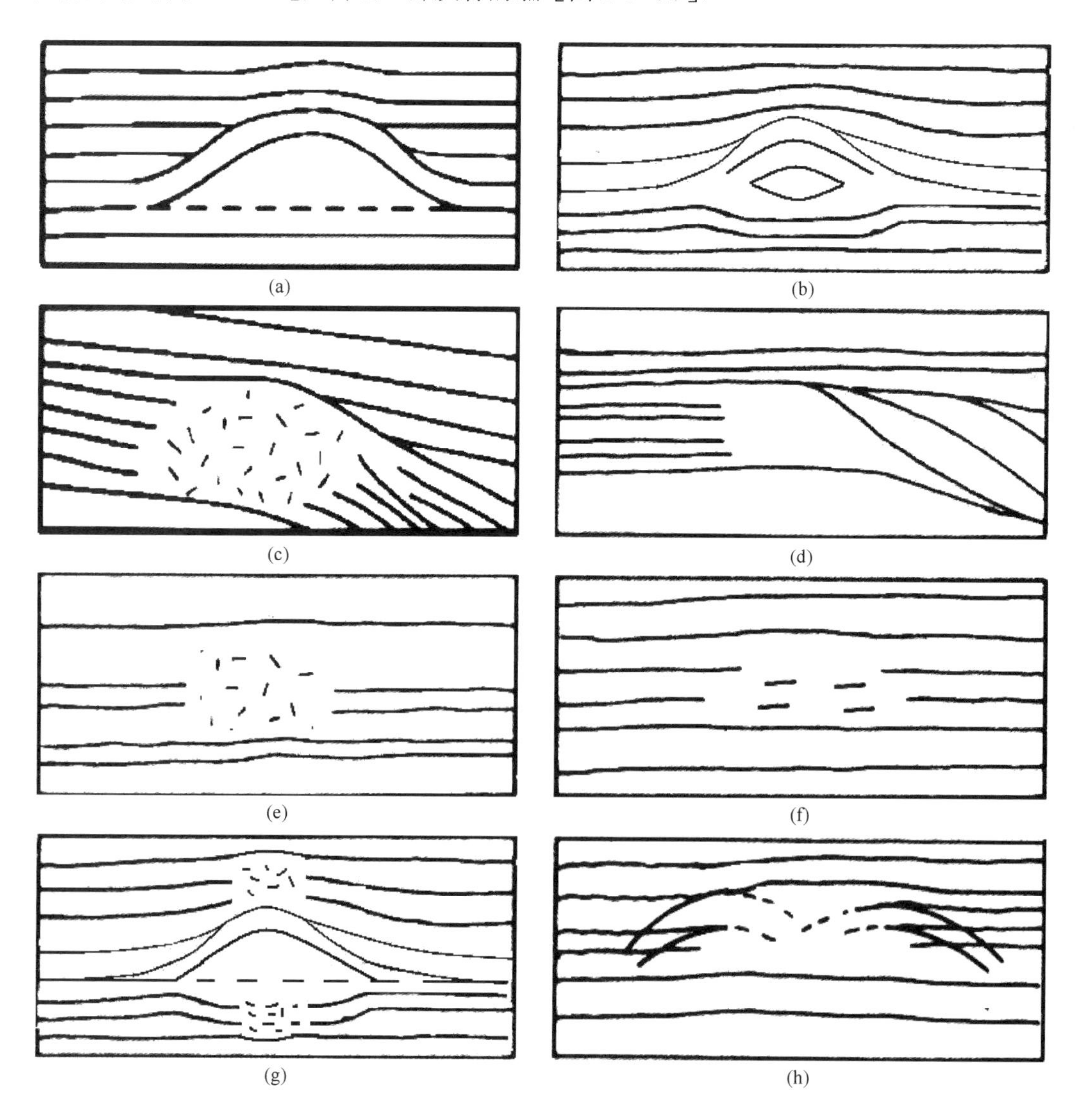

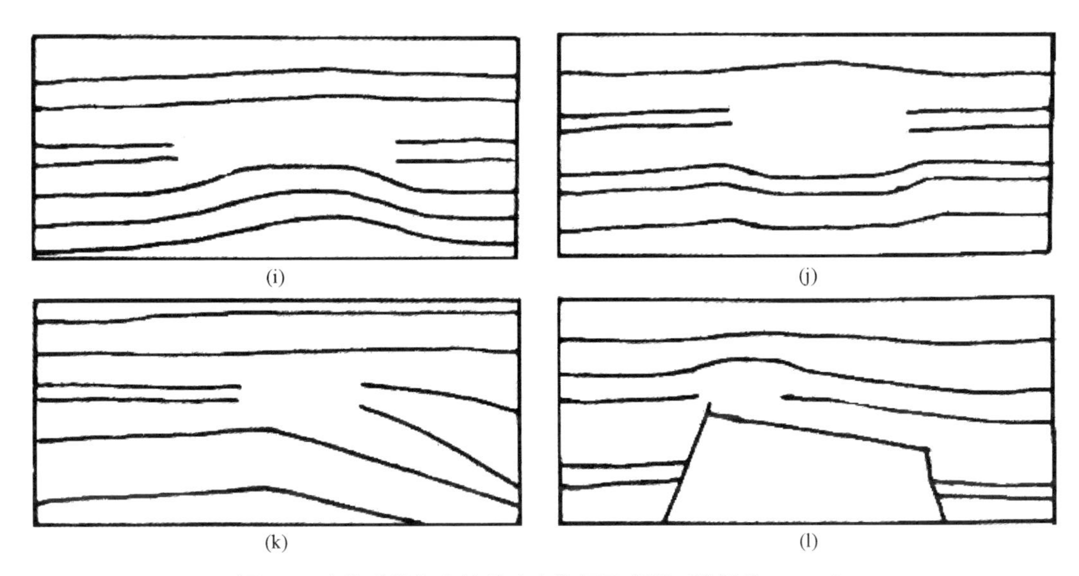

图 2-1　生物礁的部分地震响应特征示意图（张景业，2011）

第3章　龙会场地区地质概况

3.1　区域构造特征

龙会场复杂构造区地理位置位于四川省达州市达川区、渠县、大竹县和重庆市梁平县境内，泛指位于开江-梁平海槽西侧，包含了龙会场、铁山（铁山南、铁山北）、铁东、蒲西和双家坝五个区块的龙会场-双家坝地区（图3-1）。构造位置位于四川盆地川东高陡构造带与川北拗陷区的低缓构造带过渡区（图 3-2），西邻龙岗气田，构造总体走向为北北东、南北向，区内自西向东有龙会场-大田角构造、华蓥山北倾末端、铁山构造。

川东北地区构造格局和演化受两个构造体系控制，其一是北西—东西向的南大巴山弧型褶皱构造体系，其二是自北而南由北北东向折向北东向延伸的川东高陡构造平行褶皱体系。区内的主要构造单元有北侧近东西向展布的米仓山隆起、东北侧北西向的大巴山弧形推覆构造带，以及通南巴构造带和宣汉—达县断褶带。

3.2　区域地层特征

四川盆地的沉积基底是在前震旦系变质岩的基础上发育而成的。从震旦系的沉积开始，至今的川东台地先后沉积保存了震旦系—中三叠统以碳酸盐岩为主的海相地层及上三叠统—古近-新近系以砂泥岩为主的陆相地层，累计沉积厚度达到 8000～12 000m。其间，经历了以加里东运动、海西运动、印支运动、燕山运动及喜马拉雅运动为主的多次区域构造（造山）运动，使震旦系—中三叠统的这套海相地层的沉积相存在复杂多样性。各个时期不同区域形成的沉积物在沉积、成岩后生过程中演化成不同的储集岩类型，纵向上发育多套生储盖组合，其中形成了包括黄龙组白云岩、长兴组生物礁、飞仙关组鲕滩、嘉二白云岩等裂缝-孔隙性储层（表3-1、图3-3）。

3.2.1　飞仙关组地层特征

飞仙关组为一套碳酸盐岩沉积，根据岩性划分为飞四段和飞三至一段。从已钻井及邻区龙岗气田揭示的飞仙关组地层厚度分析，飞仙关组沉积厚度相对稳定。

飞四段厚 12～49m，为灰褐色泥质灰岩、灰岩夹石膏、泥云岩互层，地层对比表明，龙岗气田各井飞四段分布稳定，厚度差异小。

飞三至一段厚 319～638m，从南向北，厚度有逐渐增厚趋势。在区内不易划分，岩性以灰岩、鲕粒灰岩、残余鲕粒云岩为主，夹泥晶云岩、鲕粒云质灰岩及灰质云岩；在台地边缘相区其中下部可发育厚层的溶孔鲕粒云、灰岩，是川东地区优质的碳酸盐岩孔隙储层发育段。

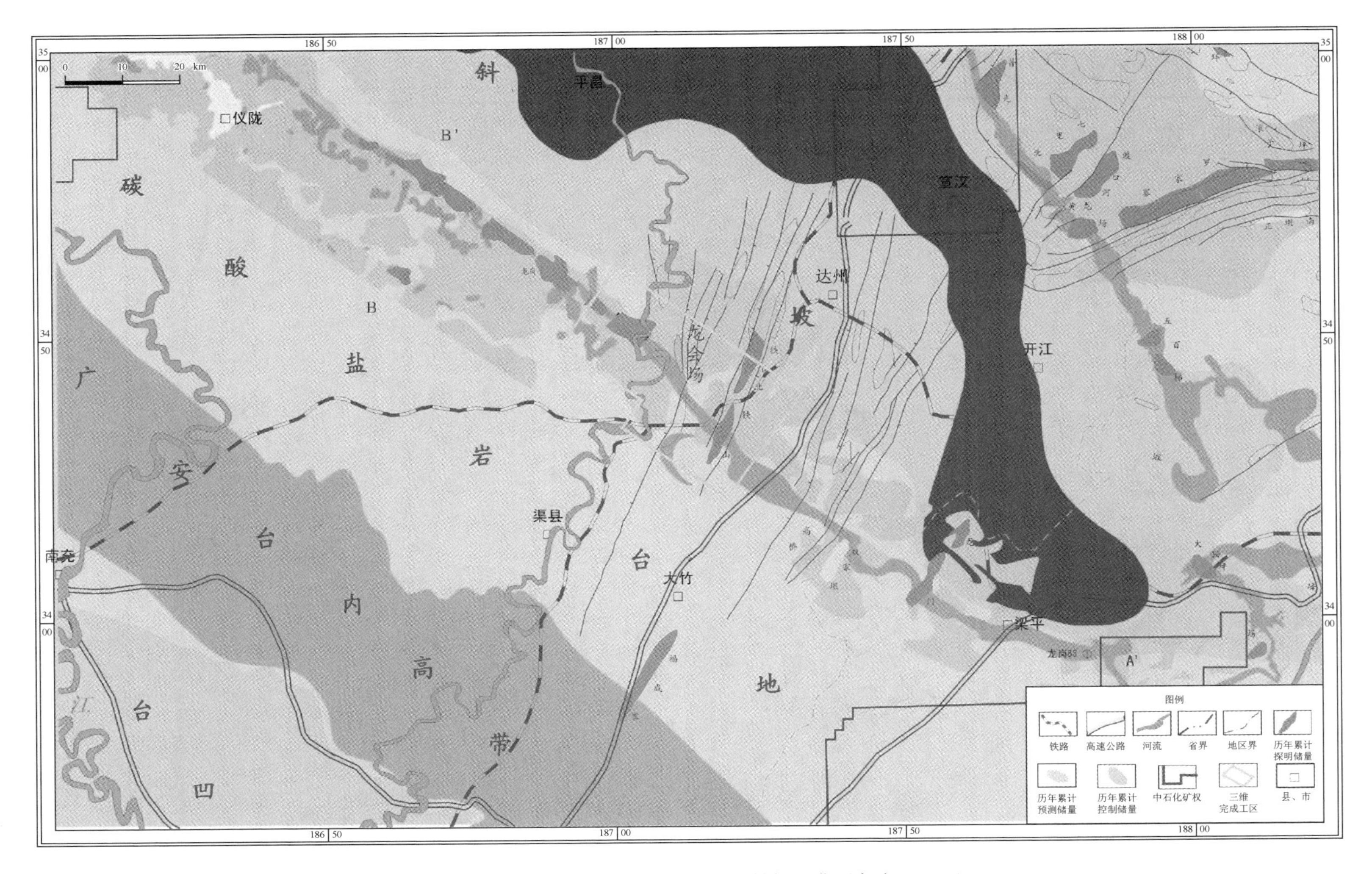

图3-1　龙会场复杂构造区位置图（西南油气田分公司勘探开发研究院，2015）

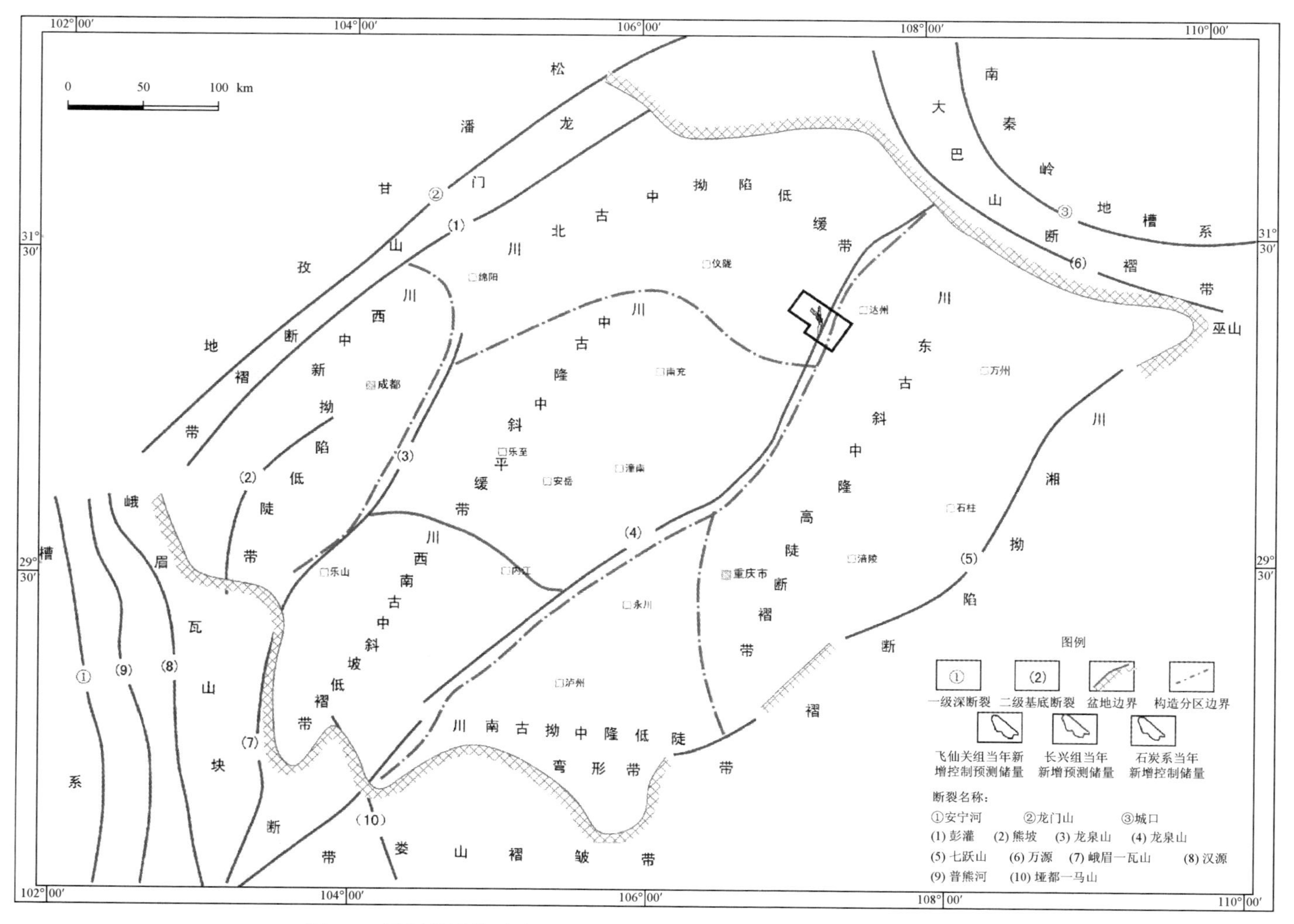

图 3-2 四川盆地构造分区图（西南油气田分公司勘探开发研究院，2015）

表3-1　龙会场区块地层分层简表（据西南油气田分公司勘探开发研究院，2015）

地层				厚度（m）	主要岩性	沉积相	油气性
系	统	组（群）	代号				
侏罗系	上	蓬莱镇	J_3p	250～700	砂岩、泥岩		
		遂宁	J_3s	550～700	泥岩		
	中	沙溪庙	J_2s	0～1000	砂岩、泥岩	湖泊	含气层
	下	凉高山	J_1l	1500～1800	泥页岩夹砂岩		
		自流井	J_1	0～800	砂岩、泥岩	湖泊	含气层
三叠系	上	须家河	T_3x	420～820	砂岩夹泥页岩	湖泊	
	中	雷口坡	T_2l	200～620	灰岩、白云岩及石膏	局限浅海及潟湖	
	下	嘉陵江	T_1j^5	120～140	灰岩、白云岩及石膏		
			T_1j^4	100～200	灰岩、白云岩及石膏		
			T_1j^4-T_1j^3	200～220	泥、细粉晶灰岩	浅海	
			T_1j^2	130～150	泥、细粉晶灰岩及云岩	台地滩相	重要气层
			T_1j^1	250～300	泥、细粉晶灰岩	浅海	含气层
		飞仙关	T_1f^4	25～40	灰质泥岩、灰岩及石膏	潮坪	
			T_1f^{3-1}	310～660	灰岩、鲕粒灰（云）岩	陆棚、浅海	重要气层
二叠系	上	长兴	P_3ch	160～440	生物灰岩、硅质灰岩	浅海	气层
		龙潭	P_3l	80～200	灰岩夹砂泥岩及煤	滨海	
	中	茅口	P_2m	180～260	灰岩	浅海	含气层
		栖霞	P_2q	120～350	灰岩夹泥页岩	浅海	含气层
	下	梁山	P_1l	5～20	灰岩、铝土质泥页岩	滨海	
石炭系	上	黄龙	C_2hl	30～70	角砾白云岩及灰岩	潟湖	重要气层
志留系	中	寒家店	S_2h	700～1000	灰绿色砂岩、深色页岩	湖泊	烃源层

3.2.2　长兴组地层特征

长兴组处于上二叠统环开江-梁平海槽西侧的边缘相变带，地层厚度、岩相、岩性分布变化极大。自北东向南西依次出现海槽相、斜坡（陆棚）相、台地边缘相和开阔台地相沉积。

本区长兴组厚32～340m，总的趋势是，海槽区地层最薄，台缘及开阔台地上较厚，而其中发育有生物礁的沉积地层明显偏大。

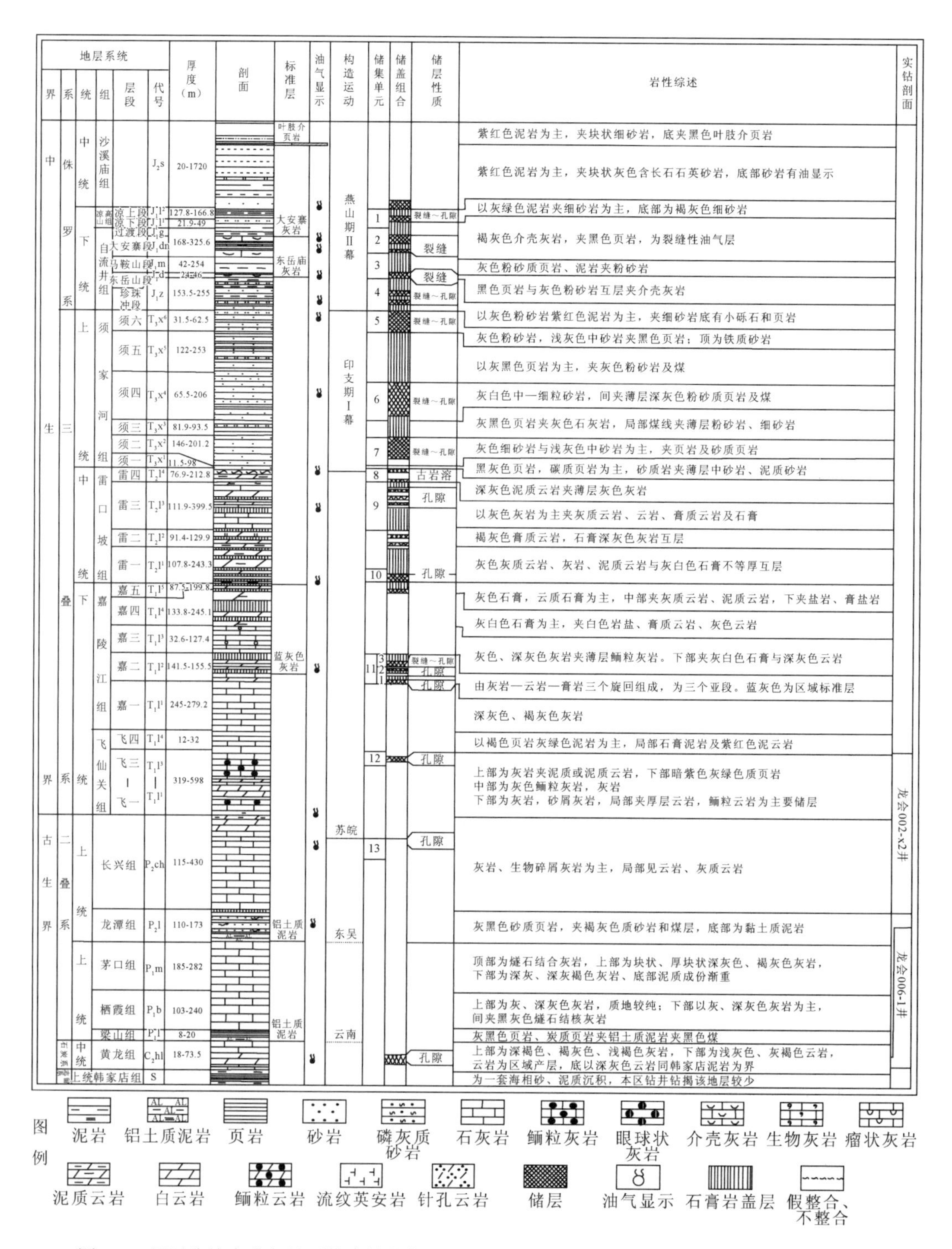

图 3-3 四川盆地东北部地区综合柱状剖面图（西南油气田分公司勘探开发研究院，2015）

龙会场区块已有的工业气井主要分布在台地边缘相带，该相带环海槽呈带状分布，主要岩类有生屑泥晶灰岩、礁灰岩、白云岩、燧石条带灰岩、硅质灰岩等，是发育边缘礁的有利相带。边缘礁体规模较大，沿台缘分布稳定。凡钻遇生物礁的地层剖面，地层厚度较邻井明显增大，其中的生物礁滩相颗粒岩白云化强烈，孔隙和裂缝发育，是优质的油气储层。

3.2.3 石炭系地层特征

川东北石炭系分为上石炭统和下石炭统，顶、底分别与二叠系梁山组和志留系呈假整合接触。其中下石炭统，即河州组主要分布于川东北部的局部区域，顶部为浅灰褐色砂质白云岩，上部至下部为灰色至灰白色细—中粒白云岩及石英砂岩夹褐灰色砂质白云岩。砂岩分选及磨圆均较好，硅质或云质胶结，残余厚度为0～40m。

而上石炭统，即黄龙组则广泛分布于川东地区腹地，岩性为白云岩、角砾白云岩、石灰岩及角砾灰岩，下部夹有石膏岩。黄龙组地层沉积后，受云南运动影响，顶部遭到较大规模的剥蚀，以广泛发育“喀斯特”风化壳岩溶为标志，与上覆二叠系梁山组为不整合接触，黄龙组顶部与二叠系分界明显，黄龙组顶部由一套深灰色颗粒灰岩、泥晶-粗晶灰岩、厚层状角砾灰岩组成，梁山组底部为一套含煤的铝土质页岩层。黄龙组岩性复杂，横向变化快，各地残存层位和厚度很不一致，局部可缺失。

工区黄龙组地层按岩性划分为三段。

黄龙组一段（C_2hl^1）：下部为厚层块状乳白色石膏岩，向上过渡为云膏岩、膏云岩，上部为褐灰色去云化、去膏化灰岩、角砾灰岩，局部夹粉晶白云岩，生物稀少。黄龙一段地层剥蚀严重，以铁山6井区最厚，大于20m，发育膏盐湖，向东北、西南两方向减薄。

黄龙组二段（C_2hl^2）：岩性为褐灰色细—粉晶白云岩、溶孔颗粒白云岩、角砾白云岩间夹薄层灰岩，生物较为发育。黄龙二段地层厚度一般为20～40m，以铁山13井区南部最厚，超过50m。

黄龙组三段（C_2hl^3）：岩性为厚层块状褐灰色泥粉晶灰岩，夹亮晶颗粒灰岩，局部见白云岩、灰质云岩。生物种类较多。黄龙三段地层厚度一般为5～25m，在龙会场与铁山北地区沉积较厚，超过20m，中间区域沉积较薄，为10m左右。

3.3 区域沉积特征

东吴运动使四川盆地上升成陆，峨眉山玄武岩的喷溢及剥蚀作用使上二叠统沉积初期在四川东部形成一个向北东方向倾斜的斜坡。在此背景之下持续的海侵形成了颇具特色的海侵碳酸盐缓坡沉积，在峨眉-筠连地区为陆源区，向南江、城口、利川海水逐渐加深，沉积相带大致呈同心弧展布。在川东北地区分布了开江-梁平海槽（trough）及环海槽的陆棚边缘礁相。在龙潭（吴家坪）期属碳酸盐浅缓坡-深缓坡环境，长兴期则演化为台地-斜坡-海槽沉积环境。

四川盆地内二叠纪的东吴运动使扬子地区露出水面，下二叠统普遍遭受剥蚀。随后的地裂运动导致盆地西部有大规模玄武岩喷溢，沿华蓥山断裂及川东梁平地区古断裂也有玄武岩或辉绿岩的喷溢、侵位，并在川东形成了分布广泛的玄武质砂沉积。随晚二叠世海侵的发生，东吴期的基底断块升降造成的古地貌差异使四川盆地上二叠统的沉积环境发生了明显分异，即四川西部上升成陆，形成西南高、东北低、西陆东海的格局。晚二叠世长兴期的海域南邻滇黔桂广海、北靠南秦岭洋，海域西侧的康滇古陆是长兴期陆源碎屑沉积的主要的物源区，在古陆的前缘为河流平原相，向东依次为海陆交互区、碳酸岩缓坡相、开阔台地相、开江-梁平海槽和城口-鄂西海槽。在此古地理格局基础之上发生的晚二叠世海侵沉积过程自北、北东向西南一直延续到早三叠世飞仙关期。

飞仙关早期，随着龙门山岛弧的形成，康滇古陆和龙门山岛弧可能构成了当时四川海域西侧的主要物源区，自西向东可依次划分出川西冲积平原、川中半局限海、川东碳酸盐开阔台地、川东北碳酸盐蒸发台地以及深水海槽相（包括广元-旺苍海槽、开江-梁平海槽、城口-鄂西海槽）五个大的沉积单元。

四川盆地内上二叠统—下三叠统飞仙关组沉积层序为一次与构造沉降过程有关的时限很长的海侵和海退过程的产物。上二叠统为层序中的海侵体系域，到长兴末期至飞仙关初期达到最大海泛面，到飞仙关后期海平面上升速度减慢并逐渐开始下降，沉积了高水位体系域。体系域的特征与相对海平面升降、物源条件、气候变化有关，因而亦控制了沉积相带展布。上二叠统的沉积层序明显地表现为向上变深的沉积过程，即在下二叠统古侵蚀面上由滨海含煤层系沉积开始，在开江-梁平地区迅速下沉变为深水海槽沉积，在川东大部分地区则发展为碳酸盐缓坡沉积，但由于断块的相对上升，在川东北地区和川西北地区发育了浅水台地。而飞仙关组的地层层序不论在深水相区（海槽相区）或浅水台地相区，总体上都表现为向上变浅的沉积序列。在海槽区由飞一早期的深水暗色泥页岩、夹重力流沉积的薄层泥晶灰岩开始，向上逐渐变浅，经过陆棚环境、台地潟湖环境最终变为含蒸发岩的潮坪沉积。在浅水台地区则由潮缘泥晶灰岩或生屑、鲕粒颗粒灰岩、白云岩开始经过向上变浅的台地层序变为含蒸发岩的潮坪旋回沉积。

3.4　油气勘探开发现状

3.4.1　勘探开发历程

川东北部二叠系、三叠系生物礁（滩）气藏近 50 年来勘探开发历程大致可分为初探发现期、再探迷茫期及精探上产期三个阶段。

初探发现期，自 1963 年由原四川石油管理局的川东石油沟构造巴 3 井钻遇第一个下三叠统飞仙关组鲕滩气藏，到 1976 年在建南构造发现第一个上二叠统长兴组生物礁气藏。

此后数十年中，人们一直在四川盆地川东北地区的二叠系、三叠系碳酸盐岩地层中苦苦寻找长兴组生物礁气藏和飞仙关组鲕滩气藏。虽然陆续在川东福成寨、沙罐坪等 10 余个构造上发现了以鲕粒灰岩为储层的小型鲕滩气藏，但由于对鲕粒滩、生物礁的地质分布规律和气藏成藏规律认识不清楚，勘探一直处于迷茫期，可谓“专层布井达不到，不打又碰到”。直到20世纪90年代中期，长兴组生物礁气藏和飞仙关组鲕滩气藏都一直被作为四川盆地油气兼探层系。

2000年以后基于川东北地区开江-梁平海槽地质认识，中国石油化工集团公司开展了普光地区的礁滩重要勘探，并发现普光气田。2006 年中国石油天然气集团对海槽西侧台缘带龙岗地区开展了风险勘探，在龙岗 1 井长兴组生物礁和飞仙关组鲕滩均获得高产工业气流，从而拓展了开江-梁平海槽周缘礁、滩气藏的勘探领域。龙会场-双家坝区块位于开江-梁平海槽西侧，从 2010 年开始中国石油西南油气田分公司加大了对海槽西侧的勘探开发力度，在龙会场至龙门一带部署完成四块三维地震勘探，满覆盖面积 1013.93km^2，控制面积 1735.39km^2，部署滚动评价井龙会 001-X1 井和龙会 001-X2 井两口井，均在长兴组测试获气，初步估算龙会场-龙门区块整体储量约 1200×10^{8}m^3，展现出了海槽西侧仍有较大的勘探开发潜力，至今仍处于精探上产期。

3.4.2　勘探开发现状

龙会场-龙门地区从 20 世纪 80 年代初发现石炭系气藏，90 年代初发现礁滩气藏以来，目前已发现的主要气田有：龙会场气田、铁山气田、蒲西气田、双家坝气田、龙门气田。主要产层为：飞仙关组、长兴组、石炭系、嘉陵江组、茅口组。目前，工区内共有完钻井 24 口、正钻井 2 口。其中钻遇飞仙关组的井有 24 口、钻遇长兴组的有 19 口、钻遇石炭系的有 11 口。各区块勘探开发情况如下。

1. 龙会场区块

1987 年在龙会场部署了第一口探井龙会 1 井，该井在两年的钻进过程中发生多次工程事故，在钻达石炭系后，油管卡钻处理未果，对井段 3984.67～4501m 上试，层位为三叠系飞仙关组中下部至二叠系龙潭组，产微气，产水 8.9m^3/d，分析水来自嘉二。1991 年钻探的龙会 2 井在茅口组测试产气 103.59×10^{4}m^3/d，发现茅口组气藏。1998 年龙会 3 井在石炭系获气 7.23×10^{4}m^3/d，发现石炭系气藏。2002 年龙会 2 井对飞仙关组上试，测试日产气 43.09×10^{4}m^3，发现飞仙关组气藏。2013 年根据三维地震处理成果部署的龙会 002-X2 井在长兴组获气 27.8×10^{4}m^3/d，发现了长兴组气藏。

目前龙会场共完钻井 12 口，其中，钻遇飞仙关组的井有 12 口，测试井 6 口，获工业气井 4 口，累计获气 139.81×10^{4}m^3；钻遇长兴组的井有 9 口，4 口井测试，2 口井获工业气流，累计获气 66.61×10^{4}m^3。

龙会场区块飞仙关组、长兴组和石炭系共投产井 6 口，目前生产井有 4 口，气田日产气 25.09×10^{4}m^3/d，日产水 7m^3/d，截至 2014 年 12 月 31 日，累计产气 13.3×10^{8}m^3，累计产水 21 462m^3。

飞仙关组气藏的龙会 2 井于 2002 年 8 月 21 日投产，龙会 5 井、龙会 6 井于 2005 年陆续投产，气藏投产初期日产气 44.5×10^{4}m^3/d，日产水 3.39m^3/d；龙会 5 井于 2007 年 7 月关井。目前生产井 2 口，日产气 15.79×10^{4}m^3/d，日产水 2.3m^3/d，累计产气 11.75×10^{8}m^3，

累计产水 9102m^3。气藏除龙会 5 井关井前产出地层水，龙会 2、龙会 6 井目前均未产地层水。

长兴组气藏的龙会 002-X2 井于 2014 年 7 月 28 日投产，目前产量 6.44×10^{4}m^3，油压 27.8MPa，产量、油压比较稳定，无地层水产出。

2. 铁山区块

1）铁山北

铁山北的勘探始于 20 世纪 80 年代初，早期以石炭系为目的层部署的铁山 1、铁山 6、铁山 7、铁山 9 井均未取得突破。其中铁山 1、铁山 9 井由于工程原因未钻达石炭系，直到 2011 年部署的铁北 101-X2 井在石炭系测试产气 15.7×10^{4}m^3/d，发现了石炭系气藏。90 年代随着渡口河、罗家寨等飞仙关组气藏的相继发现，开江—梁平海槽西侧飞仙关组的勘探逐渐引起重视，2004 年针对飞仙关组部署的铁山北 1 井和铁北 101 井均在飞仙关组获工业气流，从而发现了飞仙关组气藏。

目前铁山北区块共完钻井 9 口，为铁山 1、铁山 6、铁山 7、铁山 9、铁北 101-X2、铁山北 1、铁北 101、铁北 101-X1、铁北 101-H3，其中位于工区内的只有铁北 101、铁北 101-X1 和铁北 101-H3。工区内完钻井测试情况如下：

飞仙关组气藏钻遇井 2 口，测试均获工业气流。

铁山北飞仙关组气藏于 2007 年 4 月编制了试采方案，方案设计试采井 2 口，铁山北 1 井（位于工区外）、铁北 101 井；试采规模 35×10^{4}m^3/d（采速 3.9%），铁山北 1 井配产 20×10^{4}m^3/d，铁北 101 井配产 15×10^{4}m^3/d。

截至目前，飞仙关组气藏共投产井 3 口，投产初期日产气 60.58×10^{4}m^3/d，日产水 3.08m^3/d；目前生产井 3 口，日产气 48.16×10^{4}m^3/d，日产水 5.5m^3/d，累计产气 16.35×10^{8}m^3，累计产水 10 454m^3。

2）铁山南

铁山南区块从 1986 年开始钻探铁山 2 井发现石炭系气藏以来，此后的铁山 13、铁山 14、铁山 21 井分别在飞仙关组、长兴组、嘉陵江组获得工业气流，从而发现了飞仙关组、长兴组、嘉陵江组气藏。

目前铁山南区块共完钻井 11 口，分别为铁山 3、铁山 12、铁山 2、铁山 14、铁山 4、铁山 5、铁山 11、铁山 21、铁山 13、铁山 8、铁山 22 侧，其中铁山 3 位于工区以外。工区内完钻井测试情况如下：

飞仙关组气藏钻遇井 10 口，测试井 5 口，获工业气井 4 口，累计获气 245.12×10^{4}m^3。

长兴组气藏钻遇井 9 口，测试井 5 口，4 口井获工业气流，累计获气 222.2×10^{4}m^3。

1995 年编制了铁山南气田嘉二、飞仙关组、长兴组和石炭系气藏立体开发方案，设计生产规模为 120.0×10^{4}m^3/d，稳产 11 年。1996 年 1 月至 2007 年 8 月，气田维持在 100～140×10^{4}m^3/d 的生产规模，气田开采效果良好，1996 年被中国石油天然气总公司评为"高效优质开发气田"；2007 年 9 月至 2009 年 7 月，气田进行一期增压开采阶段，两台机组运行，气田生产规模稳定在 100×10^4～140×10^{4}m^3/d；2009 年 8 月至今，气田进行二期增压开采阶段，三台机组运行，生产规模稳定在 90×10^4～110×10^{4}m^3/d。

截至2014年12月，铁山南气田飞仙关组、长兴组和石炭系气藏共投产井9口，目前生产井有7口，气田日产气$45.7\times10^4m^3/d$，日产水$20.96m^3/d$，累计产气$72.65\times10^8m^3$，累计产水$6.74\times10^4m^3$。各气藏生产简况如下：

飞仙关组气藏投产井3口，投产初期日产气$43.37\times10^4m^3/d$，日产水$0.3m^3/d$，目前生产井3口，日产气$26.05\times10^4m^3/d$，日产水$0.8m^3/d$，累计产气$37\times10^8m^3$，累计产水$6489m^3$。

长兴组气藏投产井3口，投产初期日产气$46.07\times10^4m^3/d$，日产水$0.54m^3/d$，目前生产井2口，日产气$15.02\times10^4m^3/d$，日产水$1.1m^3/d$，累计产气$27.79\times10^8m^3$，累计产水$16\,396m^3$。

石炭系气藏投产井4口，投产初期日产气$17.37\times10^4m^3/d$，日产水$0.45m^3/d$，目前生产井2口，日产气$4.63\times10^4m^3/d$，日产水$19.06m^3/d$，累计产气$7.86\times10^8m^3$，累计产水$44\,474m^3$。

3. 铁东区块

铁东区块目前没有井控制，2013年基于本项目对二叠系、三叠系地层界线重新划分，重新开展龙会场-铁山地区三维地震解释。龙会场三维地震解释成果表明，铁东区块飞仙关组、长兴组储层发育，具有一定的勘探开发潜力。

4. 蒲西区块

1994年在蒲西潜伏高点布设第一口探井（蒲西1井），并于1994年12月5日开钻，1995年7月4日完钻，石炭系测试获气$46.24\times10^4m^3/d$，发现了蒲西气田。

2001年5月，在蒲西潜伏构造北高点近轴部钻探蒲西3井，于2001年1月完钻，完钻井深4244.0m，通过对该井射孔完井，在石炭系测试产气$12.97\times10^4m^3/d$，产水$3.2m^3/d$。

2001年11月在蒲西潜伏构造中南段轴部钻探蒲西4井，于2002年3月完钻，石炭系产水，未测试。

截至目前，蒲西区块共完钻井3口，其中，钻遇飞仙关组的井有3口；钻遇长兴组的井有3口；钻到石炭系的井有3口，正钻井口，测试井2口，获工业气井2口，累计测试获气$59.21\times10^4m^3$。

蒲西区块石炭系共投产井2口，蒲西井于1996年6月21日投产，气藏投产初期日产气$19.85\times10^4m^3/d$，日产水$0.7m^3/d$；目前日产气$9.44\times10^4m^3/d$，日产水$3m^3/d$。蒲西3井于2002年11月30日投产，气藏投产初期日产气$9.6\times10^4m^3/d$，日产水$8m^3/d$；目前日产气$0.82\times10^4m^3/d$，日产水$21m^3/d$。气藏目前产量为$10.26\times10^4m^3/d$，日产水$23m^3/d$，累计产气$12.22\times10^8m^3$，累计产水$12.29\times10^4m^3$。气藏2口生产井均已产地层水。

5. 双家坝区块

双家坝区块钻探工作始于1986年，当年在构造近高点部署的第一口预探井——七里4井开钻，目的层为石炭系。该井于1987年2月完钻，石炭系酸后测试获气，由此发现了双家坝气田石炭系气藏。1988～1992年在整个构造上完钻了七里7井等5口石炭系评价井和七里41井等5口石炭系开发井，除评价井七里20井石炭系产水外，其余评价井和开发井均获气。2003～2004 年在构造南、北段部署并完钻的飞仙关组专层井七里 51、七里 52 井也获气。2009 年在构造北段部署石炭系大斜度井七里 017-X1 井，该井在经长兴组时钻遇生物礁。

1991 年七里 20 井上试飞仙关组，由于裸眼打水泥塞时封闭绝大部分储层段以及固井后酸化时油管鞋位置过高，泥浆被挤入储层，对储层造成了严重污染，酸前、酸后只产微气；1997 年七里 8 井上试飞仙关组，酸化后在井口压力 P_t25.0MPa，P_t25.0MPa 下产气 $1.86\times10^4m^3/d$，从而发现了双家坝气田飞仙关组气藏；1997 年七里 43 井上试飞仙关组，酸化后因 H_2S 含量太高（$121g/m^3$），油管多处断裂，放空天然气 $2.45\times10^4m^3$，未求产；2003 年飞仙关组专层井七里 51 井酸后在井口压力 P_t28.50MPa 下，飞仙关组测试产气 $1.5\times10^4m^3/d$，进一步证实本构造飞仙关组气藏的存在；2004 年飞仙关组专层井七里 52 井酸后在井口压力 P_t24.642MPa 下，飞仙关组测试产气 $1.03\times10^4m^3/d$。2005 年七里 8 井上试长兴组，酸后在井口压力 P_t26.0MPa 下，产气 $1.56\times10^4m^3/d$，发现了双家坝气田长兴组气藏。

截至 2015 年 4 月，研究区内共完钻测试 15 口井，石炭系获气井 10 口，水井 1 口；飞仙关组气井 4 口，微气井 2 口，长兴组获气井 1 口；获气藏 3 个。

双家坝区飞仙关组气藏和长兴组气藏均未投入生产，只有石炭系气藏投入生产。至 1989 年石炭系气藏投入试采以来，气藏投产初期生产井 9 口，气藏投产初期日产气 $116.24\times10^4m^3/d$；目前生产井 5 口，日产气 $7.22\times10^4m^3/d$，日产水 $7.74m^3/d$，累计产气 $38.84\times10^8m^3$，累计产水 $8.97\times10^4m^3$。

3.5 地震勘探简况

3.5.1 龙会场区块

龙会场区块的地震勘探工作始于 1981 年，原四川石油地调处五个地震队在该区进行了地震连片详查，初步查明了地腹构造及潜伏构造的形态、断层展布及相邻构造间的接触关系。

1985 年，原四川石油地调处地震 252 联队、259 联队又在测区进行了地震补充详查，证实了龙会场、大堰乡、木子场等潜伏构造的存在；1988 年，原四川石油地调处地震 204 队、251 队又对测区进行了地震加密详查，基本查明了地腹铁山构造及龙会场、大堰乡、木子场等潜伏构造形态，断层展布及其构造间的接触关系，编写了《四川盆地铁山构造及龙会场、大堰乡、木子场潜伏构造地震加密详查总结报告》。

2002 年，原四川石油地调处地震 2318 队在水口场-铁山构造进行地震勘探试验，寻找三叠系飞仙关组鲕滩储层地震信息，并编写了《四川盆地水口场-铁山构造地震勘探试验总结报告》。

2003 年，原四川石油地调处地震 202 队、255 队在龙会场、九岭场潜伏构造及铁山构造进行二维地震详查，2004 年 3 月提交了《川东华蓥山北端龙会场、九岭场潜伏构造及铁山构造二维地震详查总结报告》。

2005 年，四川石油地球物理勘探公司物探研究中心针对大田角潜伏构造和铁山构造老资料作了重新处理及解释，编写了《川东北大田角-龙会场地区地震老资料重新处理解释总结报告》。

2012年，川庆钻探工程有限公司地球物理勘探公司物探248队在龙会场、九岭场潜伏构造及铁山构造进行三维地震详查，满覆盖面积322.38km^2，覆盖次数10×9次，编写了《2012年度四川盆地龙岗东地区龙会场区块天然气开发三维地震勘探总结报告》。

3.5.2　铁山-双家坝区块

1978年，四川石油管理局地质调查处进行了大方寺-罗成寨向斜区的地震普查工作，在本区部署了多条地震测线，发现了石桥铺断鼻（即现今的双家坝潜伏构造）。

1980～1981年，四川石油管理局地质调查处对雷音铺、七里峡及沙罐坪鼻状构造进行了地震详查，证实了石桥铺断鼻的存在，并将其更名为双家坝断高。

1986～1987年，四川石油管理局地质调查处对七里峡构造及亭子铺、檀木场、双家坝潜伏构造进行了加密补充详查，进一步证实双家坝断高为一完整的潜伏构造，遂将其更名为双家坝潜伏构造，并发现了高桥潜伏高（后来更名为高桥潜伏构造）。

1990～1991年，四川石油管理局地质调查处对七里峡构造南段-双家坝地区进行了加密详查，进一步证实了高桥潜伏高和兴隆场鼻状构造的存在，并将其分别更名为高桥潜伏构造、胡家坝潜伏鼻状构造，发现了曾家坝潜伏高点。但由于测线部署有限，未能查清胡家坝潜伏鼻状构造向南延伸的情况。

1992～1996年，四川石油管理局地质调查处通过对凉水井构造-蒲包山构造的地震详查，基本查明了胡家坝潜伏构造向南延伸的构造形态以及与相邻构造的相互接触关系。

1997年、1998年、2002年，在进一步查明该区构造形态、圈闭规模及其细节变化的基础上，对该区飞仙关组储层和长兴组生物礁发育情况进行了预测，从而有力加快了该区飞仙关组气藏和长兴组生物礁气藏的勘探开发。

2005年，四川石油管理局地球物理勘探公司（原四川石油地调处）对雷音铺-蒲包山构造及七里峡构造南段进行了二维地震详查，其中05LPQ01～05LPQ21线部署在本区，提交了《四川盆地雷音铺-蒲包山构造及七里峡构造南段二维地震详查总结报告》。本次详查进一步查明了该区的构造形态、圈闭规模、断层展布及其细节变化，并对该区石炭系、飞仙关组储层的分布和厚度进行了预测。

2007年完成了铁山-拔山寺二维礁滩地震概查勘探，对海槽西岸铁山至拔山寺区的礁滩进行解释认识，初步落实礁、滩及储层的分布情况。

2009年，川庆物探公司（原四川石油地调处）对双家坝-胡家坝区块地震老资料进行处理解释，进一步查清和落实了双家坝-胡家坝区块主要目的层的构造形态、圈闭规模、断层展布及其细节变化。对该区石炭系、飞仙关组储层进行预测，并对该区晚二叠世长兴末期沉积相展开了研究。

2010年完成了七里峡构造带五灵山潜伏构造二维地震勘探，2010年完成双家坝区块三维地震勘探，结合新钻的七里017-X1井位于边缘礁滩相带内对其构造格局和礁滩作了研究。

通过多轮地震勘探工作，基本查明了铁山、双家坝区块的构造形态、圈闭规模、断层展布及其细节变化。对该区双家坝局部构造背景下的飞仙关组储层和长兴组生物礁发育情况进行过分析、预测，但铁山-双家坝区块间的礁滩分布仍不清楚，为此2013年又开展了《2013年度四川盆地龙岗东地区铁山-双家坝区块天然气开发三维地震》，目前正在加紧实施。

3.5.3 双家坝区块

双家坝潜伏构造于1978年由原四川石油管理局地调处在大方寺-罗成寨向斜普查时发现，当时被称为七③号断层东边的石桥铺断鼻。为了证实此断鼻的存在，1980年增布了三条单次覆盖测线，将新老资料统一进行偏移处理后，发现原来解释的鼻子被罗⑧号断层所抬升而形成一个潜高，其位置也东移了，在石桥铺附近为一向斜低点，重新定名为双家坝潜高。1986年对整个七里峡构造带进行了补充详查工②作，测线间距缩短至1km。发现双家坝并不是一个潜高，而是一个完整的潜伏构造。1990～1992年，进一步对双家坝构造进行加密详查，基本查清了双家坝潜伏构造的构造形态、断层展布、圈闭特征及其与邻近构造的接触关系。至1999年先后四次对双家坝构造地震资料进行处理、解释，但四轮解释结果的圈闭面积差异较大，为此，西南油气田分公司重庆气矿于2002年又对双家坝构造16条测线174.69km的地震资料进行了重新处理、解释，并对84.78km测线段作了STRATA速度反演和自然伽马反演处理，提供了飞四底界、阳顶构造图和飞仙关、长兴储层预测图。

2007年，以长兴、飞仙关为目的层，在铁山至拔山寺向斜区块部署了20条二维测线，剖面长度609.4km。2009年在双家坝-胡家坝开展了地震老资料处理解释工作，2010年在铁山-拔山寺区块选择了88条老测线开展了地震老资料处理解释工作，结合2007年采集20条测线，对生物礁及飞仙关礁滩分布进行了预测，测线长度共计3908km。

2011年，在双家坝-袁坝驿区块开展三维地震勘探，满覆盖面积103.6km^2，对双家坝长兴生物礁及飞仙关台缘鲕滩分布范围进行了预测，并预测了长兴生物礁及飞仙关鲕滩储层发育情况。

第 4 章　复杂构造区地震采集及精细构造解释

继龙岗礁滩勘探后，开江-梁平海槽西侧的台缘引起了更多关注，但由于地质条件复杂，受勘探技术限制，地震资料采集难度大、构造描述不清楚、圈闭参数不精确，导致对鲕粒滩、生物礁的地质分布规律和气藏成藏规律认识不清楚，数十年勘探进程中一直处于“专层布井达不到，不打又碰到”。2010 年开始中国石油西南油气田分公司加大对海槽西侧的勘探开发力度，在龙会场-龙门一带部署覆盖面积达到 1013.93km^2、四块三维地震区。目前已形成了一套复杂构造区地震资料采集处理技术，并创新发展构造精细描述技术体系。

4.1　复杂构造区地震采集难点

4.1.1　地震地质条件复杂

龙会场-双家坝研究区多组系构造、复杂断层，地震采集难度大。研究区属典型山地-丘陵地貌，研究区地形起伏大，研究区海拔最低 280m，最高 980m，区内最大相对高差达 700m（图 4-1），工区森林覆盖率达 50%以上，主体构造发育竹林，经统计，竹

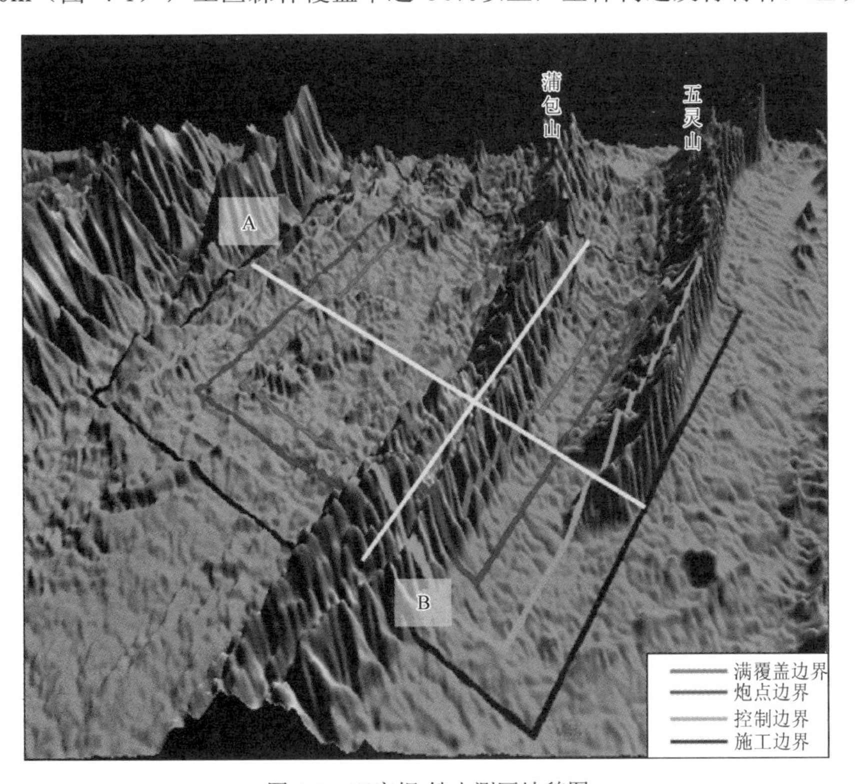

图 4-1　双家坝-铁山测区地貌图

林区检波点 5304 道，占 16.38%，腐殖层厚度 5～60cm。地表主要出露侏罗系遂宁组、沙溪庙组上段砂泥岩，沙溪庙组下段砂岩，激发接收条件相对较好，占整个工区的 76.43%；侏罗系自流井组灰岩，三叠系须家河组石英砂岩，雷口坡组、嘉陵江组灰岩，激发接收条件相对较差，占整个工区的 23.57%。

工区内障碍较多（图 4-2），主要有场镇 22 个，其中，较大的是石河镇、赵家镇和百节镇；河流有 3 条，为州河、铜钵河和东柳河；煤矿 15 个，其中，炮井范围内 7 个；天然气管线 6 条，主要是达石线、马五线、石铁净化线和相关支线；地质滑坡带有 6 个，分布在蒲包山主体构造范围内，对观测系统设计影响较大的是煤矿。工区内干扰源众多（图 4-3），不可控干扰主要为：水泥厂 2 个，海螺水泥厂生产规模达年产 500 万 t，厂区离工区边界 50m，利森水泥厂生产规模达年产 130 万 t，厂区位于工区中部；煤矿风机 21 个，分布在蒲包山、五灵山主体构造的两翼部位。可控干扰主要有公路 3 条，主要为包茂高速、G210 国道、省道；油气设施，主要有大竹天然气净化厂、茶园寺增压站等 4 个；工区分布砖厂、洗煤厂等 35 个。

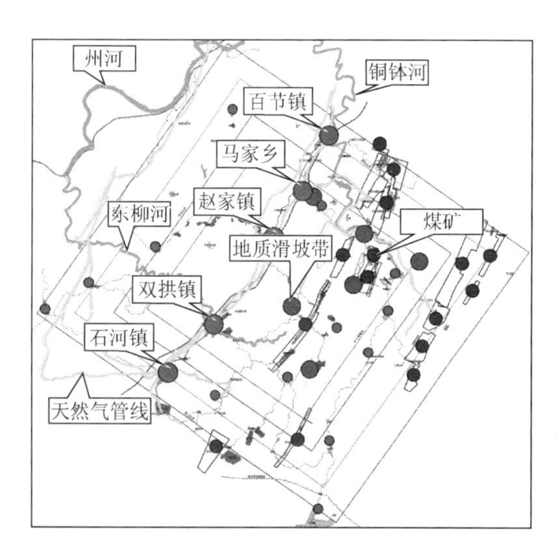

图 4-2　双家坝-铁山测区障碍分布示意图

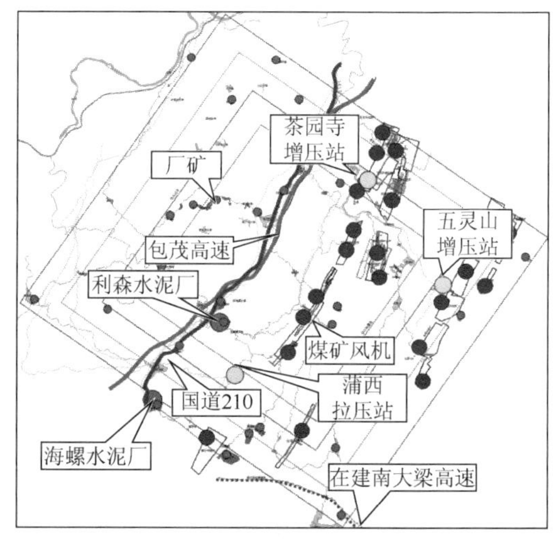

图 4-3　双家坝-铁山测区干扰源分布图

以往的地震解释剖面显示，龙会场测区多组断层发育，地震资料处理精细度低。地震区内地腹中部华蓥山构造被华①号断层切割，致使地层北西翼陡倾、直立甚至倒转，南东翼较缓，大田角、龙会场潜伏构造发育于华①号断层下盘，东部为铁山构造的南段构造，东西两翼分别被铁①、铁③号倾轴逆断层切割，地震成像变差。

双家坝—铁山测区内蒲包山、五灵山地腹构造高陡，断层发育，地震波场复杂（图 4-4）。地腹向斜部位构造较为平缓，断层相对较少，有利于地震波的传播。主要目的层飞四底向斜部位，埋深在 4300m 左右，飞底埋深在 4900m 左右，下二叠统底埋深在 5600m 左右（图 4-5）。

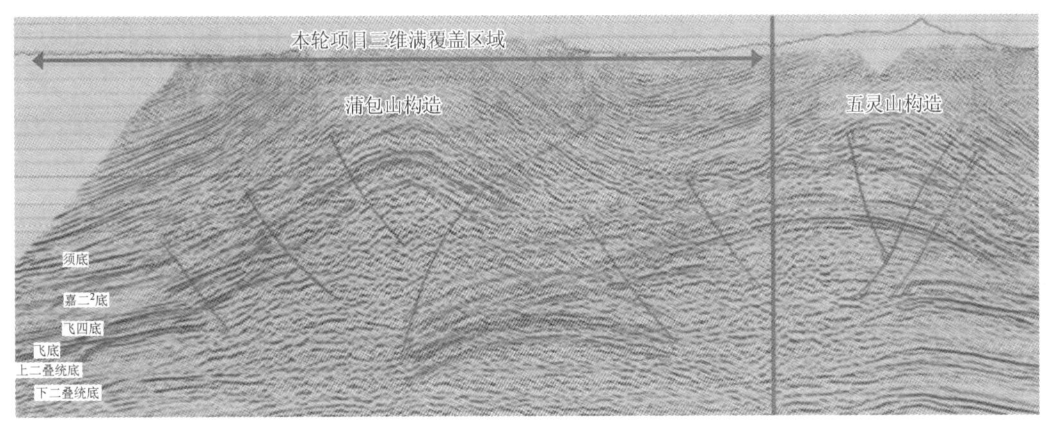

图 4-4　2010WLS09 线水平叠加剖面示意图

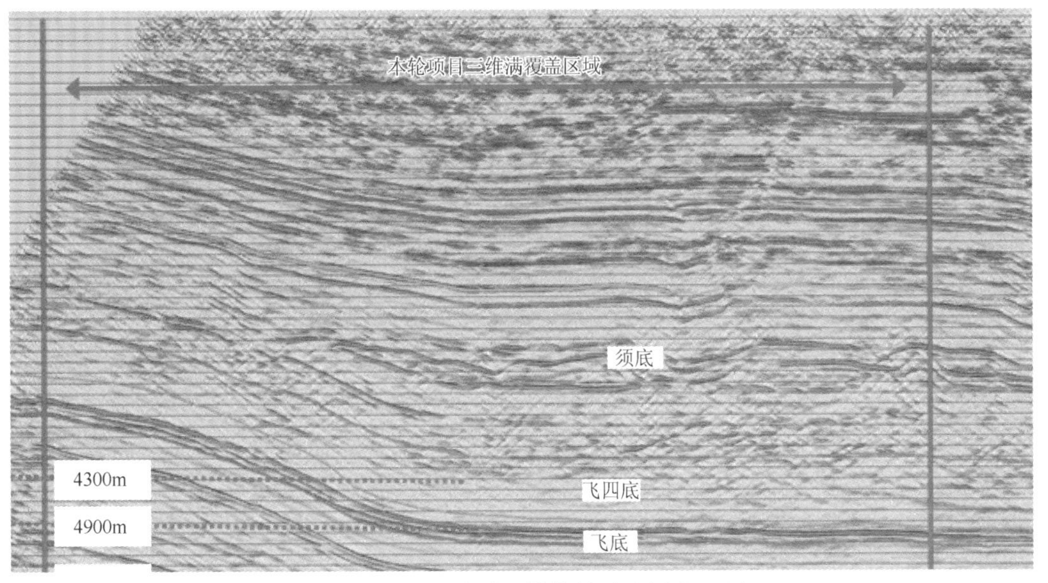

图 4-5　2007TB05 线时深转换剖面示意图（局部）

4.1.2　多轮地震勘探探索有效技术

经过多轮地震勘探，四川石油管理局地质调查处分别对龙会场地区内各个构造进行了多轮地震普查和地震详查，针对石炭系构造圈闭目标进行了钻探，2005 年以《四川盆地“开江-梁平海槽”地震资料地震相、沉积相研究》预测在整个海槽周缘深水与浅水过渡带上是生物礁（滩）发育的有利部位，由于构造断层极其复杂，2007 年以礁滩布设了 07TB01～18 测线垂直生物礁有利相带，线间距为 3～8km，最大线间距为 20km，查明了海槽西岸生物礁有利相带的存在，通过 2007 年布设 07TB01～18 测线解释成果钻探了龙岗 80、龙岗 81、龙岗 82 等 3 口礁滩风险井。完钻的龙岗 81、龙岗 82 井分别钻到生物礁，龙岗 82 井的多储层段累计厚度达 109.5m，测井解释多为水层，仅顶部 7.2m 含气层。龙岗 81 井钻遇储层仅 12.875m，解释为含气水层，而龙岗 80 井钻遇海槽，钻探分析对海槽西岸台缘附近钻井的飞仙关组底界地质分层进行重新认识和划分。

2010年在重新划分飞仙关组底界地质分层后结合新老二维测线针对铁山井-拔山寺礁滩开展重新处理解释，重新落实了海槽西岸生物礁、鲕滩有利相带的变化。同时2010年对龙会地区2003年采集的共30条测线的地震资料采用叠前时间偏移成像重新处理。主要落实构造细节及断层展布，同时对鲕滩沉积相带进行预测，为后期礁滩预测提供了勘探范围。

尽管经过多轮二维地震勘探认识，但钻井成功率仍然较低。川庆钻探工程有限公司在2003年对川东华蓥山北端龙会场、九岭场潜伏构造及铁山构造二维地震详查，2007年四川盆地铁山-拔山寺向斜二叠系、三叠系礁滩二维地震勘探和2007年四川盆地龙岗地区二叠系、三叠系礁滩三维地震勘探等三个项目的地震资料收集情况为突破点，开始探索礁滩地震的采集参数的选取，从观测系统、覆盖次数、药量及接收参数等进行优化（表4-1）。

表4-1　老资料采集施工参数表

项目		2003年	2007年	2007年
项目名称		川东华蓥山北端龙会场、九岭场潜伏构造及铁山构造二维地震详查	四川盆地铁山-拔山寺向斜二叠、三叠系礁滩二维地震勘探	四川盆地龙岗地区二叠、三叠系礁滩三维地震勘探
地震仪		SK388	406XL/UL	406XL
观测系统		240道中间激发	360道中间激发	14L8S240R正交
道距（m）		30	30	50
覆盖次数（次）		20、30、60	60	10×7
最大偏移距（m）		3585	5385	6587.96
炮检距（m）		180、120、60	90	炮点距：50
激发参数	井深（m）	单井≥15，2～4口组合井≥20	单井，灰岩、须家河组石英岩≥20，其余15	海拔≥600，单井≥18 海拔<600，单井≥15
	药量（kg）	6～16	侏罗系4～8	侏罗系4～7
接收参数	检波器型号	20DX-14	SF-20DX	SF-20DX
	检波器串数	单串12个	单串12个	单串12个
	检波器组合方式	组内距1m，组合基距9m线性组合	半径1m圆面积组合	半径1m圆面积组合

2003年在龙会场、九岭场潜伏构造及铁山构造进行的二维地震详查，共部署测线30条，道距30m，接收道数240道，覆盖次数分别为20次、30次、60次，最大炮检距3585m。从构造翼部原始单炮看，浅、中、深层均可见到较为连续的反射波同相轴，信噪比较高（图4-6）。构造顶部信噪比低，侏罗系沙溪庙组上段、下段砂泥岩目的层有效反射频率能达到80Hz以上；侏罗系珍珠冲组砂岩、三叠系须家河组砂岩、雷口坡组灰岩单炮有效反射频率最高在40～50Hz（图4-7）。

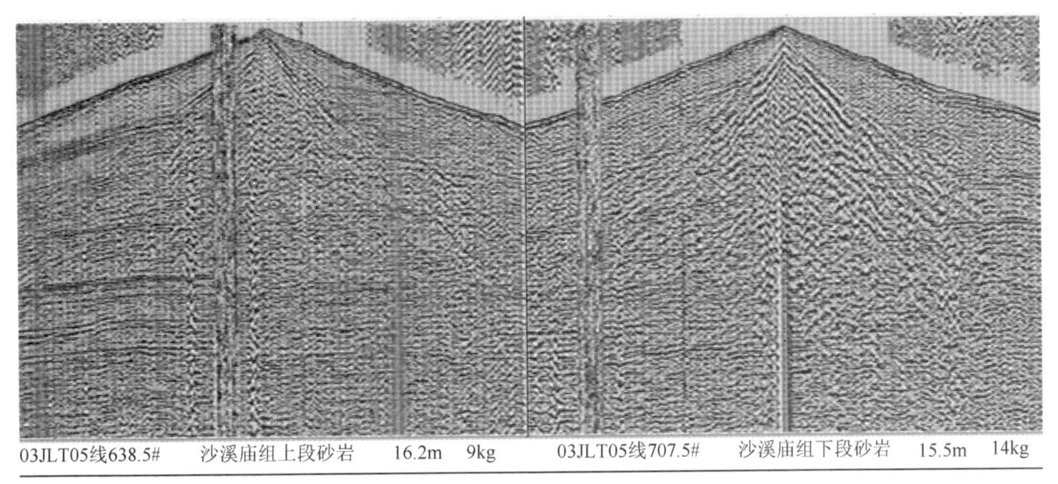

图 4-6　2003 年龙会场二维原始单炮记录

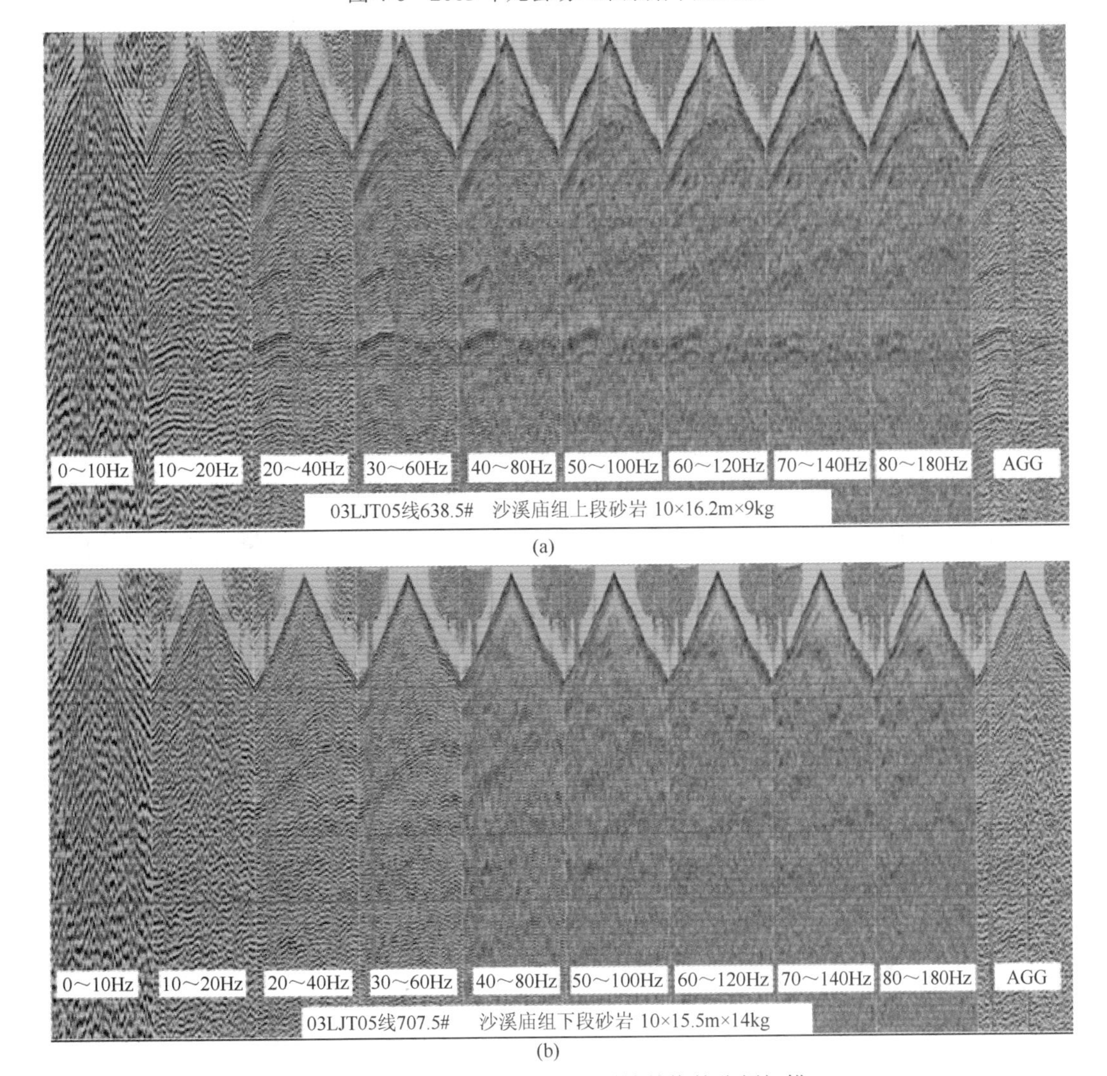

图 4-7　2003 年龙会场二维原始单炮的分频扫描

2007 年在该地区开展的四川盆地铁山-拔山寺向斜二叠系、三叠系礁滩二维地震勘探，道距 30m，接收道数 360 道，覆盖次数 60 次，最大炮检距 5385m。侏罗系珍珠冲组砂岩、三叠系须家河组砂岩、雷口坡组灰岩单炮品质较差，低频面波较发育，在单炮记录上看不到明显的反射波同相轴，有效反射频率最高在 40～50Hz（图 4-8，图 4-9）。

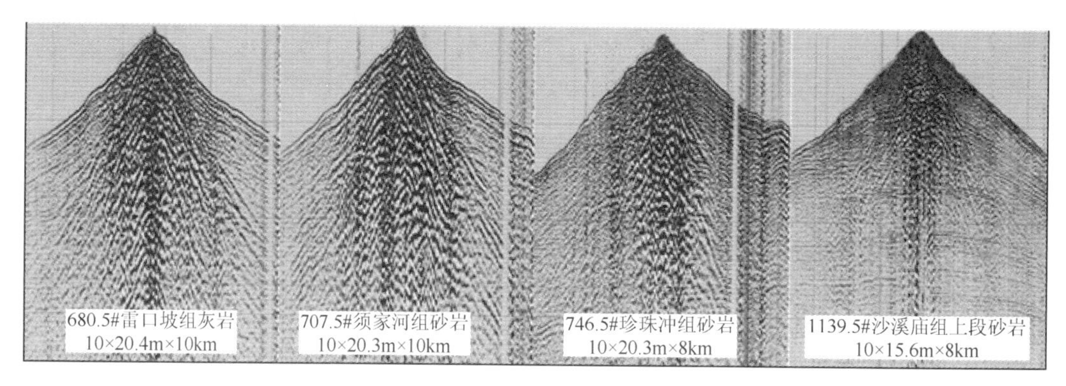

图 4-8　2007 年铁山—拔山寺向斜二维原始单炮记录

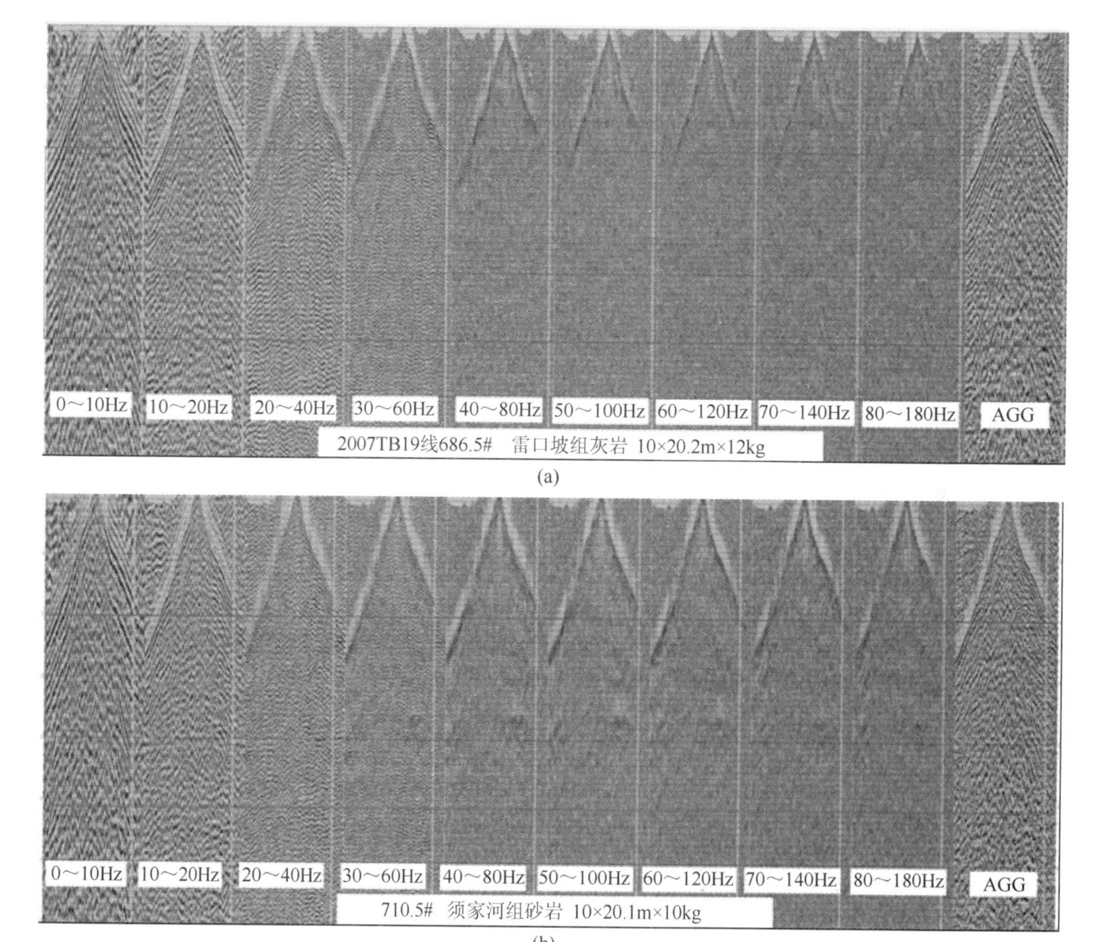

图 4-9　2007 年铁山-拔山寺向斜二维原始单炮的分频扫描

结合区域构造特征及礁滩勘探多种参数分析，对早期的三维资料《四川盆地龙岗地区二叠、三叠系礁滩三维地震勘探》采集参数为：道距 50m，覆盖次数 10×7 次，接收道数 3360 道，最大炮检距 6587.96m。从 2007 年龙岗三维采集原始单炮看，浅、中、深层均可见到较为连续的反射波同相轴，信噪比较高（图 4-10）。通过对龙岗三维工区原始单炮的分频扫描，由浅至深各反射层的最高频率达到 60Hz（图 4-11）。

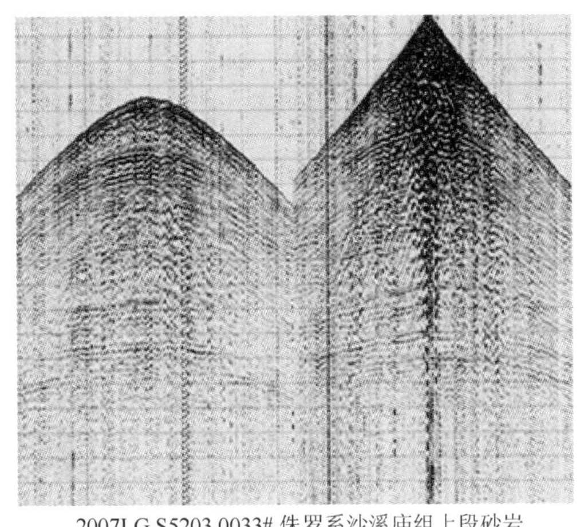

2007LG S5203 0033# 侏罗系沙溪庙组上段砂岩
15.8m 4kg

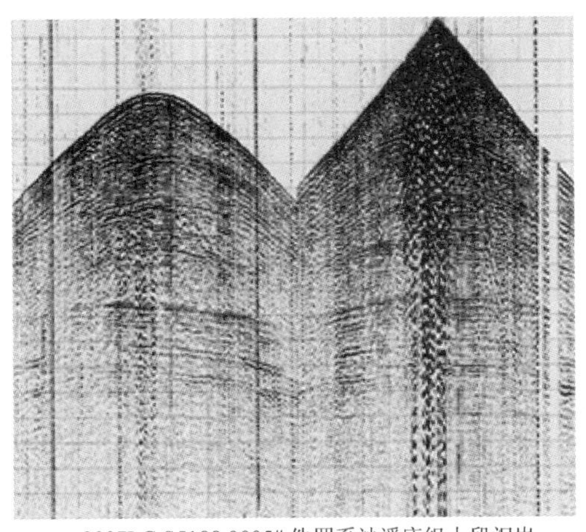

2007LG S5188 0005# 侏罗系沙溪庙组上段泥岩
15.4m 4kg

图 4-10　2007 年龙岗三维原始单炮记录

通过上述三个研究区及邻区相同地表条件的二维、三维单炮的品质、频率和干扰波分析，取得如下认识：

（1）工区干扰主要为面波以及外界规则干扰等。

（2）通过侏罗系沙溪庙组上段砂岩和泥岩单炮记录可以看出，浅、中、深层均可见到较为连续的反射波同相轴，信噪比较高。相对而言，泥岩单炮有效频带更宽，单炮资料更好。

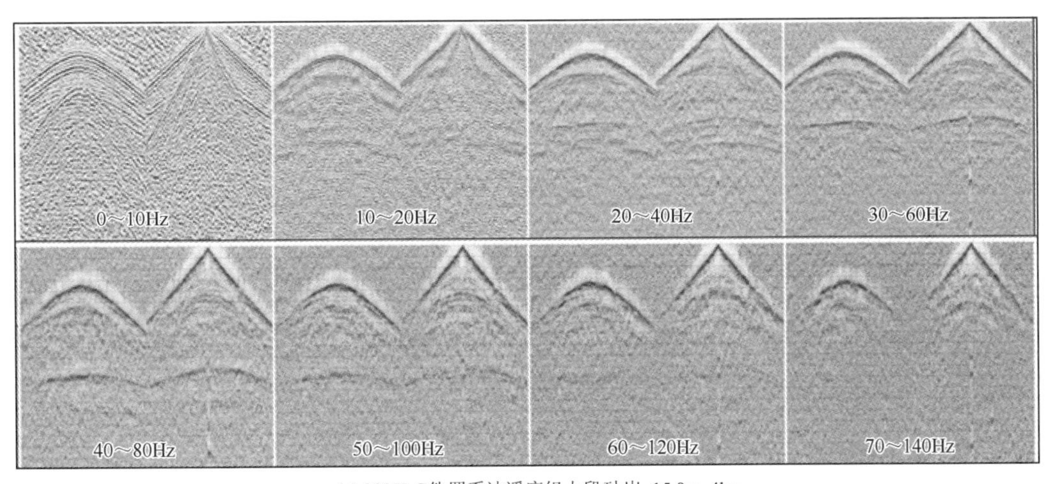

(a) 2007LG侏罗系沙溪庙组上段砂岩 15.8m 4kg

图 4-11　2007 年龙岗三维原始单炮的分频扫描

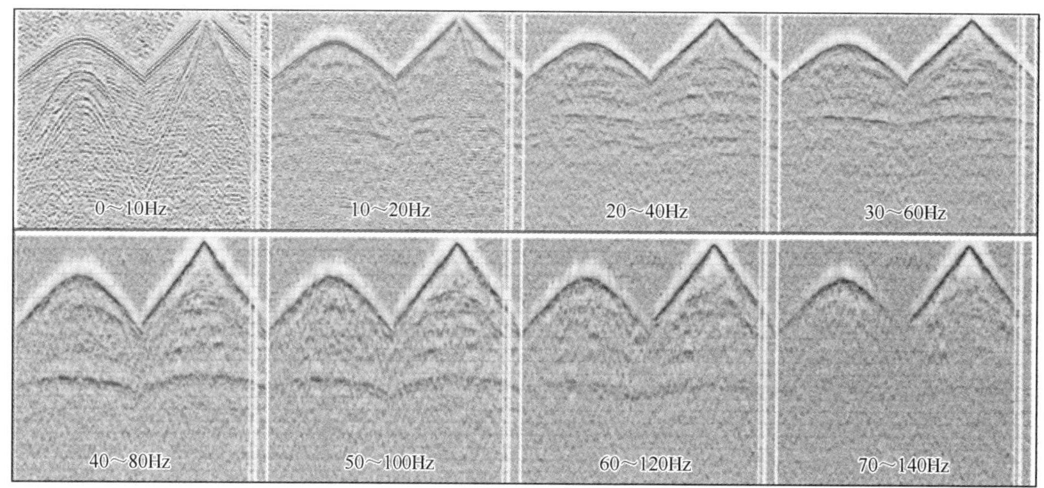

(b) 2007LG侏罗系沙溪庙组上段砂岩 15.4m 4kg

图 4-11 2007 年龙岗三维原始单炮的分频扫描（续）

侏罗系沙溪庙组下段砂岩，浅、中、深层均可见到较为连续的反射波同相轴，信噪比较高，侏罗系珍珠冲组砂岩、三叠系须家河组砂岩、雷口坡组灰岩单炮品质较差，低频面波较发育，在单炮记录上看不到明显的反射波同相轴。

侏罗系沙溪庙组上段、下段砂泥岩目的层有效反射频率能达到 80Hz 以上；侏罗系珍珠冲组砂岩、三叠系须家河组砂岩、雷口坡组灰岩单炮有效反射频率最高在 40～50Hz。

（3）不同地表地震地质条件下接收到的炮记录品质差别大。

通过上述认识，2012 年在前期二维预测成果的基础上首先部署了龙会场区块满覆盖面积 322.38km^2 三维地震勘探工作，通过优化采集方法，提高地震资料质量，增强处理技术，为进一步落实该区长兴组生物礁、飞仙关组鲕滩分布发育，以及龙会场区块地腹构造细节和断层展布，提供了重要保障。经过技术推广实践，在最新地震解释成果的基础上建议了礁、滩、石炭系为目标的井位 8 口。目前龙会 002-X1、龙会 002-X2 井成功钻遇生物礁，分别产气 38.81 万 m^3/d、27.81 万 m^3/d，完钻的龙会 006-H2 鲕滩 64.81 万 m^3/d。铁北 101-H3 井钻至石炭系测试产气 37.8m^3/d。

通过高质量地震采集、处理技术的推广应用，2013 年底开始进一步扩展勘探，紧接着在铁山—双家坝之间布设三维地震资料采集，并将双家坝与龙会进行三维拼接统一处理解释，目前已完成了解释成果，并钻井测试，同样取得了良好显示。

4.2 复杂构造区地震采集技术

基于复杂构造区礁滩气藏，提出了宽方位设计与激发药量定量优化的三维地震采集技术体系，破解了多组系构造、复杂断层的地震采集难题。

4.2.1 观测系统宽方位优化设计

龙会场、双家坝-铁山区块天然气开发三维地震采集工程技术均采用 18 线×8 炮×180

道正交线束观测系统（图 4-12）。具体施工基本参数如表 4-2 所示。

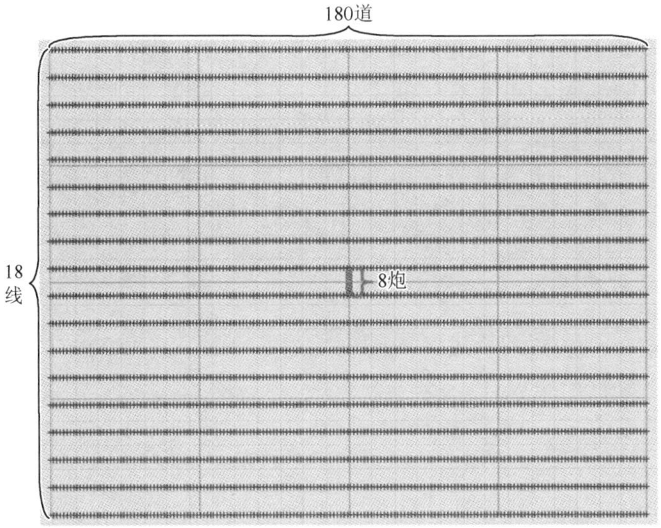

180道

18线

8炮

图 4-12 宽方位优化设计观测系统模板图

表 4-2 三维地震采集施工参数表

项目	参数	项目	参数
最大炮检距（m）	5727.67	最大非纵距（m）	3575
最大纵距（m）	4475	横纵比	0.8
覆盖次数（次）	10×9	面元（m×m）	25×25
接收点距（m）	50	炮点距（m）	50
接收线距（m）	400	炮线距（m）	450

4.2.2 激发井深、岩性及药量的优选匹配组合

分别在龙会场、双家坝-铁山测区，应用该套技术，均取得良好效果，下面分别对配套技术具体施工参数介绍如下。龙会场测区主要激发参数、测网布设、动态测网设计施工、接收参数及三维采集施工参数如下。

1. 优化激发参数

通过工区实地踏勘与老资料分析可以看出，沙溪庙组下段、珍珠冲组、须家河组、雷口坡组地层需进一步进行激发参数优选。

具体激发参数如下：激发方式，井中成型药柱激发；井深，第四系砾石≥8m 单深井，侏罗系沙溪庙组上段砂泥岩逐点动态设计井深，尽量确保激发围岩为泥岩，井深在 12～17m 范围内变化，其他地层岩性≥15m 单深井；药量，第四系砾石 4～6kg，侏罗系沙溪庙组上段砂泥岩 4～6kg，侏罗系自流井组砂岩 6～8kg，雷口坡组灰岩、须家河组砂岩、珍珠冲组砂岩、沙溪庙组下段砂岩待试验确定；检波器，20DX-10Hz。

2. 优化测网布设

以二叠系长兴组生物礁和三叠系飞仙关组鲕滩为重点勘探目的层，兼探石炭系，在总结以前勘探效果的基础上优化测网布设。

布设原则如下：部署方案和龙岗三维满覆盖拼接；确保生物礁条带在三维满覆盖边框的中部并保证满覆盖控制宽度满足地震剖面上地震相的划分；部署三维边框方位与三维观测方向一致；部署三维边框尽可能规则，以适应下一步的扩展勘探。

3. 动态测网设计施工

结合实地踏勘数据，精细标定区内障碍边界，在施工中针对具体情况，在保证覆盖次数均匀的前提下进行动态设计。

（1）利用高精度卫星图片，结合实地踏勘数据，精细标定区内河流、公路、煤矿等障碍边界。

（2）精细过障碍观测系统设计，在施工中针对具体情况，在保证覆盖次数均匀的前提下进行动态设计。对障碍区按照激发点就近偏移恢复，接收点最大偏移 1/2 线距（200m）的原则进行设计修改和恢复原缺失的激发点和接收点。

4. 优化激发、接收参数

1）做好激发试验工作

根据老资料分析，侏罗系珍珠冲组砂岩、三叠系须家河组砂岩及雷口坡组灰岩单炮品质较差。因此有必要进一步针对上述岩性开展激发参数试验优化工作。同时，通过在资料相对较好的侏罗系沙溪庙组下段地层开展进一步的验证性试验工作，优选激发参数，有必要开展接收组合方式的试验优化工作。

2）加强外界干扰控制

针对可控干扰源做好干扰源调查登记，组织人员提前联系协停；针对工区内在钻的大钻井位及增压站，施工前通过联系请示甲方进行协停。

3）加强表层结构调查，合理布设表层调查控制点

工区地表起伏较大，岩性变化快，静校正问题较突出。为了后续地震资料的处理，获得高精度静校正量，在地表层进行大量的微测井速度采集工作。整体部署原则为 2～4km^2/个，在工区西部和东部岩性较单一区域适当减小控制点密度，在工区中部岩性变化较快区域，适当增加控制点密度，绘制低降速带厚度图，为资料处理提供参考。

5. 龙会场地区三维采集施工参数

结合工区特点和地质任务要求优化采集参数，设计了能解决复杂构造精细成像和满足叠前处理要求，最大限度兼顾了浅、中深层勘探的宽方位观测系统，该方案炮、道密度适中，经济可行。施工参数见表 4-3。龙会场地区三维激发接收参数见表 4-4。

表 4-3　龙会场地区三维施工参数表

项目	参数	项目	参数
观测系统	18L8S180R 正交	道密度（道/km²）	50.88
纵横向覆盖次数	10×9	炮密度（炮/km²）	45.42
面元（m×m）	25×25	最大纵距（m）	4475
接收道数（道）	3240	最大非纵距（m）	3575
道距（m）	50	最大炮检距（m）	5727.67
炮点距（m）	50	横纵比	0.80
接收线距（m）	400	长兴组覆盖次数（次）	66～72
炮线距（m）	450	石炭系覆盖次数（次）	86～88

表 4-4　龙会场地区三维激发接收参数表

<table>
<tr><th colspan="2">地层</th><th>岩性</th><th>井深（m）</th><th>药量（kg）</th></tr>
<tr><td>下三叠统</td><td>雷口坡组</td><td>灰岩</td><td>15</td><td>12</td></tr>
<tr><td>上三叠统</td><td>须家河组</td><td>砂岩</td><td>15</td><td>10</td></tr>
<tr><td rowspan="2">下侏罗统</td><td>珍珠冲段</td><td>砂岩</td><td>15</td><td>6</td></tr>
<tr><td>自流井组</td><td>砂岩</td><td>15</td><td>6</td></tr>
<tr><td rowspan="2">中侏罗统</td><td>沙溪庙组下段</td><td>砂岩</td><td>15</td><td>8</td></tr>
<tr><td>沙溪庙组上段</td><td>砂、泥岩</td><td>动态井深（12～17）变化</td><td>泥岩 4/砂岩 6</td></tr>
<tr><td>第四系</td><td></td><td>砾石</td><td>不小于 8</td><td>4</td></tr>
</table>

龙会场地区三维地震激发仪器录制因素：仪器型号，428XL；采样率，1ms；记录道数，3240 道；记录格式，SEG-D；前放增益，0dB；记录长度，6s。

双家坝-铁山测区主要激发参数、测网布设、动态测网设计施工、接收参数及三维采集施工参数如下：

1）激发、接收参数

（1）激发井深。本轮三维在借鉴 2012 年龙会场三维项目激发参数的基础上，对嘉陵江组灰岩、须家河组石英砂岩、沙溪庙组下段砂岩、沙溪庙组上段泥岩进行了验证性药量试验，三叠系灰岩和须家河组砂岩 15m 单井激发；侏罗系砂岩 12～17m 单井激发。

（2）激发药量。根据验证性药量试验论证最终确定药量：三叠系灰岩和须家河组砂岩 10～12kg；侏罗系沙溪庙组上段砂泥岩 6～8kg；沙溪庙组下段砂岩 8kg；遂宁组砂泥岩 6kg。

（3）接收参数。检波器：20DX-10 型检波器接收；组合方式：单串检波器垂直测线线型埋置（试验确定），组内距 2m，组合高差小于 9m，特殊地形采取缩小组内距或单点埋置。

2）主要施工参数

（1）仪器录制因素：仪器型号，428XL；采样率，1ms；记录道数，3240 道；记录格式，SEG-D；前放增益，0dB；记录长度，6s；低切，0Hz；高截，400Hz。

（2）仪器回放因素：增益方式，AGC；起始增益，12dB；低切，10Hz；高截，125Hz；回放记录长度，4s；检波器，20DX-10 型检波器接收；组合方式，单串检波器垂直测线线性埋置，组内距 2m，组合高差小于 9m。

（3）表层调查采集参数：微测井井深，15m；仪器型号，GDZ-24；记录道数，12 道；激发方式，重锤敲击；记录格式，SEG-2；采样间隔，0.25ms；记录长度，500ms。

利用该套三维地震采集技术，井检查原始资料齐全、规范，施工质量达到规程和标准的要求，仪器年、月、日检记录全部合格，测量成果全部符合企业标准要求。满覆盖面积 1013.93km^2，控制面积 1735.396km^2，各项质量指标均优于合同指标。

4.3 复杂构造区地震快速处理技术

结合龙会场-双家坝测区复杂地震地质条件及地质任务和处理要求，通过针对性的验证性试验处理，获得如下处理流程（图 4-13），并总结出一套适用于复杂构造区大面积三维地震快速处理技术体系。

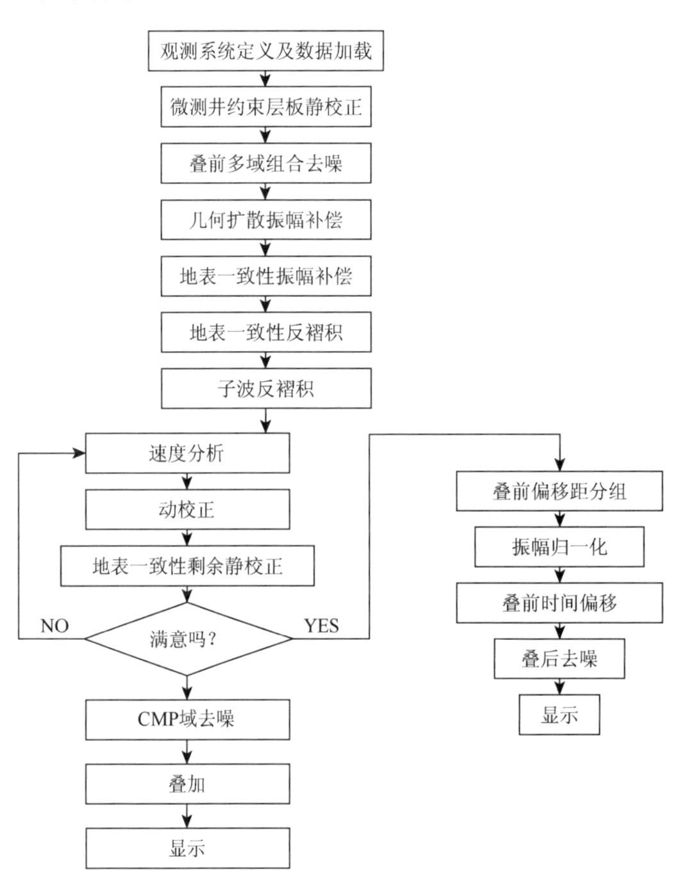

图 4-13 复杂构造区大面积三维地震快速处理技术体系流程图

复杂构造区大面积三维地震快速处理技术体系的处理重点如下：

（1）由于研究区属丘陵-山地地貌，相对高差达 700m，需要加强静校正处理；

（2）主要目的层为二叠、三叠系礁滩，在资料处理过程中保真保幅处理是本轮资料处理的重点；

（3）需要做好各种噪声压制处理工作，提高目的层资料的信噪比；

（4）建好复杂构造的叠前偏移速度模型，提高偏移成像精度。

针对处理重点，开展了以下主要处理工作：静校正处理、叠前去噪处理、一致性处理、精细叠加速度分析、偏移成像处理。下面主要展示关键技术的应用效果。

4.3.1　三维层析建模及静校正技术

在做静校正处理前，充分分析和消化野外低降速带资料，了解该区的表层静校正情况，为静校正处理做好准备。通过对不同静校正方法的单炮对比（图 4-14），高程静校正、微测井约束层析静校正后，单炮初至平滑，同相轴连续，效果较高程静校正好。

通过对不同静校正方法的初叠剖面（图 4-15、图 4-16）进行对比，微测井约束层析静校正后，同相轴连续，成像效果得到较大改善。

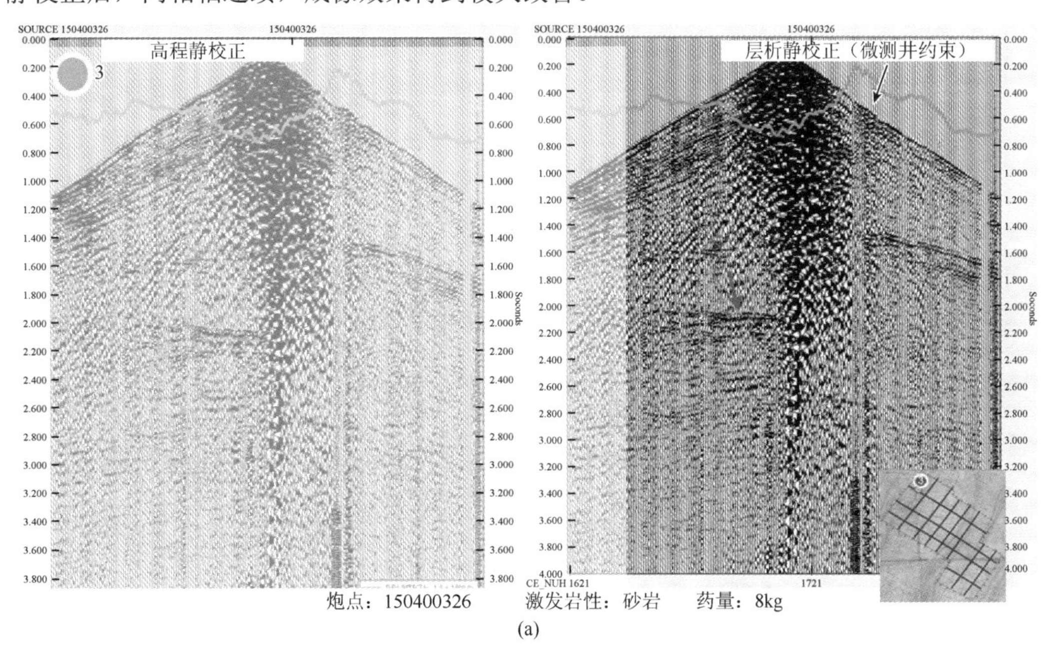

(a)

图 4-14　不同静校正方法的单炮记录

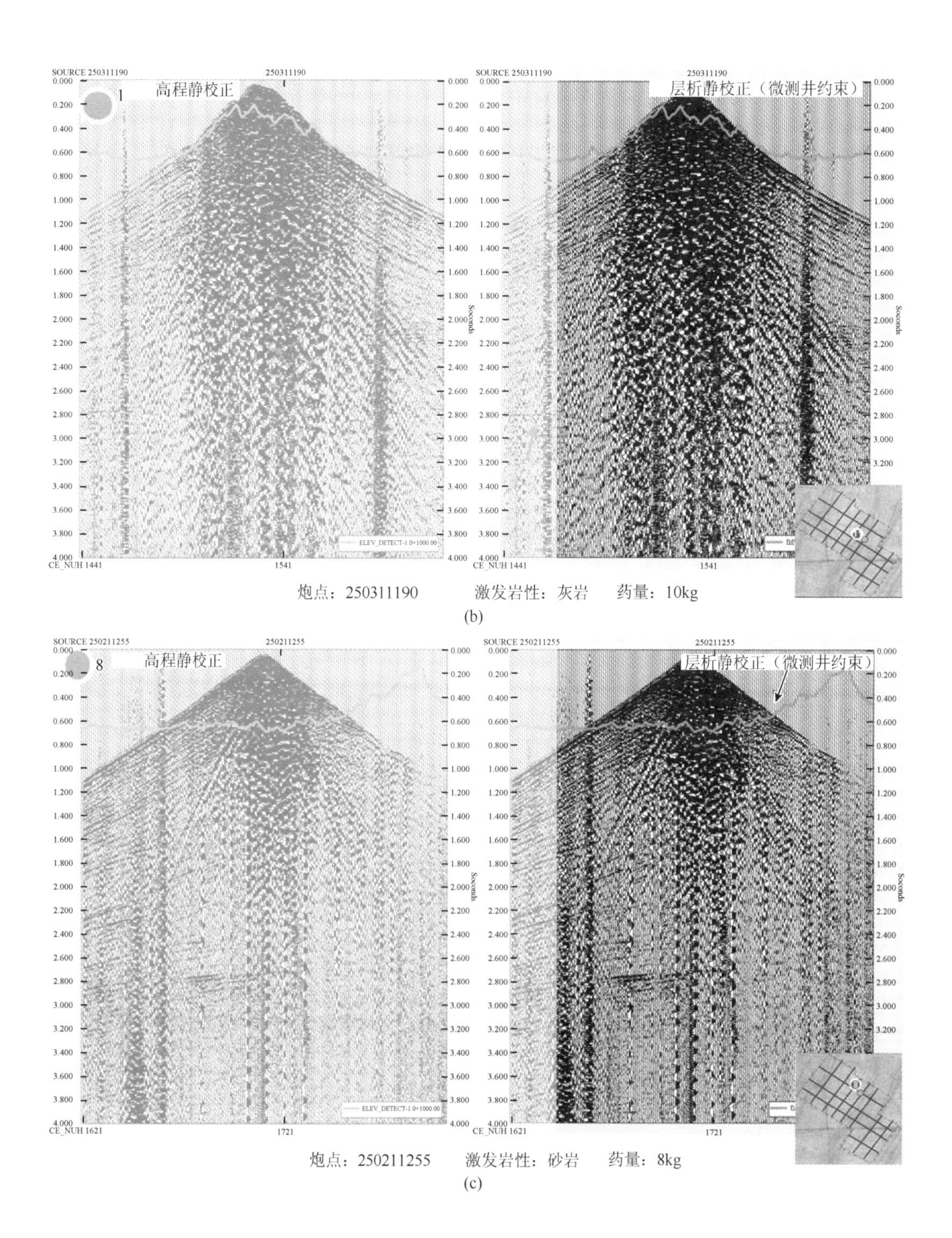

炮点：250311190　激发岩性：灰岩　药量：10kg

(b)

炮点：250211255　激发岩性：砂岩　药量：8kg

(c)

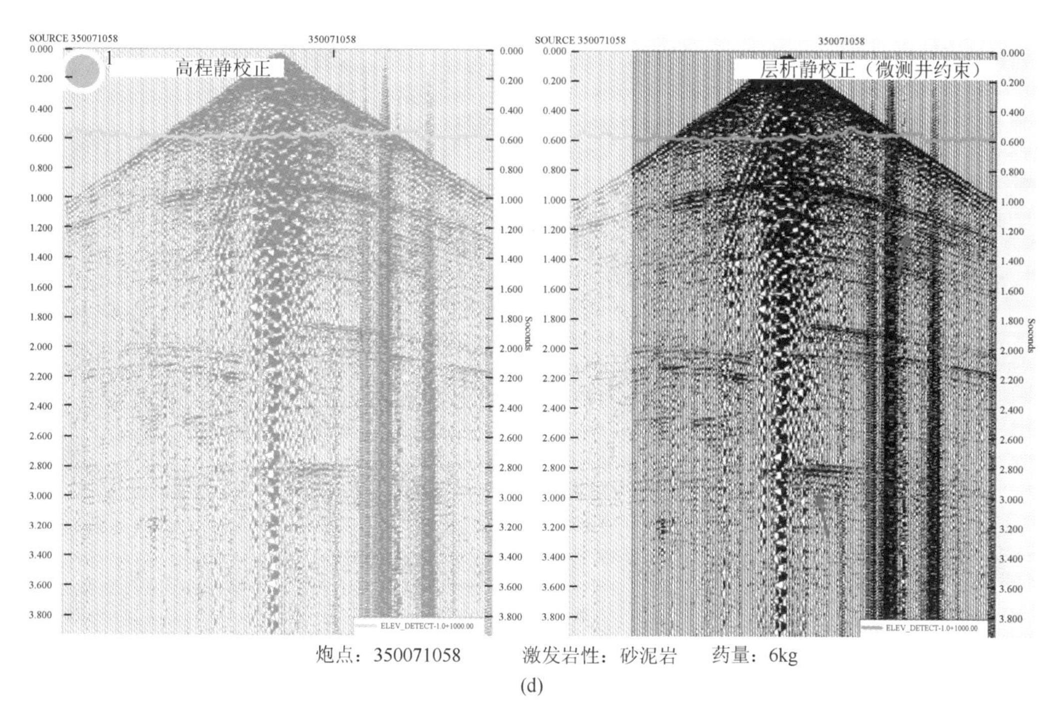

炮点：350071058　　激发岩性：砂泥岩　　药量：6kg

(d)

图 4-14　不同静校正方法的单炮记录（续）

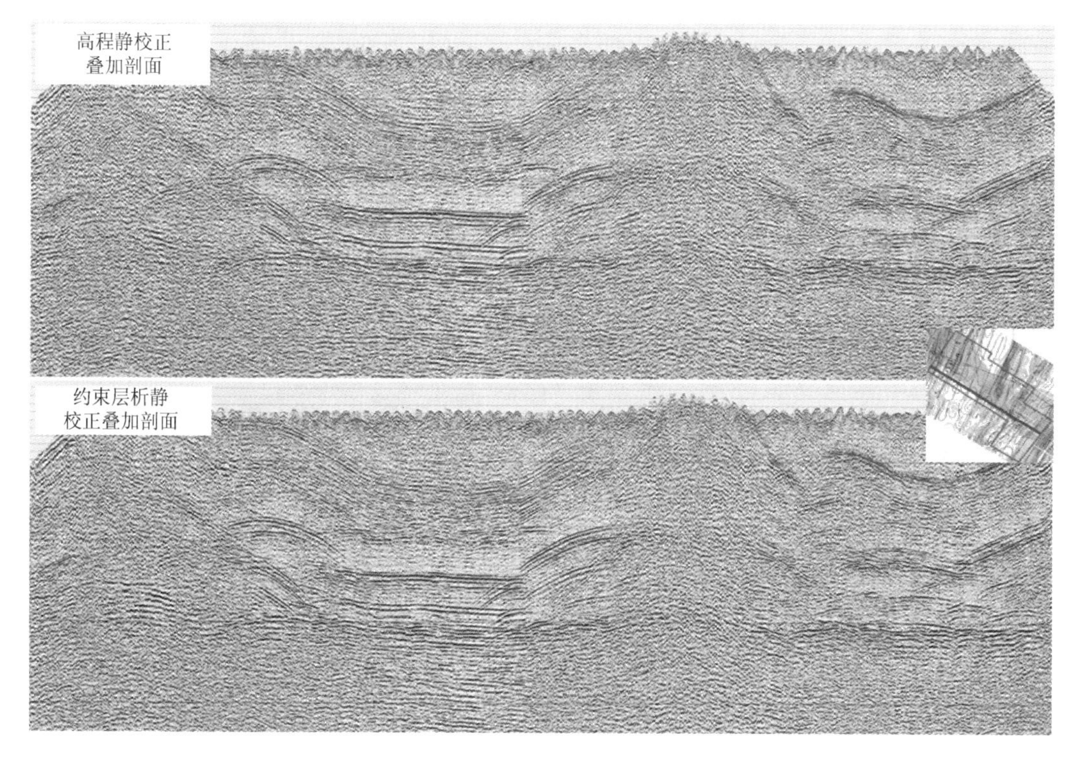

图 4-15　inline800 不同静校正后初叠剖面示意图

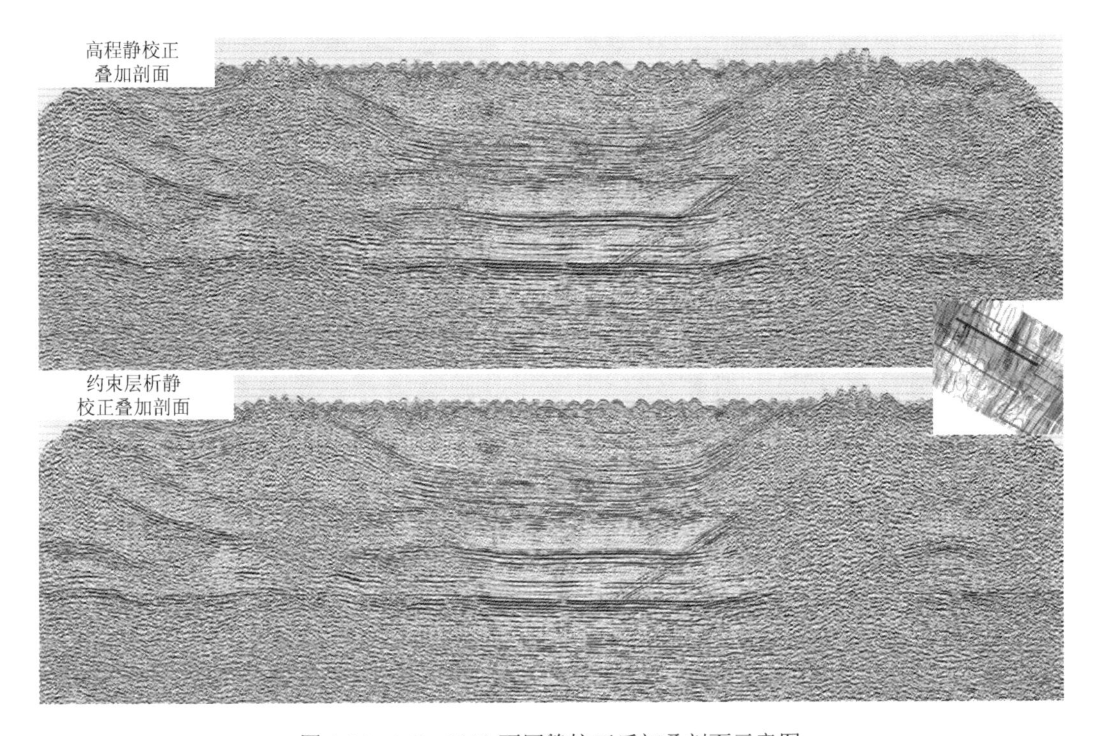

图 4-16　inline1000 不同静校正后初叠剖面示意图

4.3.2　相对保真、保幅处理技术

工区内的干扰波主要表现为面波、异常振幅干扰。通过精细的试验处理获得的处理流程和参数比较好地压制了这些干扰，提高了资料信噪比，同时保护了有效信号，去噪的保真度较高。噪声压制的主要思路是分布多域组合去噪，采取从强到弱，从规则到不规则的顺序压制工区内的各类噪声。首先在炮域先对50Hz交流电干扰进行压制，再采用分频去噪技术压制各种强能量、大振幅的异常干扰；在FX域分速度和频率多次压制相干干扰；压制了相干噪声后压制各个频段的随机干扰，在振幅补偿、提高分辨率后进一步压制随机噪声，以提高资料的信噪比。

交流电干扰在原始单炮上表现为，从浅至深都有稳定的振幅、频率、相位，而地震波越到深层能量衰减越多。利用这个特性，用原始单炮深层的数据做主频统计，可以比较准确得到每一道的主频信息，从而可以将含有交流电干扰的接收道分离出来，再用单频干扰压制方法针对这些干扰道去噪，可以最大限度保护有效信号，提高去噪的保真度。

异常大振幅干扰主要是由于在野外施工中由于机械及人为振动产生的脉冲噪声，分频噪声压制技术是一种比较理想的叠前强能量噪声压制手段，因为每种噪声都具有各自不同的频段，首先将不同频段的地震数据分离出来，相当于在去噪之前就将噪声和有效信号做了一次初步的分离，去噪的时候不会对频带外的数据造成影响，提高了对有效信号的保护。

相干噪声在工区的主要表现形式是面波干扰，速度和频率较低。利用面波和有效波速度与频率的差异，采取分频率、分速度的方式多步压制，先去除面波的主要能量部分，再对剩下的面波干扰制定速度和频率范围进行有针对性的压制，达到彻底压制的目的。

各类随机噪声在去除异常大振幅干扰和面波后就显现出来，对资料的信噪比也会带来一定的影响。为了精细地压制随机噪声，为储层预测打下坚实基础，采取分频噪声压制技术分别在相干噪声压制后、反褶积后对随机噪声做压制，进一步提高资料的信噪比，提高叠加剖面同相轴的连续性。

图 4-17～图 4-18 是工区内不同位置的去噪前后的初叠加剖面。从去噪前后的单炮、剖面分析看出，去噪后各类干扰波得到很好的压制，资料的信噪比得到很大提高，去噪后提取的噪声记录和噪声剖面上不含有效信号，去噪后的单炮和剖面有效频带保护较好，去噪的保真度较好。从去噪前后的信噪比分析（图 4-19）可以看出，去噪前的信噪比只有 0.3～1.5，去噪后的信噪比提高到 0.9～2.5，去噪后的数据信噪比有了很大的提高。所以，试验所选用的去噪方法和参数，在整个工区的应用效果明显，有效地提高了资料的信噪比，保真度较好。

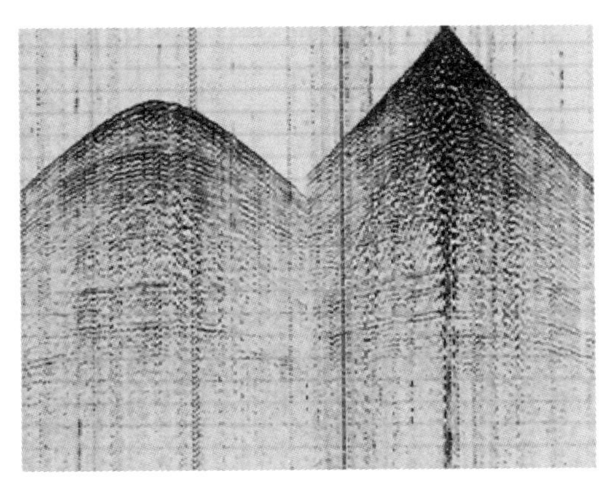

2007LG S5203 0033# 侏罗系沙溪庙组上段砂岩
15.8m 4kg

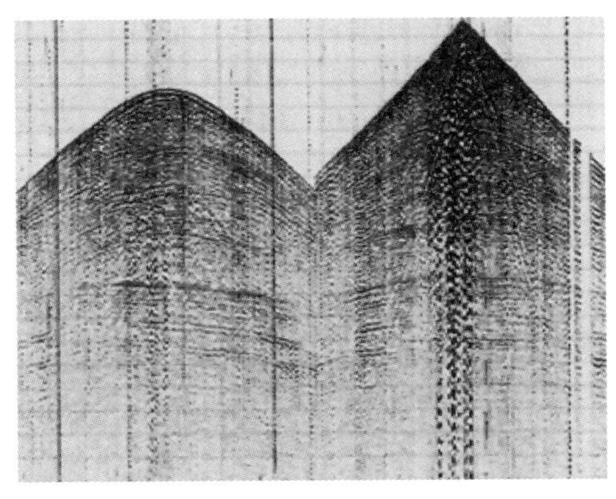

2007LG S5188 0005# 侏罗系沙溪庙组上段砂泥岩
15.4m 4kg

图 4-17　去噪前后初叠加剖面及噪声剖面

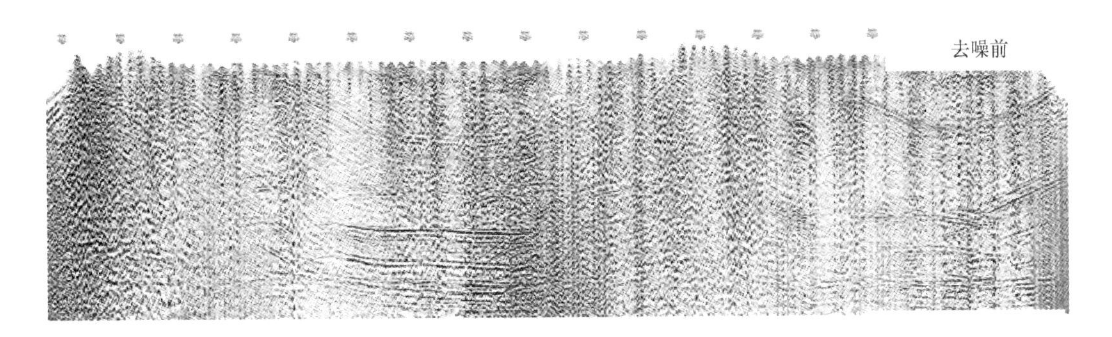

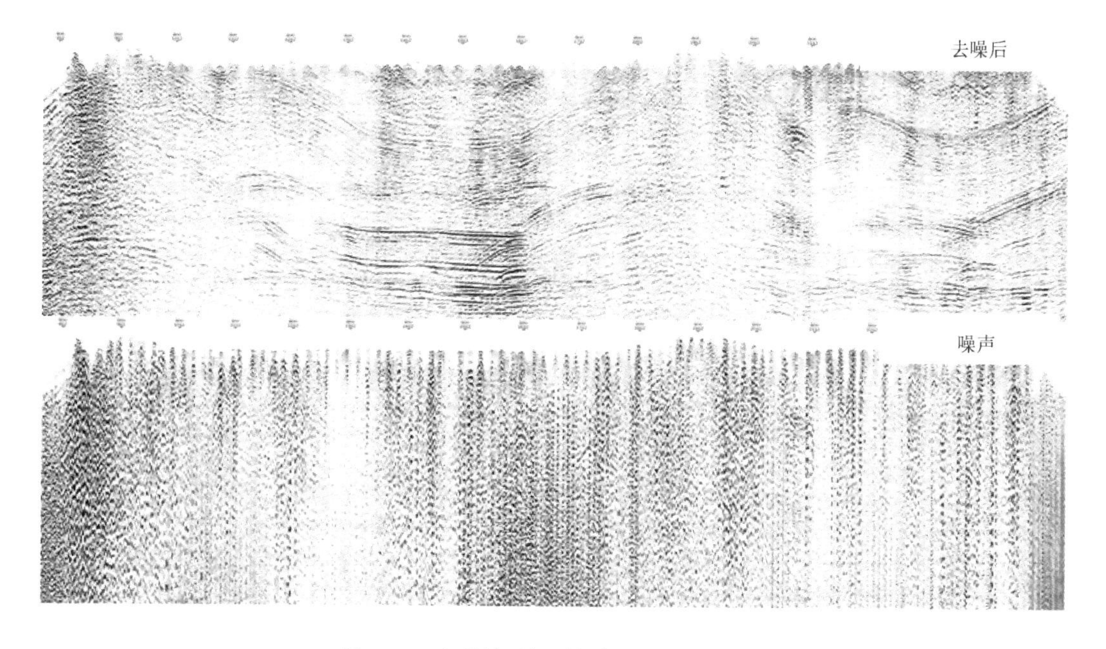

图 4-18 去噪前后初叠加剖面及噪声剖面

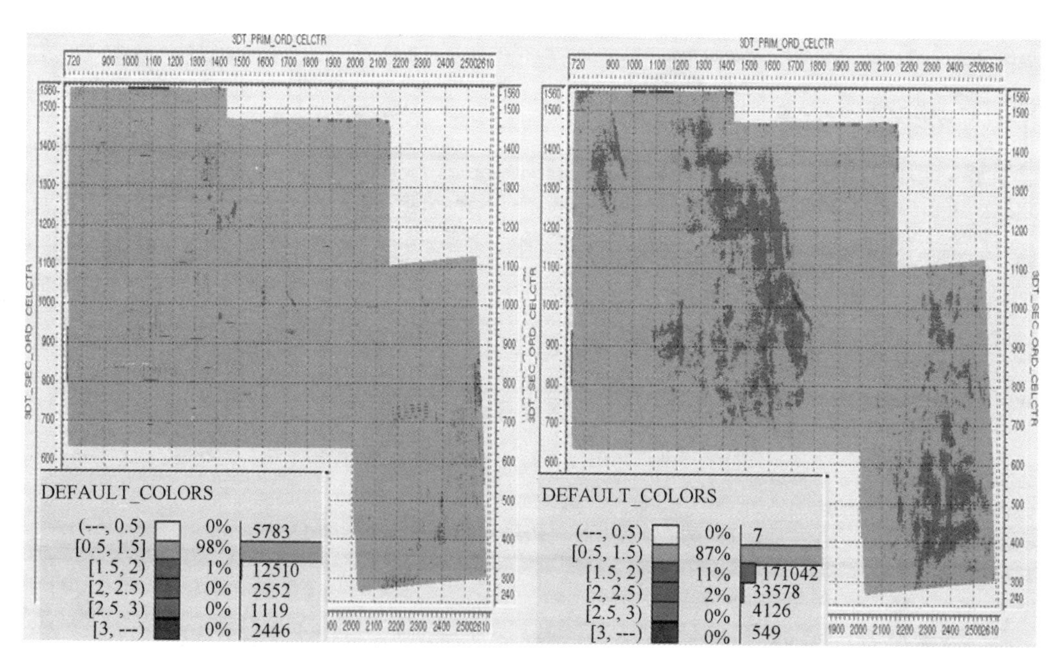

图 4-19 去噪前后信噪比平面分布示意图

4.3.3 精细叠加速度分析技术

速度分析及剩余静校正是资料处理中的关键环节，因此，在拾取速度时，控制点疏密选取直接影响叠加剖面的成像效果，初期速度拾取时，由于资料还存在大量的剩余时差，准确性还不高，第一次速度以确定可靠为前提，控制住大的速度变化，以及稳定的反射层。故第一次速度分析点平面密度为1000m×1000m，在通过第一次剩余静校正后，解决了部分静校正问题，剖面质量、道集和速度分析更加容易和准确，进一步加密平面上速度分析点，这样的加密会更精准。通过反复试验，在剩余静校正得到基本解决的情况下，加密的速度分析控制点（最终密度为250m×250m），能够有效地控制主体构造的速度变化，并且速度分析的精度处于最理想状态。并在解释人员的参与指导下完成速度场的最后修改，避免速度场变化产生不合理的构造形态。此外，通过对速度分析点进行加密，可以看出逐步加密后的第三次速度分析点密度是较高的，能够控制工区内速度的变化。

速度分析以精细选取为指导思想，剩余静校正的时窗针对该区的主要目的层段的足够宽度时间窗口。处理中进行速度分析和剩余静校正多次迭代，在每一次迭代中，分析剩余静校正量的收敛情况，确定出剩余校正处理迭代次数。根据剩余静校正的收敛情况确定速度分析的密度。

图4-20是inline800线速度分析点在剖面上的位置，图4-21是第一次速度分析的速度谱，此时，静校正存在较大的误差，能量谱离散，道集抖动较大，双曲线曲率变化不连续。为了保证分析的速度可靠，只在能量比较强的反射层位进行拾取，确保速度变化趋势的相对准确。图4-22是第三次速度分析的速度谱，通过剩余静校正的迭代，加入了剩余静校正值，能量集中，道集双曲线规律更强。

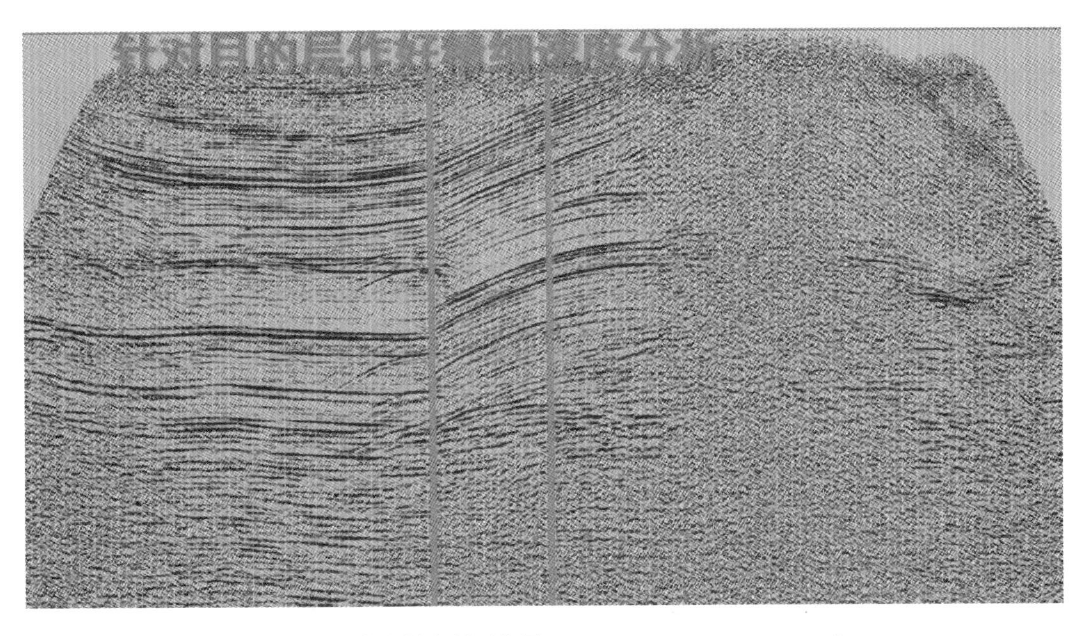

图4-20　速度分析点剖面位置（inline800、cmp1500、1650）

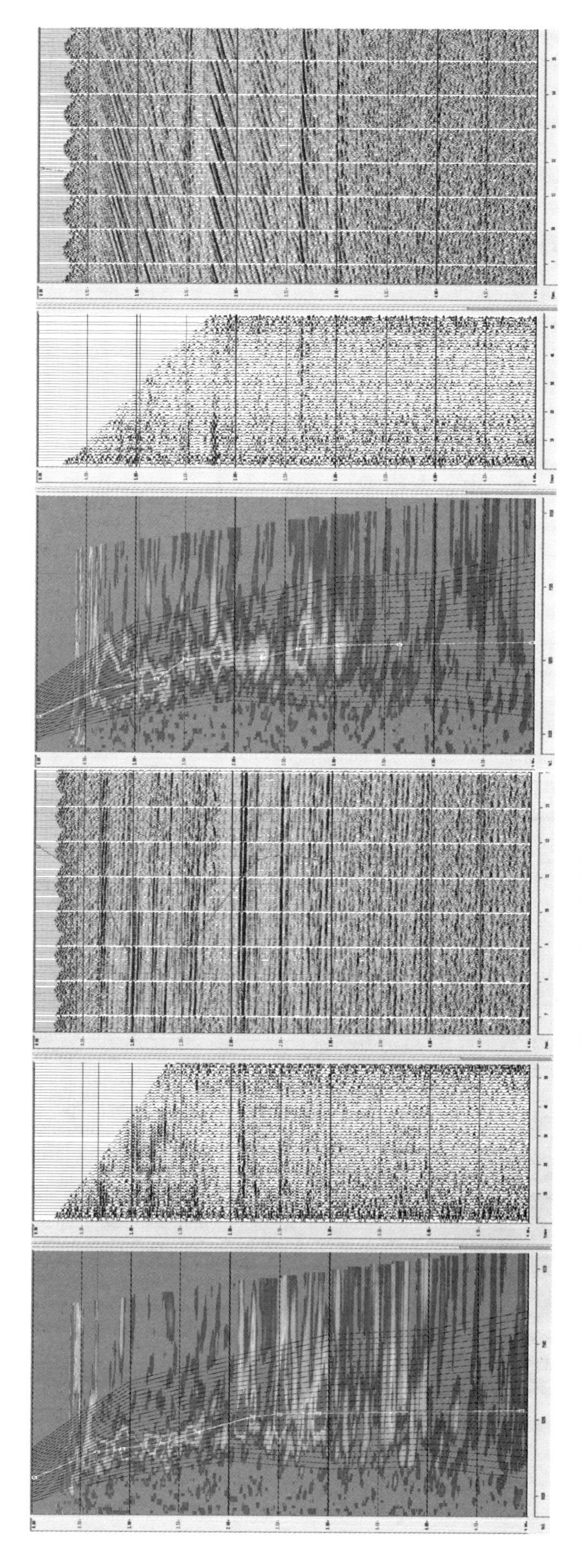

图 4-21　第一次分析速度谱（inline800、cmp1500、1650）

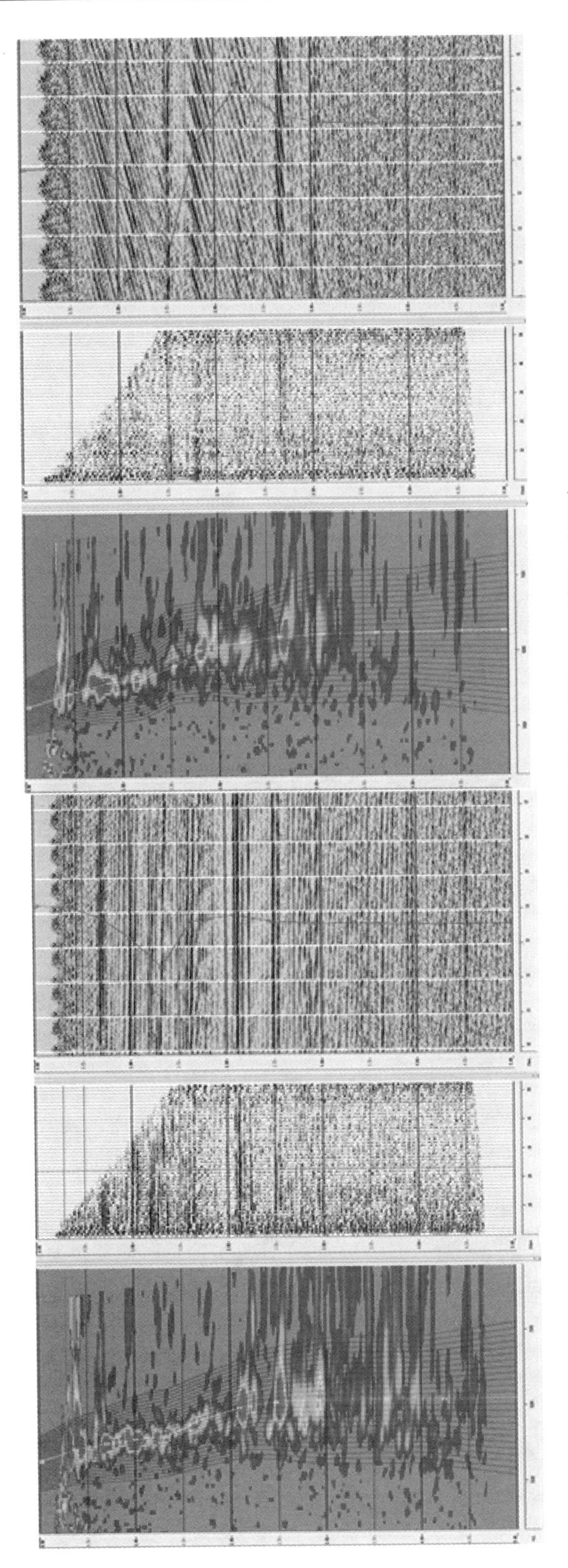

图 4-22　第三次分析速度谱（inline800、cmp1500、1650）

采用速度分析、剩余速度迭代方法进行精细速度拾取，求取相对准确的叠加速度，提高叠加剖面的成像质量。在整个处理过程中，必须做好速度分析和剩余静校正处理工作，加强速度分析的质量控制，尽可能地提高速度分析精度，使剩余静校正量更为收敛。通过速度分析和剩余静校正的循环迭代处理，采用精细的叠加速度分析技术，做好剩余静校正处理，提高叠加剖面的成像质量。

图 4-23 和图 4-24 分别为 inline800、inline1000 线第一次剩余静校正和第三次剩余静校正叠加剖面，对比其叠加剖面，随着剩余静校正的解决，叠加剖面成像效果得到逐步提升，资料的信噪比和分辨率最佳。

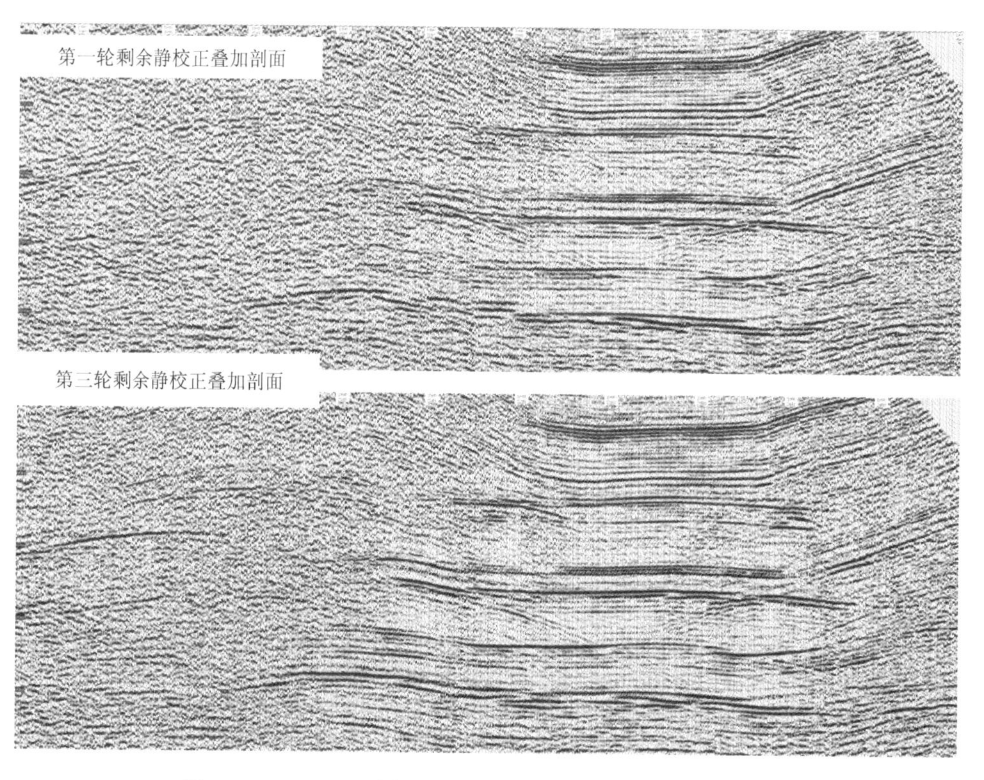

图 4-23　inline800 线第一次和第三次剩余静校正后叠加剖面

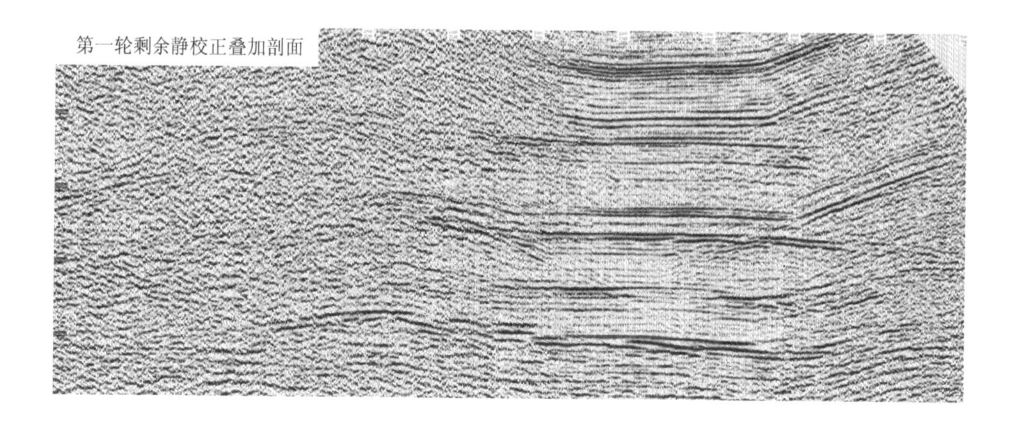

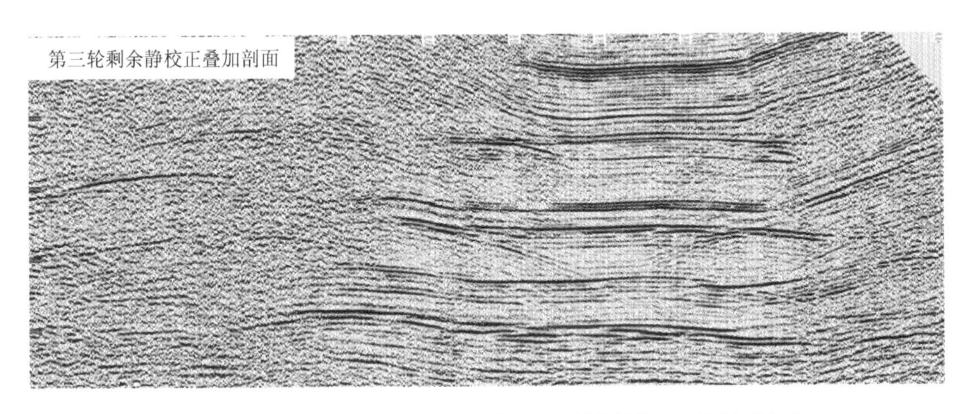

图 4-24　inline1000 线第一次和第三次剩余静校正后叠加剖面

此外，通过对变速扫描叠加剖面分析可知，通过不同的速度比例叠加，验证我们最后叠加剖面采用动校速度是最准确的。

4.3.4　叠前时间偏移技术

叠前时间偏移的关键在于高质量的预处理道集和准确的偏移速度场。道集准备包括叠前预处理的所有步骤，确保叠前时间偏移输入道集具备一定的信噪比、能量比较均匀，以达到提高叠前时间偏移剖面的质量，减少偏移剖面划弧现象。本次叠前时间偏移采用克希霍夫积分法，按绕射曲线对振幅加权求和来完成偏移，这些绕射曲线由从地表到地下散射的双程旅行时间来确定。因此，偏移速度场准确与否是成像质量的关键。

在叠前时间偏移速度模型建立过程中，强调处理解释相结合。为获得比较准确的叠前时间偏移速度，一般通过以下措施来实现：①结合地层速度编辑平滑叠加速度场建立初始速度场；②通过初始偏移后道集拾取控制点速度，再建立偏移速度场并多次迭代；③局部可加密控制点进行速度场建立；④结合偏移速度扫描求取偏移速度。

图 4-25 是初始叠前时间偏移速度场和更新后叠前时间偏移速度场对比图，图 4-26 是初始时间叠前偏移 CRP 道集和更新后叠前时间偏移 CRP 道集对比图，对比可见，调整速度后速度场更加合理，CRP 道集更平直，信噪比更高，剖面偏移归位更加合理，剖面构造特征及断层展布清楚，得到的成像剖面更加符合地质规律。

4.3.5　叠前深度偏移技术

本次对工区地震资料进行叠前深度偏移。通过对工区地质任务的理解和原始资料分析，叠前深度偏移处理中面临的难点有：观测系统不规则，空洞较多，偏移噪声严重；构造顶部资料信噪比较低，偏移成像较难；该区地震绕射波发育，地层精确归位较难。

同此，针对以上难点应当加强以下两方面工作采用数据规则化处理，减少不规则采集产生的偏移噪声；综合利用地震地质资料建立较为合理的速度模型，通过网格层析反演技术优化速度场，建立更加精确、细致的深度域层速度模型；采用宽方位处理技术进行保证陡倾成像。

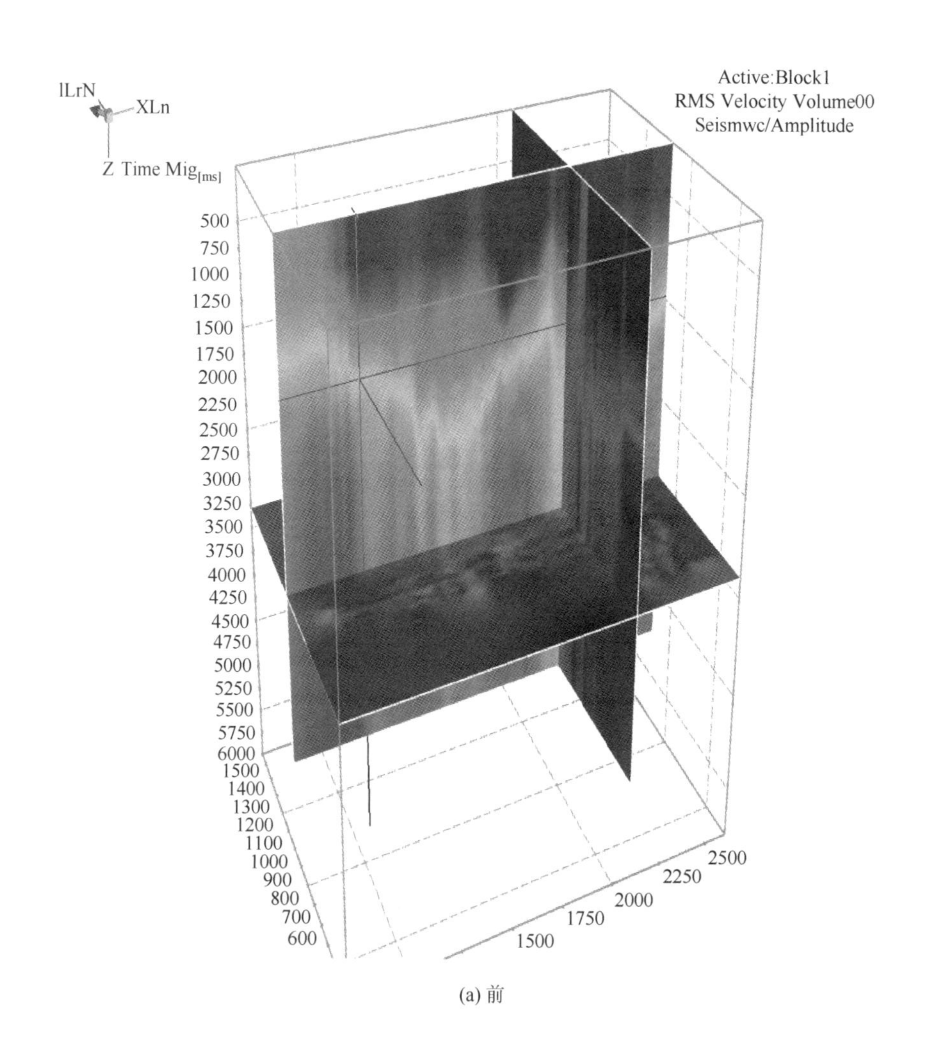

(a) 前

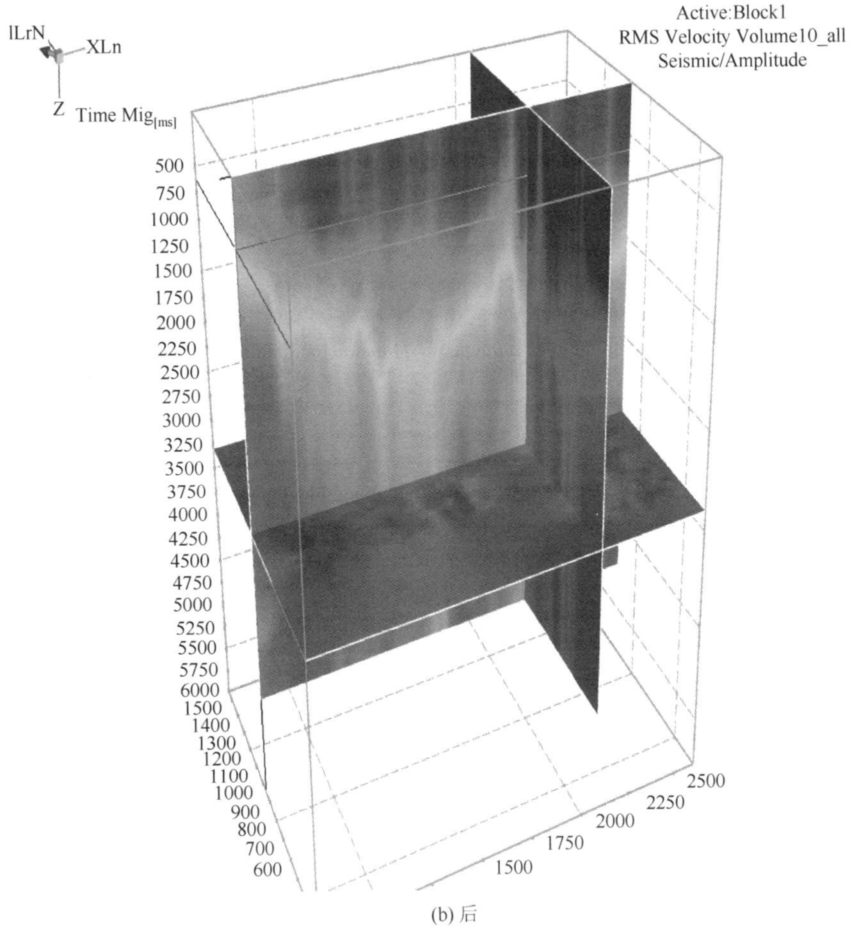

(b) 后

图 4-25　优化前后偏移速度场

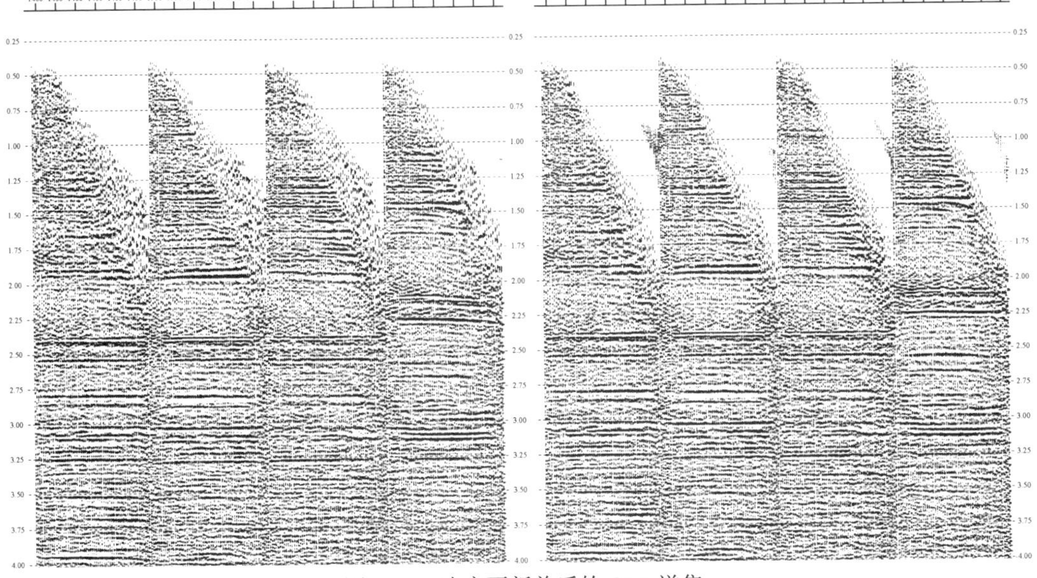

图 4-26　速度更新前后的 CRP 道集

1. 数据规则化处理

目前三维地震勘探多采用宽方位角采集。宽方位地震勘探具有很多优势：可以增加照明度，能够获得较完整的地震波场，更利于研究振幅随炮检距和方位角的变化（AVOA）及地层速度随方位角的变化（VVA），利于对断层、裂缝和地层岩性变化的识别，对陡倾角成像较好且保真度高等。本工区纵横比为 0.67，符合宽方位处理的特点。而常规共偏移距体偏移流程并未考虑方位角信息，因此，本轮叠前深度偏移采用宽方位处理技术。首先对叠前 CMP 道集进行重新划分为 COV（共偏移距矢量片）道集，然后在该道集上进行规则化，保证偏移距及方位角上不能有太多的空洞（图 4-27），从而减少偏移划弧。规则化后的道集波形自然，没有失真现象。

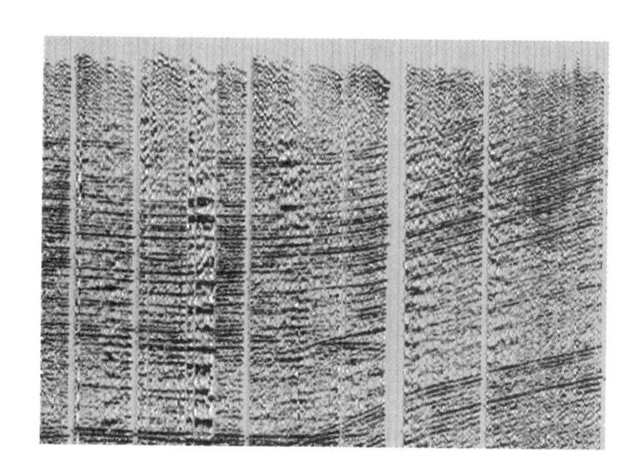
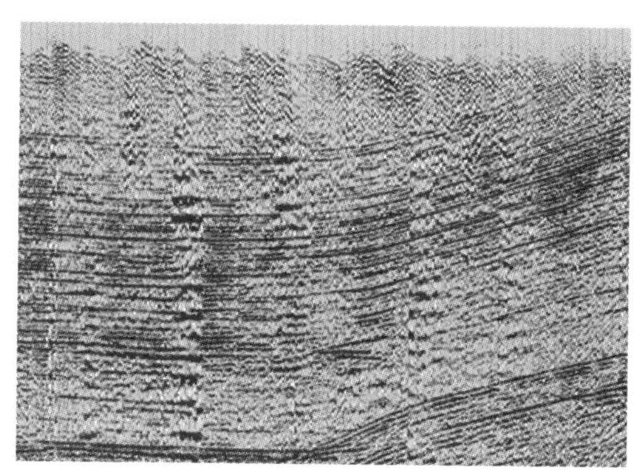

图 4-27　数据规则化前后共偏移距矢量片道集

2. 叠前深度偏移

叠前深度偏移是一个解释性的处理过程，一般包括初始层速度模型建立、层速度模型的迭代优化和最终数据体的成像三个过程，其中模型的迭代优化是叠前深度偏移的关键和核心。叠前深度偏移能更好地解决复杂绕射、断面的偏移成像问题。本书研究中采用两种叠前深度偏移国际领先方法：基于有理切比雪夫逼近优化系数有限差分偏移和基于切比雪夫展开的广义屏叠前深度偏移。两种方法主要原理及处理步骤如下。

1）基于有理切比雪夫逼近优化系数有限差分偏移

一种基于有理切比雪夫逼近优化系数有限差分偏移方法，该方法已经获得国家知识产权局专利授权（ZL201110145414.X），该方法包括：

（1）对下行波的精确方程进行最佳一致逼近，利用有理切比雪夫逼近的方法求取逼近有理式的系数，使其有理逼近式与精确下行波频散关系式的逼近程度最高，求取有理逼近式的各项系数。

（2）求出用有理切比雪夫逼近 15°、45°有限差分方程的优化系数，如式（4-1）、式（4-2）所示：

$$P(x)=1-\frac{2}{3}x^2 \tag{4-1}$$

$$P(x)=\frac{0.7080-0.6127x^2}{1-0.3996x^2} \tag{4-2}$$

式中，$P(x)$为精确下行波频散关系式的逼近式，式（4-1）为有理切比雪夫逼近优化系数的15°有限差分方程，式(4-2)为有理切比雪夫逼近优化系数的45°有限差分方程；$x=\frac{v}{\omega}k_x$；ω为角频率（Hz），k_x为x方向的波数（m^{-1}），v为介质速度（m/s）。

（3）读入Mariousi模型数据，对数据进行傅里叶分析。

（4）对频率范围内的每一个波场，采用有理切比雪夫逼近优化系数的15°、45°有限差分算子对震源波场向下延拓。

（5）延拓过程中下一个深度的波场为上一个深度波场延拓后的结果，对延拓后的结果进行叠加成像，输出成像结果。

2）基于切比雪夫展开的广义屏叠前深度偏移

基于切比雪夫展开的广义屏叠前深度偏移方法，该方法已经获得国家知识产权局专利授权（ZL201110145900.1），该方法包括：

（1）对频率-波数域的上行波的精确方程进行多项式展开，利用切比雪夫多项式展开求取展开多项式的系数，使其展开的多项式与精确上行波频散方程的逼近程度最高，求取展开多项式的各项系数。

（2）求出切比雪夫展开多项式系数，如式（4-3）所示：

$$\begin{aligned}f(x)=&1.00000154-0.5167624x-0.14011172x^2+0.0575672x^3+0.06914592x^4\\&-0.1964848x^5-0.17172928x^6+\sum_{i=7}^{\infty}c_iT_i\end{aligned} \tag{4-3}$$

式中，$x=\frac{\omega^2}{k_{z0}^2}\left(\frac{1}{c^2}-\frac{1}{v^2}\right)$，$\omega$为角频率（Hz），$k_{z0}$为$z$方向的波数（$m^{-1}$），$c$为背景波场的背景速度（m/s），$v$为介质速度（m/s），$i$为展开的阶数，$c_i$为切比雪夫系数，$T_i$为切比雪夫多项式；

（3）将式（4-3）代入波场外推方程并利用指数的一阶近似，得切比雪夫多项式展开的波场外推方程。

（4）读入二维SEG/EGEA模型数据，对数据进行傅里叶分析。

（5）在频率-波数域中，在每一个延拓步长上，采用切比雪夫多项式展开的高阶广义屏算子向下延拓波场。

（6）延拓过程中下一个深度的波场为上一个深度波场延拓后的结果，将延拓后的结果进行反傅里叶变换到频率-空间域进行叠加成像，输出成像结果。

3）叠前偏移处理流程

叠前深度偏移是一个解释性的处理过程，一般包括初始层速度模型建立、层速度模型的迭代优化和最终数据体的成像三个过程，其中模型的迭代优化是叠前深度偏移的关键和核心。叠前深度偏移能更好地解决复杂绕射、断面的偏移成像问题。具体处理分以下几步：

（1）基于叠前深度偏移新方法建立初始层速度场。在初始深度-层速度模型建立中，在叠前时间偏移速度的基础上，并结合项目组所获得的国家发明专利“基于切比雪夫展开的广义屏叠前深度偏移方法”（ZL201110145900.1）和国家发明专利“基于有理切比雪夫逼近优化系数有限差分偏移方法”（ZL201110145414.X）中的新技术，建立叠前深度偏移初始深度域层速度，首先通过DIX公式将时间域RMS速度转换到时间域层速度，然后再通过时-深转换，将时间域层速度转换到深度域层速度，并对深度域层速度进行编辑、平滑从而得到较为合理的初始深度域层速度。

（2）模型的迭代优化。由于该区地腹波场复杂，采用目前比较先进的基于网格层析成像优化层速度模型技术，使层速度模型更精确。

该技术根据初始层速度模型进行的叠前深度偏移，获得CIP道集和叠前深度偏移数据体。从叠前深度偏移数据体中提取剩余曲率属性，再利用深度域解释的层位对构造倾角进行约束提取更为精确的倾角属性（图4-28），为基于网格层析成像速度优化提供约束条件；将叠前深度偏移后的数据体、叠前深度偏移的层速度场、构造倾角属性、剩余曲率属性合并创建CIG拾取属性（图4-29），然后进行网格层析反演，得到优化后的层速度模型，用优化后层速度模型进行叠前深度偏移处理；检查叠前深度偏移剖面是否符合地质规律、CIP道集是否拉平、层速度变化是否合理，根据反演后的照明可以清楚地了解反演的可靠程度（图4-30），射线越密说明反演越可靠，构造顶部由于地层破碎、波场复杂射线稀疏，反演不可靠，偏移后的结果正好说明该速度场不易准确求取，导致成像不好。根据反演前后的GMMA属性，反演后的GAMMA值趋近1，说明反演效果较好。通过叠前深度偏移与基于网格的层析成像速度优化的迭代，使得最终的深度-层速度模型能最大限度地逼近地下介质的速度。模型的迭代优化处理流程如图4-31所示。

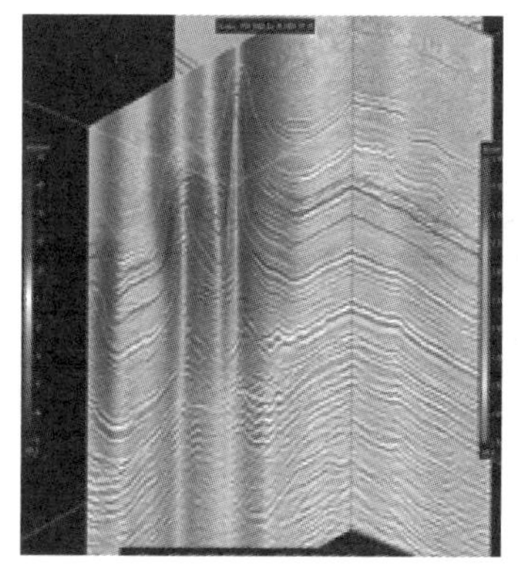

图4-28 层位约束后的倾角图

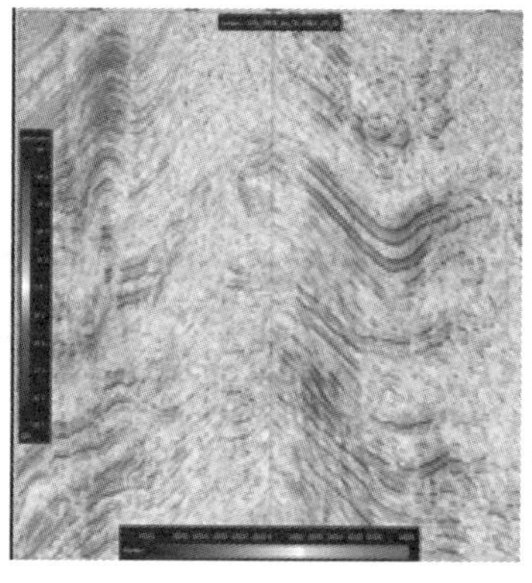

图4-29 倾角+剩余曲率+数据

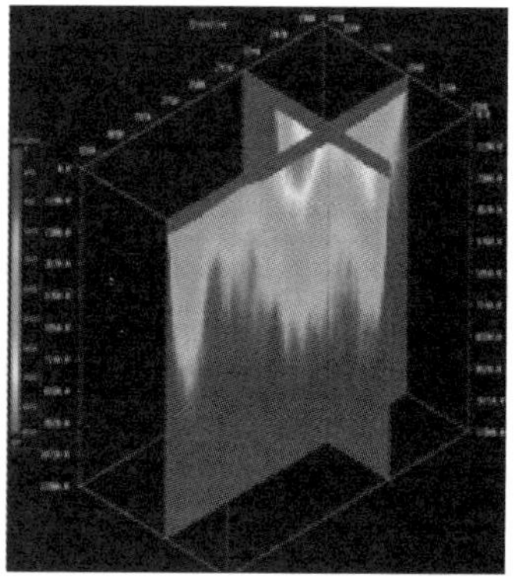

图4-30 明示意图

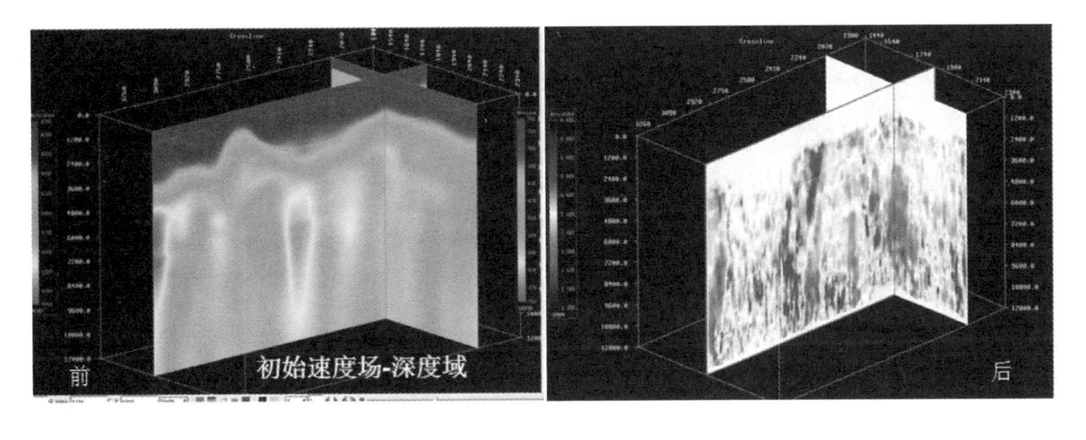

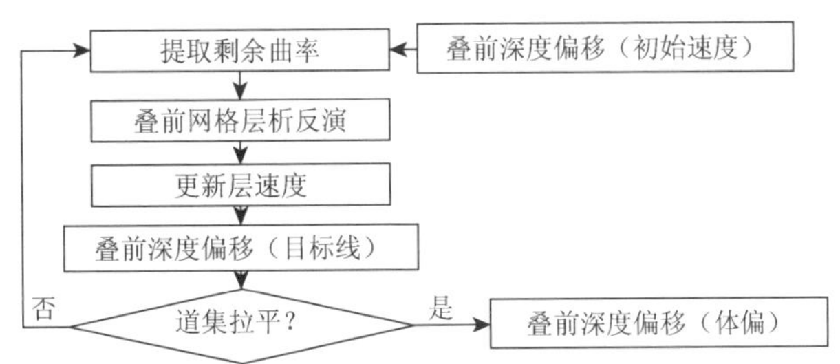

图 4-31　深度域层速度模型优化流程图

网格层析成像优化层速度模型就是通过上述步骤不断优化更新层速度模型，获得最理想的深度-层速度模型。经过三轮速度模型的优化处理，获得较为满意的符合构造特征的深度-层速度模型，图 4-32 是网格层析成像速度优化前后深度域层速度场。对比初始深度-层速度，最终的层速度对各方面的细节刻画得更加精细，图 4-33 是速度更新前后的差值，从差值上更能体现细节。最后利用所得到的最终深度速度模型完成整个工区的数据体偏移处理。图 4-34 是速度更新前后速度场与叠后数据的叠合图。

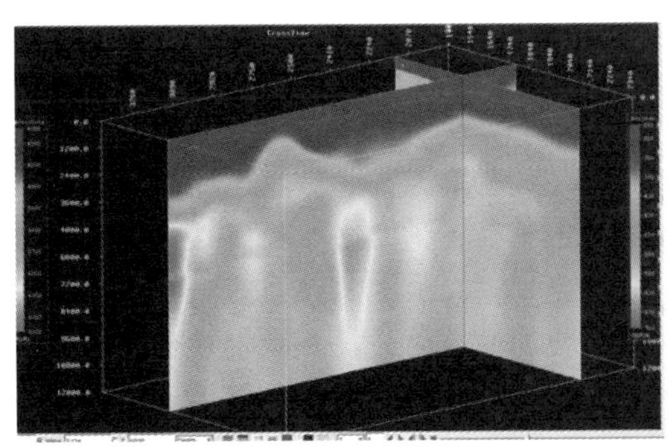
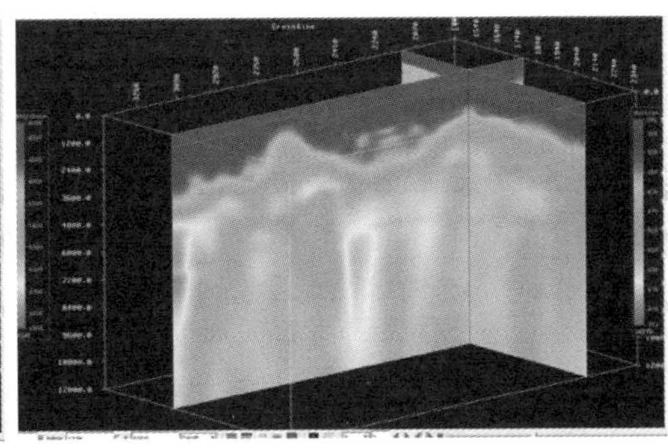

图 4-32　网格层析成像速度优化前后层速度场

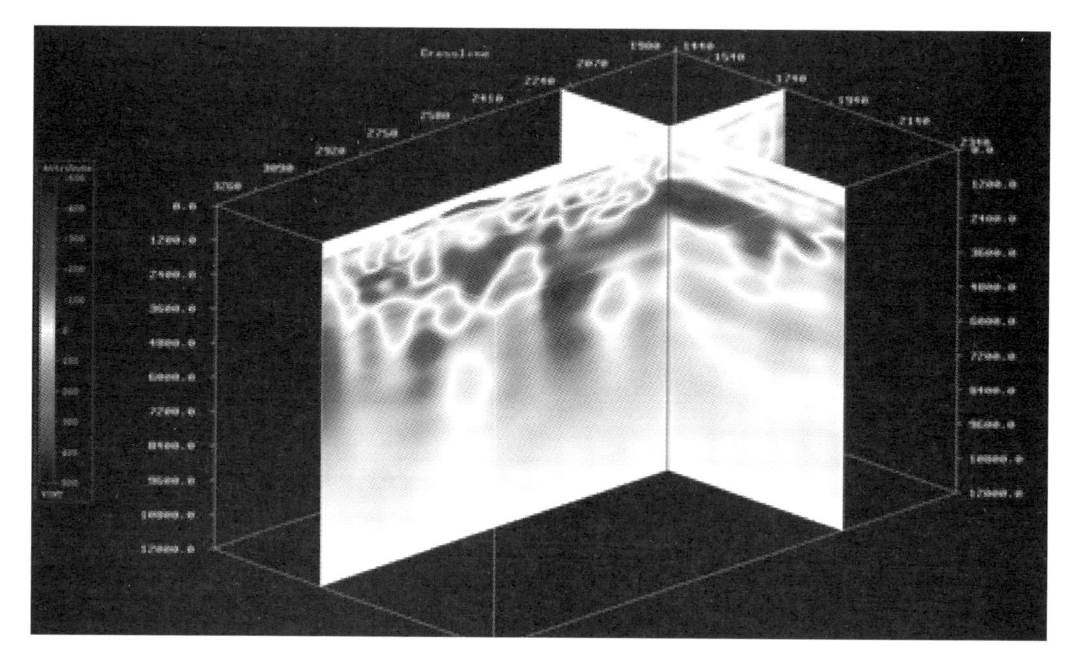

图 4-33　速度优化前后速度差异

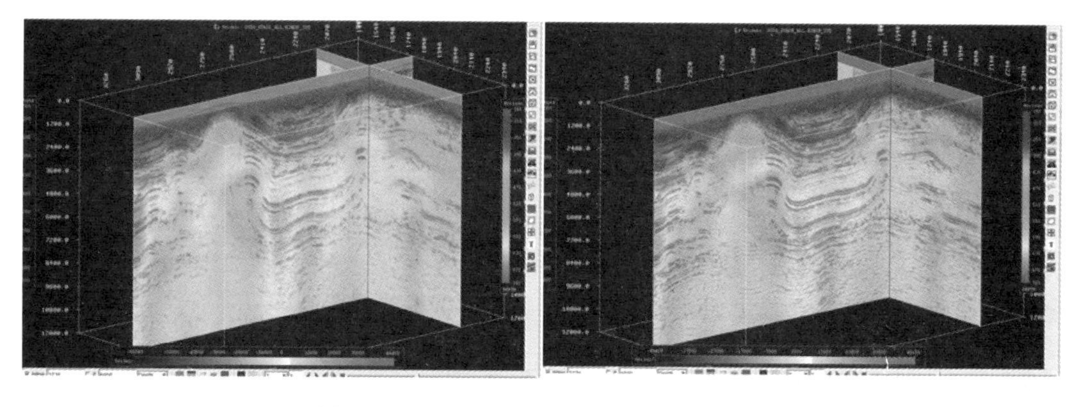

图 4-34　速度优化前后层速度场与数据叠合

图 4-35 是速度模型更新前后的克希霍夫叠前深度偏移道集，图 4-36 是速度更新前后的剩余速度谱，对比两图可以看出，深度-层速度模型优化处理后共成像点道集更平直，剩余速度谱更收敛。后续处理中，首先针对叠前深度偏移处理输出的 CIP 道集，进行精细的切除、叠加，得到叠前深度偏移叠加数据体。而后针对叠前深度偏移叠加数据进行必要的去噪和提高纵向分辨率处理，得到较满意的叠前深度偏移叠加成果。图 4-37、图 4-38 是 inline1719 线速度叠前时间偏移剖面与叠前深度偏移剖面对比，可见叠前深度偏移剖面比叠前时间偏移剖面构造关系更加合理，断面更清晰，偏移归位更为合理。

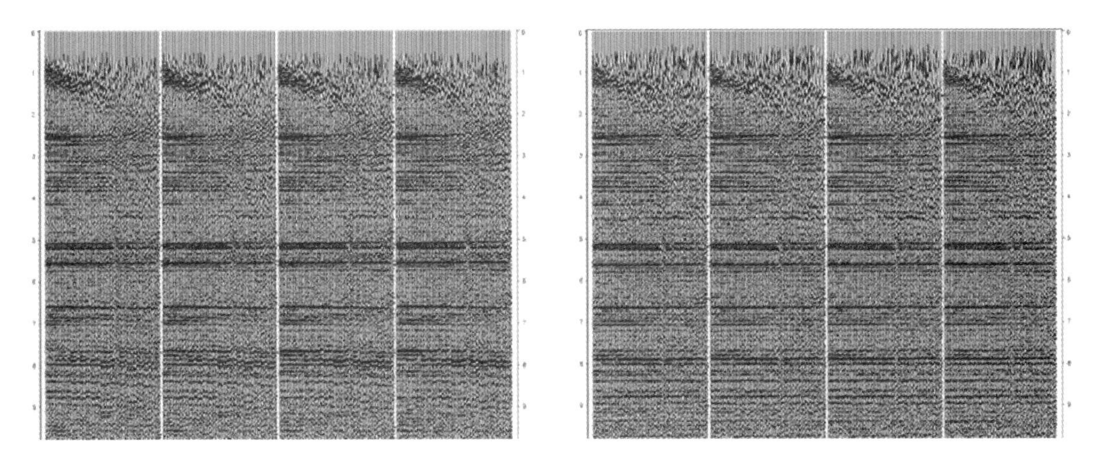

图 4-35　速度优化前后道集

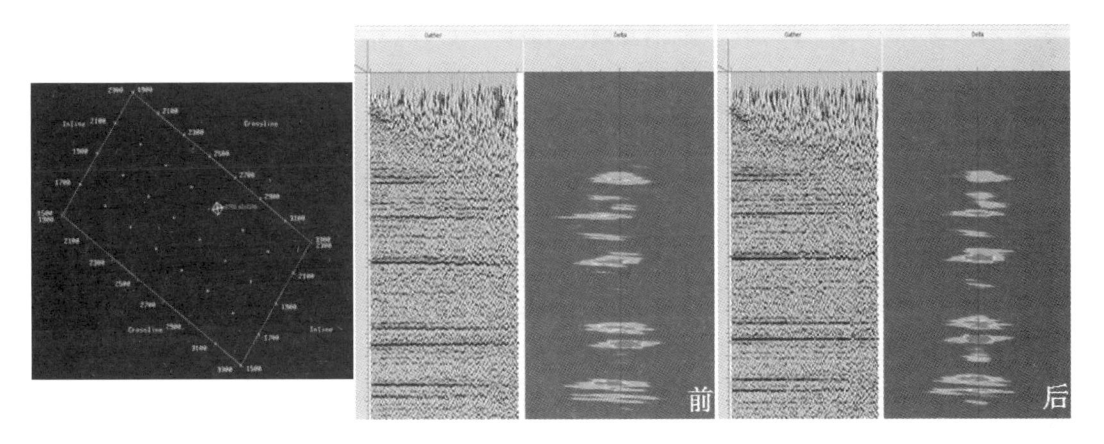

图 4-36　速度优化前后剩余速度谱

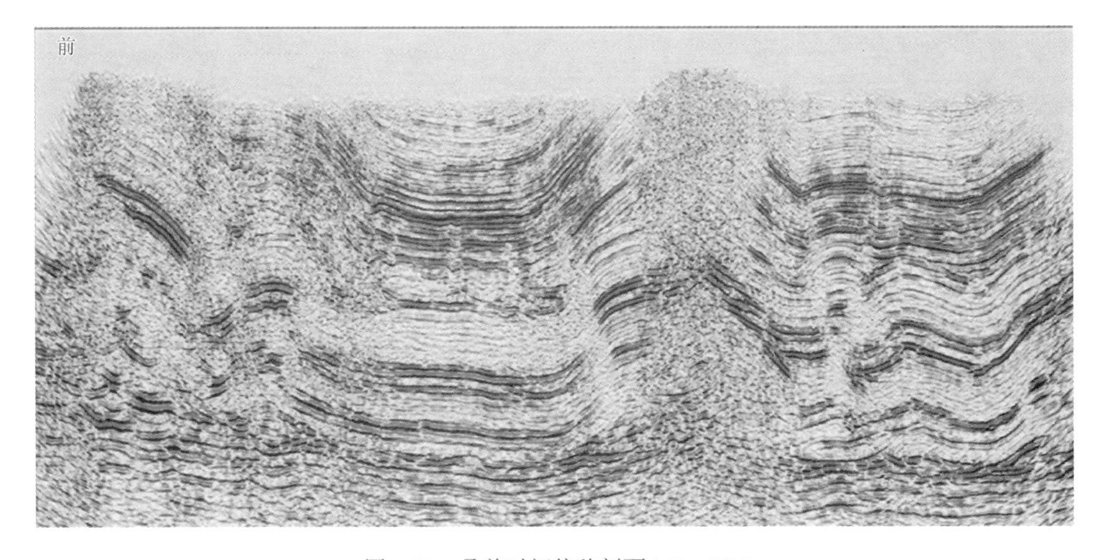

图 4-37　叠前时间偏移剖面 inline1719

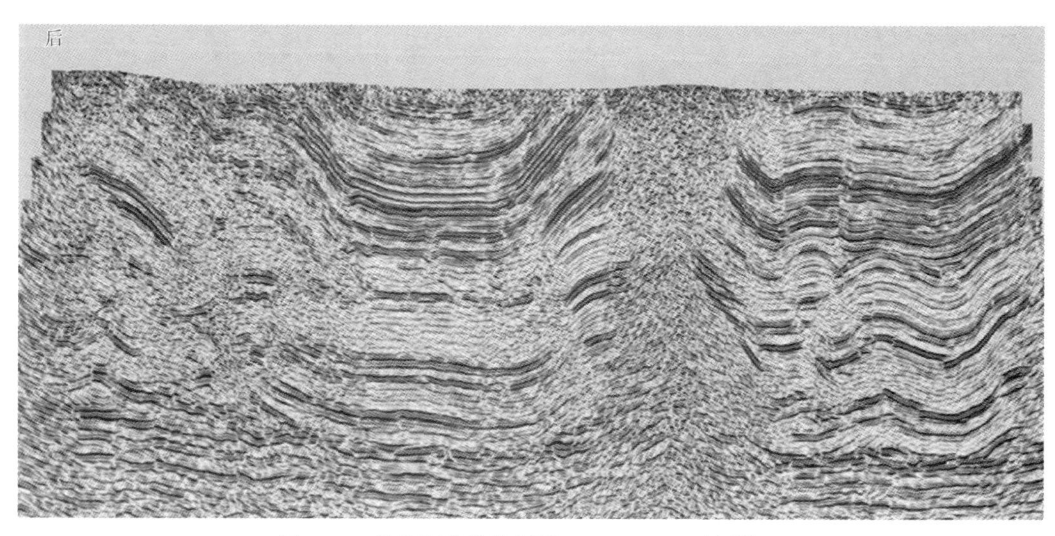

图 4-38　叠前深度偏移剖面 inline1719（时间域）

4.3.6　处理效果评价

应用上述三维地震采集、处理技术，对龙会场-双家坝复杂构造区地震剖面进行处理，并进行叠前深度偏移与时深转换深度剖面对比、新老地震剖面对比。

1. 叠加、偏移剖面效果

经过本次处理后，叠加剖面上反射波波组关系清楚，波组特征明显，剖面反映的反射波层次丰富，反射波的形态清楚，成像较为明显（图 4-39～图 4-42）。通过叠前深度偏移与时深转换深度剖面比较，两种剖面大的构造形态基本一致，局部仍有一定差异，各目的层深度值差异较大。

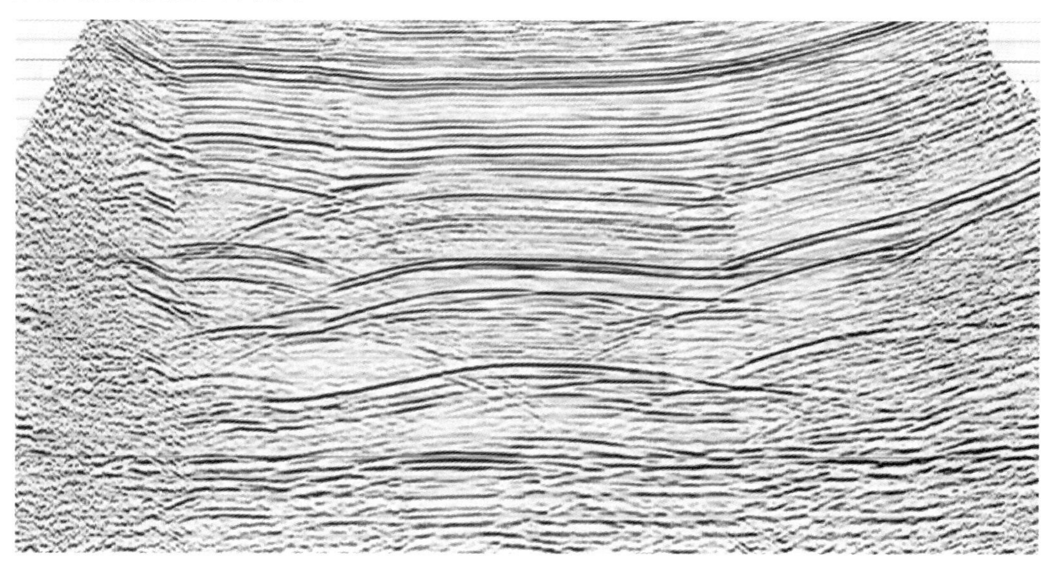

图 4-39　inline600 叠加剖面

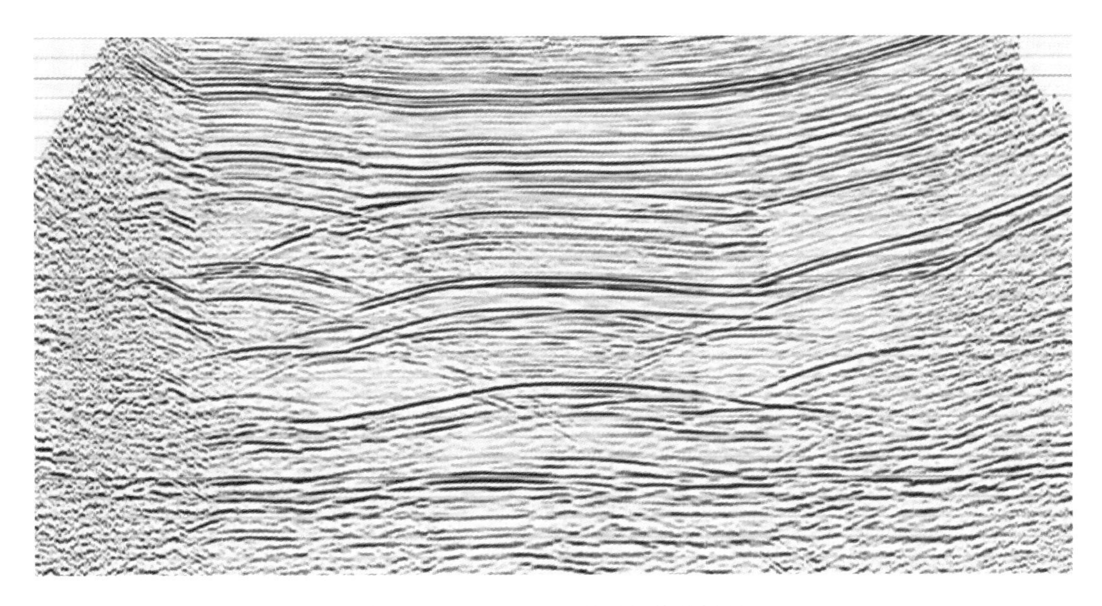

图 4-40　inline600 叠前时间偏移剖面

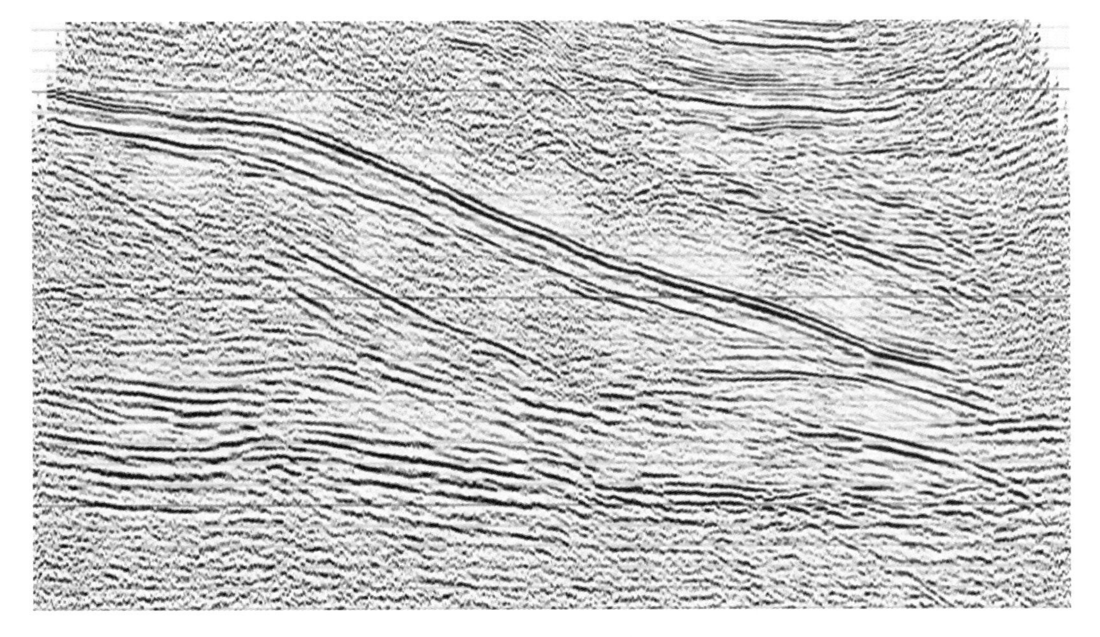

图 4-41　Xline950 叠加剖面

图 4-42　Xline950 叠前时间偏移剖面

2. 新老剖面对比

通过三维采集处理的剖面与区内二维老剖面对比，本轮采集的三维地震资料明显好于以往采集的二维地震资料（图 4-43、图 4-44）。三维资料剖面信噪比高，成像和波组特征明显，目的层地震反射资料成像好，关系清楚。本次处理较好地解决了上轮龙会场-双家坝测区三维铁山构造错相位的问题，剖面主要目的层成像质量较上轮处理效果明显改善（图 4-45～图 4-48）。

本次资料处理的叠加和叠前时间偏移成果剖面获得了较好的效果，主要表现如下：

（1）叠加剖面上反射波层次丰富，波组特征明显，绕射波发育，反射波形态清楚，成像较为明显。

（2）偏移剖面上反射波层次清楚，波组特征明显，绕射波收敛，礁、滩特征清楚，能反映出构造形态，偏移归位较好。本次资料处理效果较为明显，为地质成果解释提供了可靠的保证，达到了预期目的。

（3）通过二维、三维的资料对比，本轮采集的三维地震资料明显好于以往采集的二维地震资料。

整个处理保持反射波波组特征及关系清楚，尽可能提高目的层的成像质量。总之，本次叠前时间偏移处理的剖面连续性较好，反映了各类地质现象的响应特征，层次清楚，提高了地层的成像精度，为落实礁、滩展布奠定了基础。

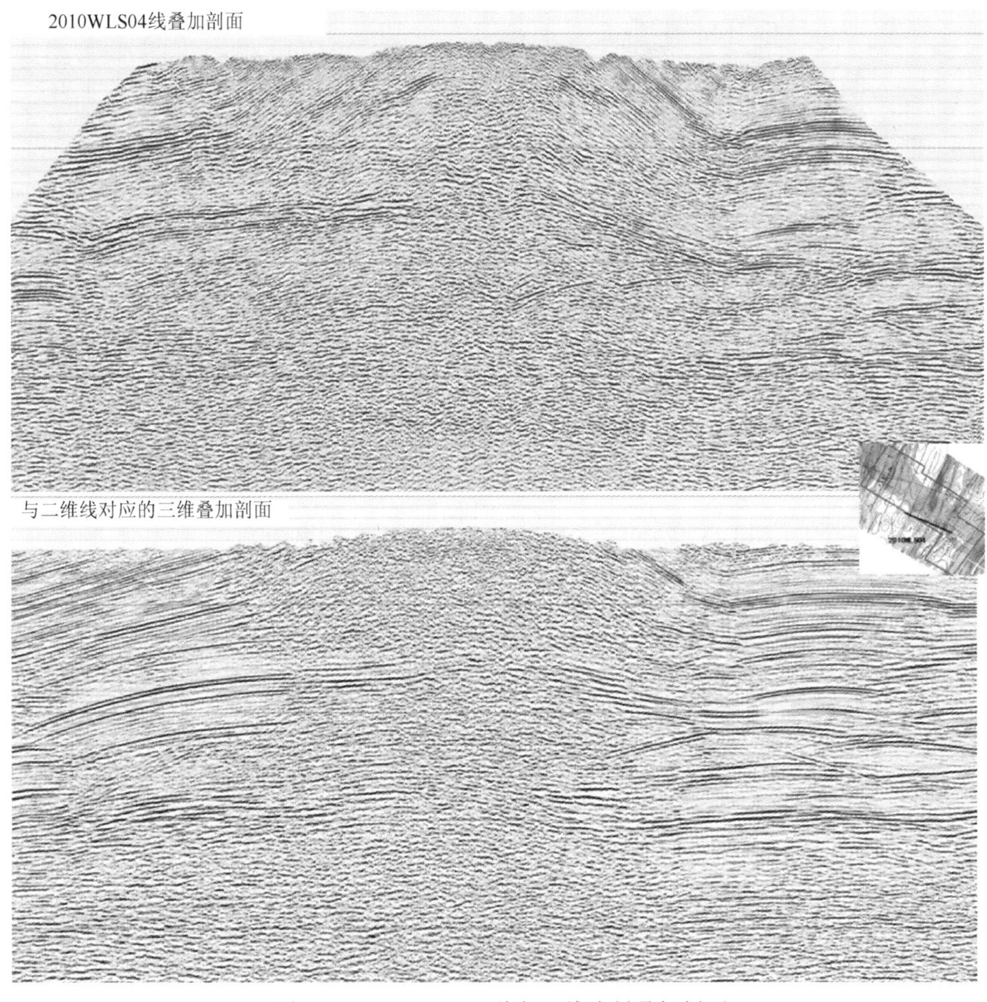

图 4-43　2010WLS04 线与三维资料叠加剖面

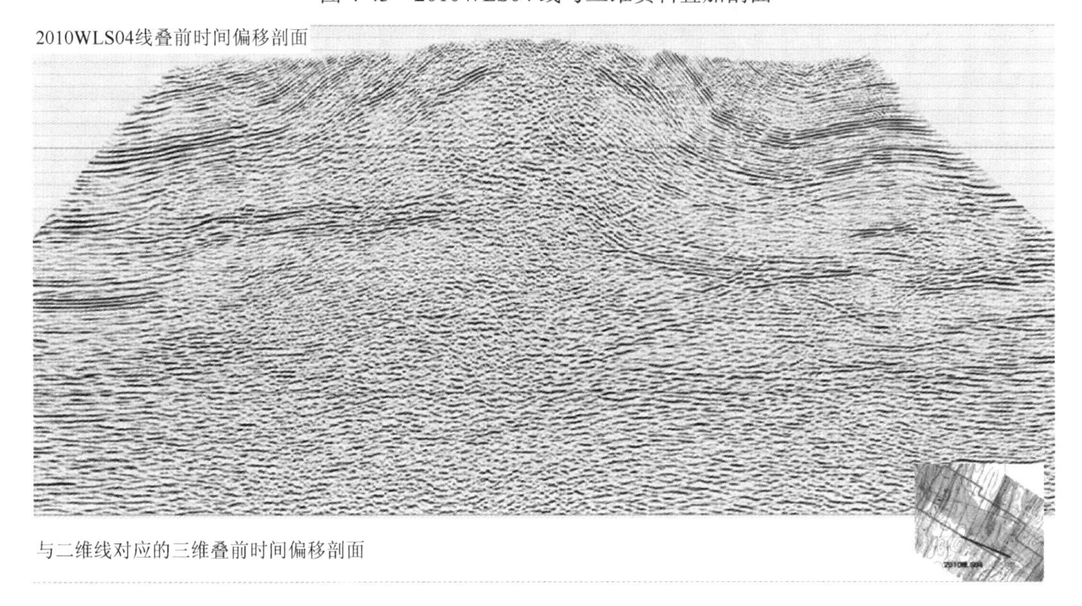

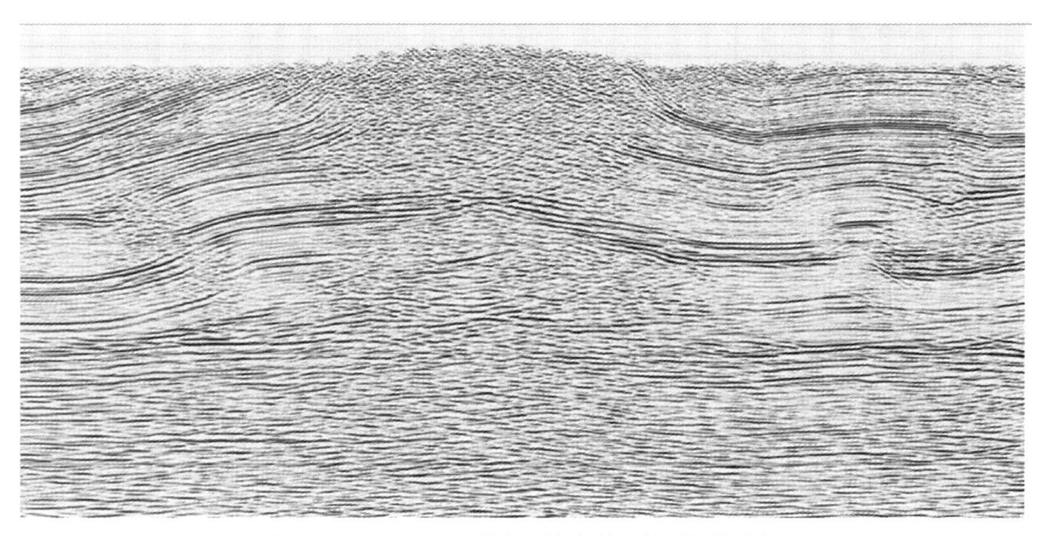

图 4-44　2010WLS04 线与三维资料叠前时间偏移剖面

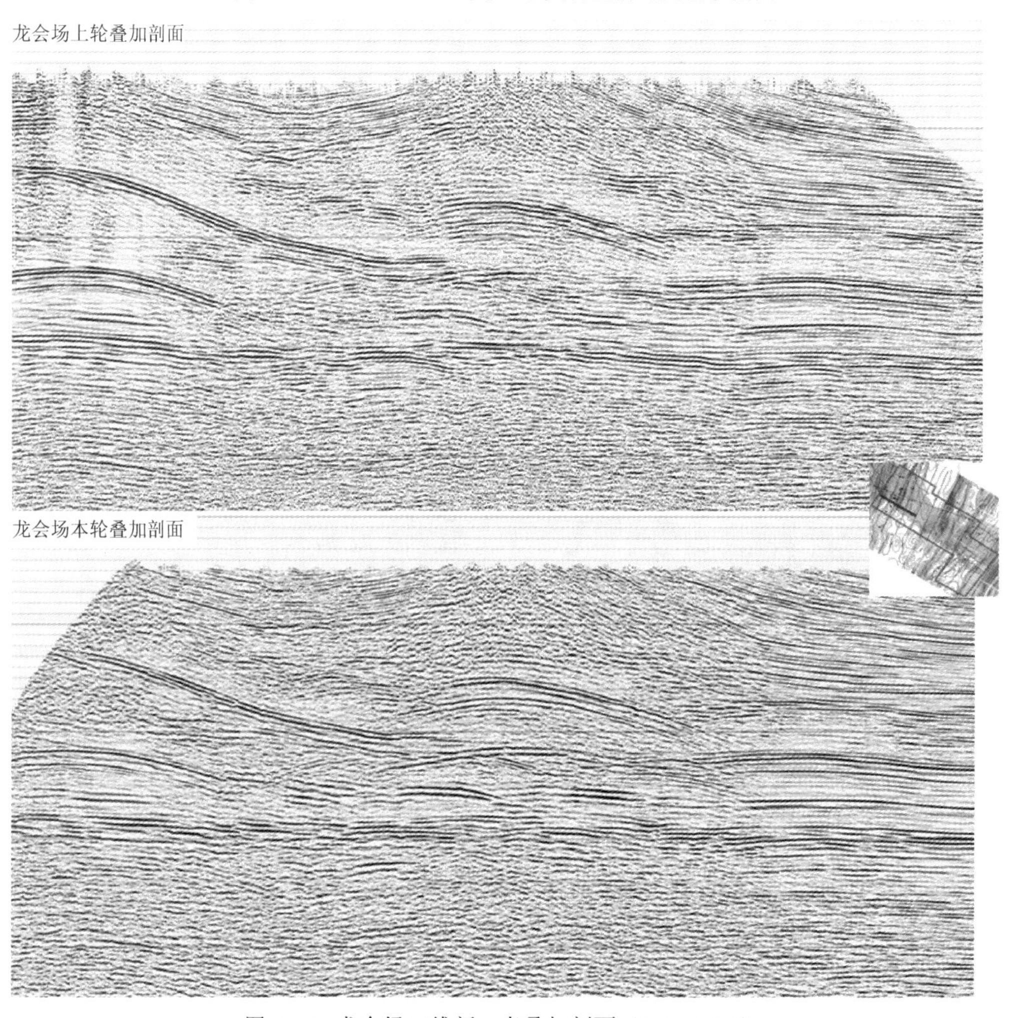

图 4-45　龙会场三维新、老叠加剖面（inline1180）

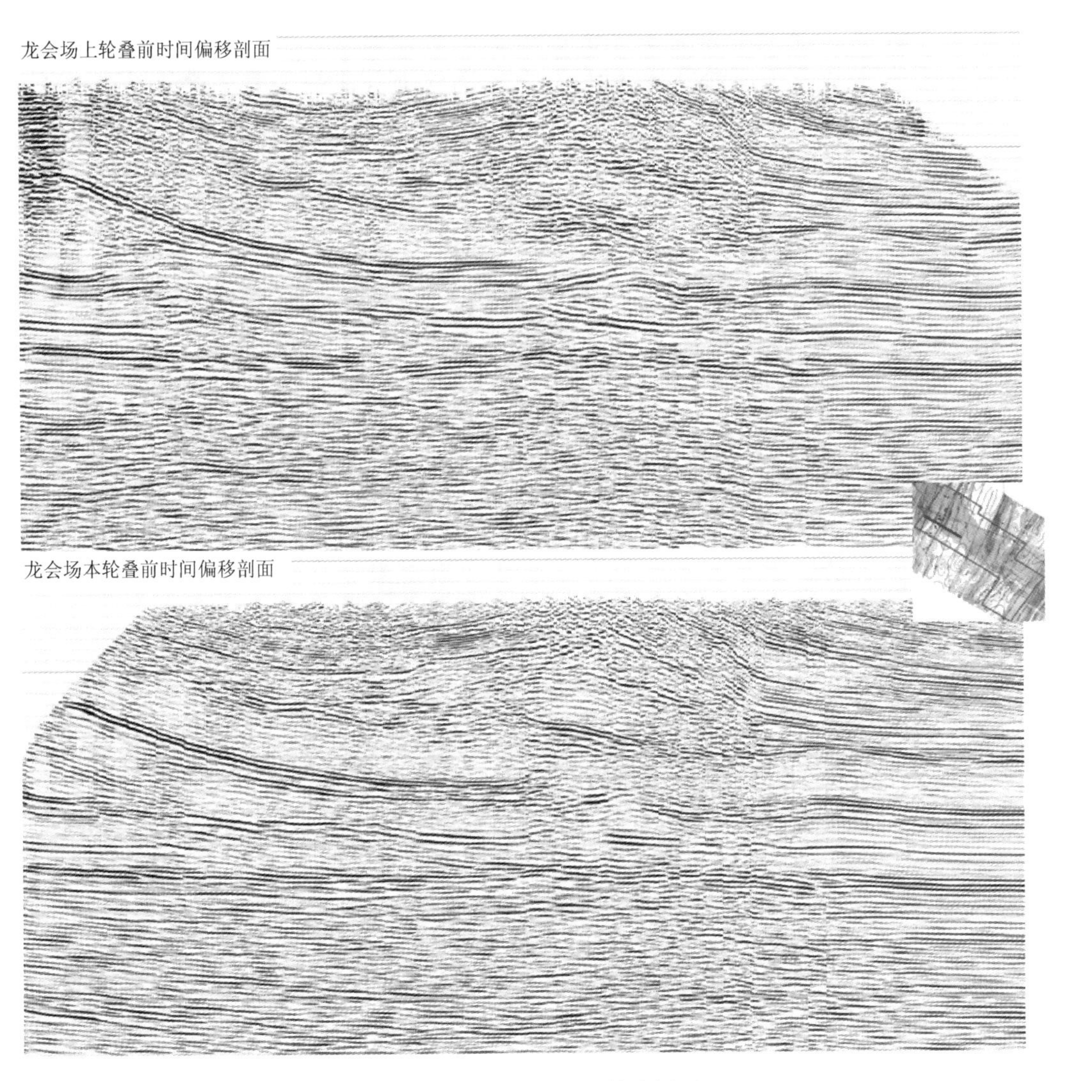

图 4-46　龙会场三维新、老叠前时间偏移剖面（inline1180）

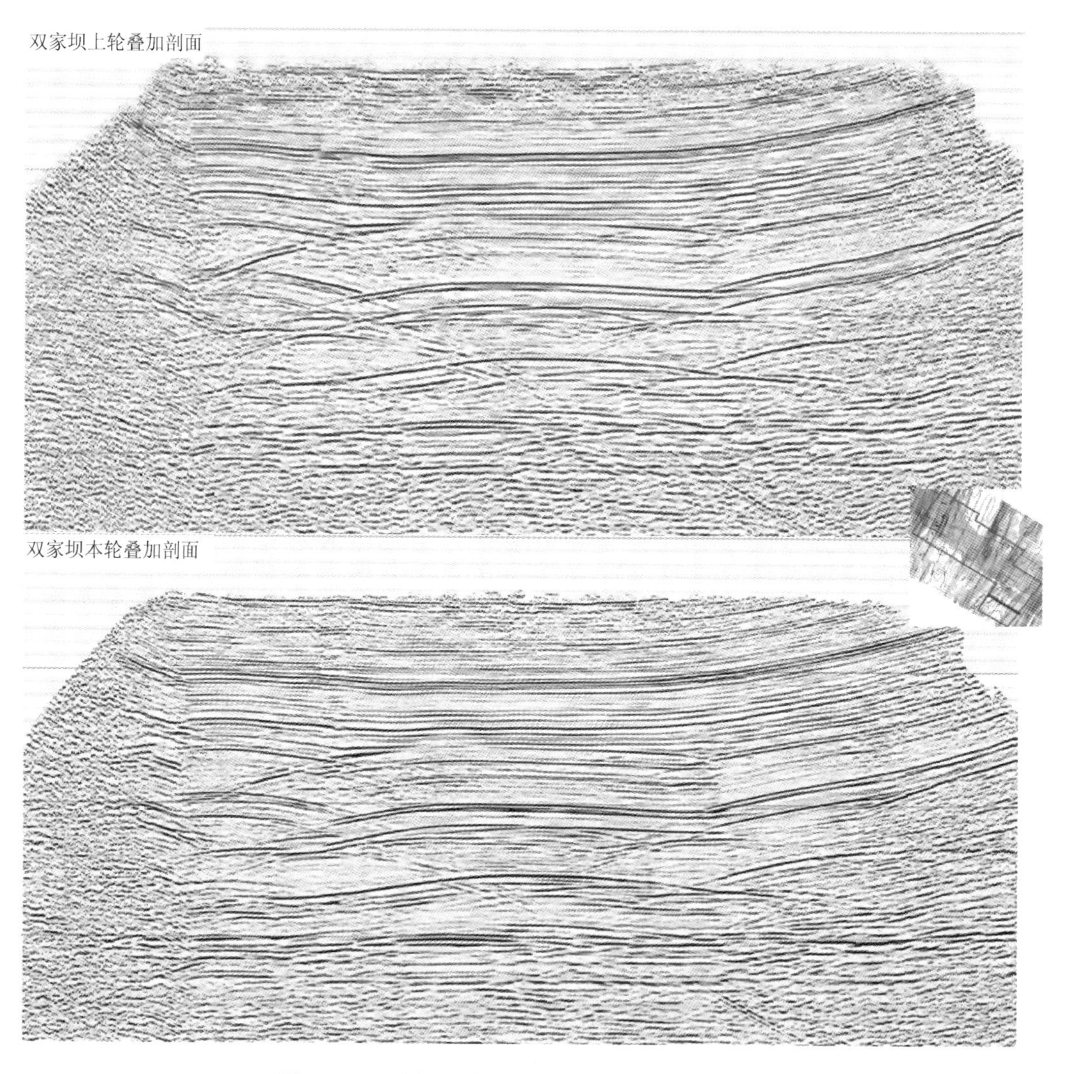

图 4-47 双家坝三维新、老叠加剖面（inline600）

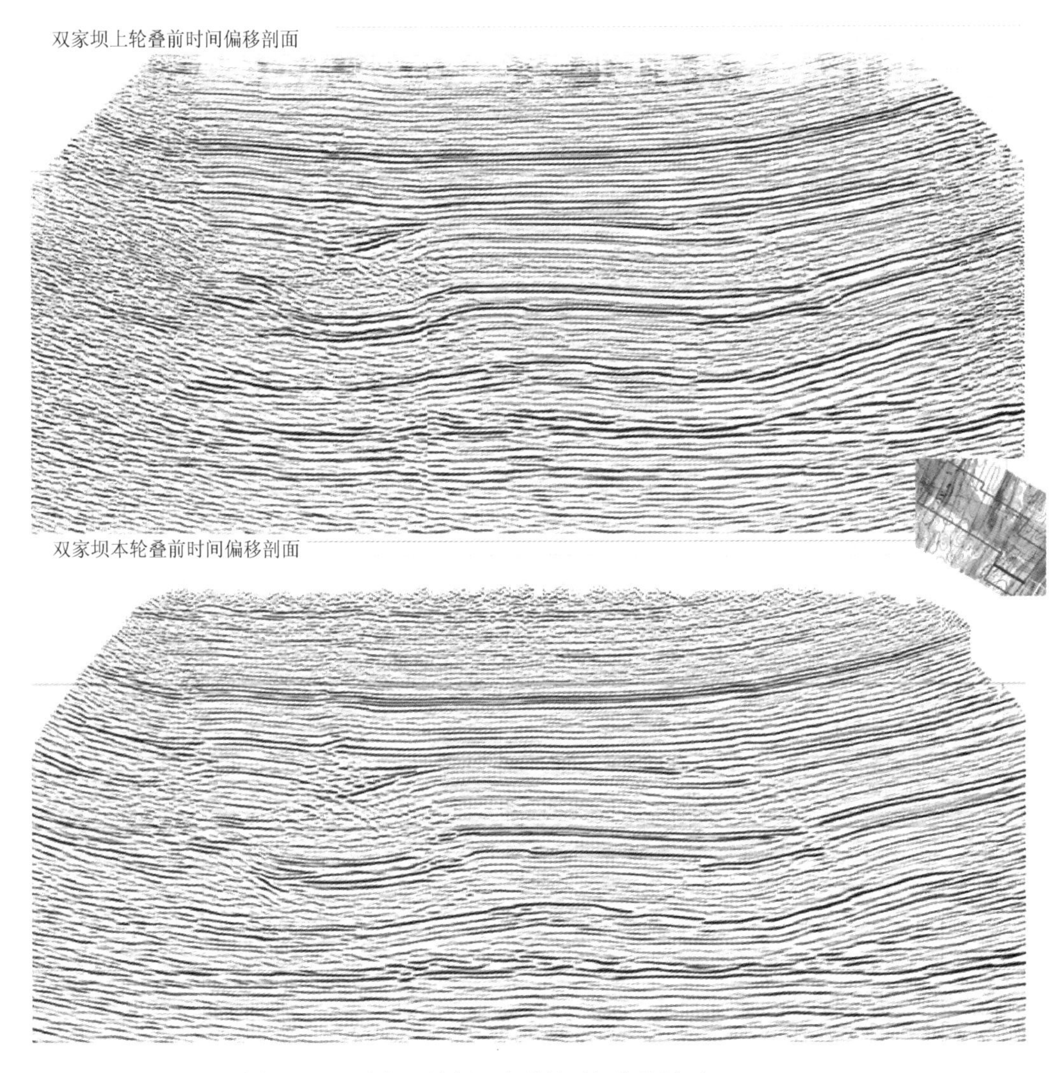

图 4-48　双家坝三维新、老叠前时间偏移剖面（inline600）

4.4　构造精细解释

4.4.1　大地构造特征

从大地构造部位来看，川东北地区主体位于扬子地块的北缘，但其东北端横跨南秦岭褶皱带，分为两大地层系统（扬子地层区与秦岭褶皱带地层区）。川东北地区位于扬子地块北缘，北跨秦岭造山带，西北与龙门山构造带及甘孜—松潘造山带毗邻，东南紧邻华南褶皱系。西与甘孜—松潘构造带和龙门山逆冲推覆构造带、东南与华南褶皱带相邻。地史时期板块的裂解与拼合，不同时期不同板块之间的碰撞、拼接和板内逆冲推覆造山运动此起彼伏，都强烈影响本区，并在此叠加复合，形成十分复杂的变形图像。

从构造线展布的方向来看，川东北主要发育NW、NE及EW第三个方向的构造。其中NW向构造主要分布于研究区的东北部大巴山一带，NE向构造主要分布于盆地区，尤以川东地区集中发育，EW 向构造主要分布于研究区北部的米仓山一带。从构造变形类型来看，本区以褶皱和断裂变动为主。从构造组合形态特征来看，本区发育大巴山弧形构造带、川东S形斜列褶皱构造带、川北米仓山复背斜隆起构造等，构造类型丰富。

根据川东北地区构造变形强度以及构造样式的不同，可将其划分为四川地块、秦岭构造带和甘孜—松潘构造带三个大地构造单元。四川地块又可进一步划分为五个构造区（带），即米仓山—汉南穹隆区、大巴山弧形逆冲推覆褶断带、龙门山—宁强褶断带、川东褶皱带以及川中穹盆构造区，其中后两者组合成四川盆地。

4.4.2 川东褶皱带特征

川东地区西以华蓥山为界，东至七曜山，分布有华蓥山、铜锣峡、明月峡、大天池、南门场、黄泥堂、云安厂、大池干井、方斗山和七曜山等共十排高陡背斜带。背斜带常具多高点，呈狭长形延伸百余千米，核部多出露三叠系碳酸盐岩，翼部地层陡峻直至直立倒转，地貌为正向高山，相对高差 500～800m。向斜宽缓，分布侏罗系碎屑岩，地貌为低缓丘陵，地形起伏不大。高陡背斜与向斜宽度比为1∶3，具隔挡式褶皱组合特征。

川东地区隔挡式褶皱带总体呈北北东和北东向展布，北段受大巴山弧形褶皱带的制约和影响，背斜带偏转为北东东—近东西向；南段受遵义—松坎构造带影响，背斜带偏转为南北—北西西向，平面上总体呈 S 形分布。高陡背斜带两翼极不对称，一般缓翼地层倾角为 20°～30°，陡翼地层倾角为 40°～70°或地层直立倒转。绝大多数背斜带轴面倾向北西或北北西，仅华蓥山背斜带及少数背斜轴面倾向南东东。有的高陡背斜带轴面呈扭曲状，如铜锣峡背斜带在长江以南轴面东倾，长江以北轴面变为西倾，向北至蒲包山背斜轴面又变为东倾，显示出形成褶皱的构造应力场极为复杂。

从湘西的隔槽式褶皱、箱状褶皱到川东区隔挡式褶皱，是逆冲推覆构造连续的递进变形过程。川东褶皱带位于该推覆构造的前锋，主要表现为沿一系列滑脱面进行拆离滑脱的侏罗山式褶皱和断裂，即滑脱构造。因沉积岩层间顺层滑动，常依断坪-断坡形式进行调节，出现台阶式逆断层和一系列无根背向斜褶皱，如断展褶皱、断弯褶皱、双冲构造、盐拱构造、对冲构造等。

高陡背斜带构造垂向变异明显，地表和地腹构造为不协调褶皱。地表为单个背斜带，断裂很少；而地腹褶皱和断裂发育，常出现多个次级背、向斜。川东北东向构造带因其独特的地质现象和富含丰富的天然气资源而引起石油部门和地学界重视，不少单位和研究者对其成因进行了探讨。黄汲清（1954）在早期著作中称这种构造为川东弧和八面弧，认为这是具有典型梳状和箱状褶皱的褶皱带。张文佑曾提出基底断裂控制梳妆褶皱的意见，后来这一意见发展为基底断块控制盖层的思想。李四光（1962）指出，表层滑动可形成一系列北东、北北东向褶皱，并认为其是亚洲大陆东部相对太平洋底部发生南北向反时针扭动的结果。四川东部地块褶皱带即是他所称的新华系第三隆起带的一部分。

4.4.3 川东褶皱带形成机制

总结归纳区域资料及前人成果，川东侏罗山式褶皱形成于晚燕山期或喜马拉雅期的挤压动力学环境，对川东褶皱带形成机制大体具有两种观点。

一种认为是在北东—南西向挤压力作用下，沿基底滑脱面形成的递进变形。其滑脱变形的顺序为早期为隔挡式—中期为箱式—晚期为隔槽式褶皱。现今湘西带的隔槽式褶皱、川东南带的箱状褶皱以及川东带的隔挡式褶皱分别是印支运动、燕山运动和喜马拉雅运动叠加递进变形产物，而川东则是在喜马拉雅期北西向挤压应力作用下形成的初期滑脱变形，形成隔挡式褶皱。

另一些学者用断层相关褶皱理论对川东构造进行成因分析，认为川东构造动力学环境经历了早期拉张、中期过渡、晚期挤压的过程，与其对应存在着早期伸展构造、中期反转构造、晚期挤压构造，形成时期为晚燕山-喜马拉雅期。还有一种观点认为川东构造是典型的“先褶后断”式，即在纵弯机制作用下形成弯滑、弯流褶皱，随着挤压应力的持续作用，褶皱斜歪甚至倒转，两翼不对称，陡翼产生断裂，形成现今高陡构造带。

根据地震剖面地质解译及野外实测地质构造剖面，我们认为川东褶皱带垂向上具“三明治”盖层结构以及构造变形样式的差异，并非是某一次构造变形的结果，而是多期次构造变形的叠加。通过对构造变形样式、不整合面以及与大巴山构造的复合叠加关系的综合分析，可以看出川东褶皱带形成大体经历了印支运动、燕山运动和喜马拉雅运动三期构造变形的叠加，是一个连续递进变形过程。

4.4.4 复杂构造解释模式

在构造应力场复杂的背景下，研究区主要受构造运动挤压作用，本区位于地震资料信噪比低、断裂发育的高陡复杂构造区域，地震数据体任一剖面上纵横向的波形特征变化较大，存在多组反射波交错、干涉，局部段地震资料品质差异大，构造解释方案存在多解性，特别对于礁、滩等特殊地质体的地震响应难以识别是复杂构造区的解释难点，采用处理、解释一体化生产模式，认真分析目的层特征、构造格局及断层性质，在多域内优化处理参数，逐步去除各种干扰（可控干扰和不可控干扰），达到保真处理，提高了资料的信噪比，为礁、滩的刻画奠定了基础。主要解释技术如下：

(1)结合区域构造特点、老成果、钻井、测井等地质资料综合分析，层位标定和连井对比，建立构造解释模式，确保构造成果的可靠性；

(2)基于构造解释模式，采用“撤分法”对三维资料进行分区解释，借助于相干体分析和三维可视化联合解释断层的空间展布。

龙会场地区内有北东向华蓥山构造和铁山构造，在华蓥山构造西翼华①断层下盘形成了两组狭长呈指状分支的龙会场合九岭场潜伏背斜、断层及背斜高陡，构造展布的精细解释为礁滩的进一步识别建立基础。在充分利用钻井、测井等地质资料综合分析基础上，层位标定和连井对比确保地震层位的准确解释，建立构造解释模式（图 4-49）。借助相干体切片分析断层和三维可视化联合解释构造空间展布，为礁滩预测提供保障。

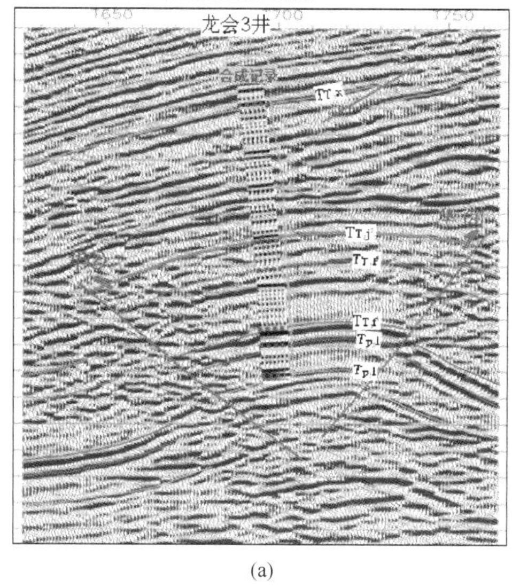

(a)

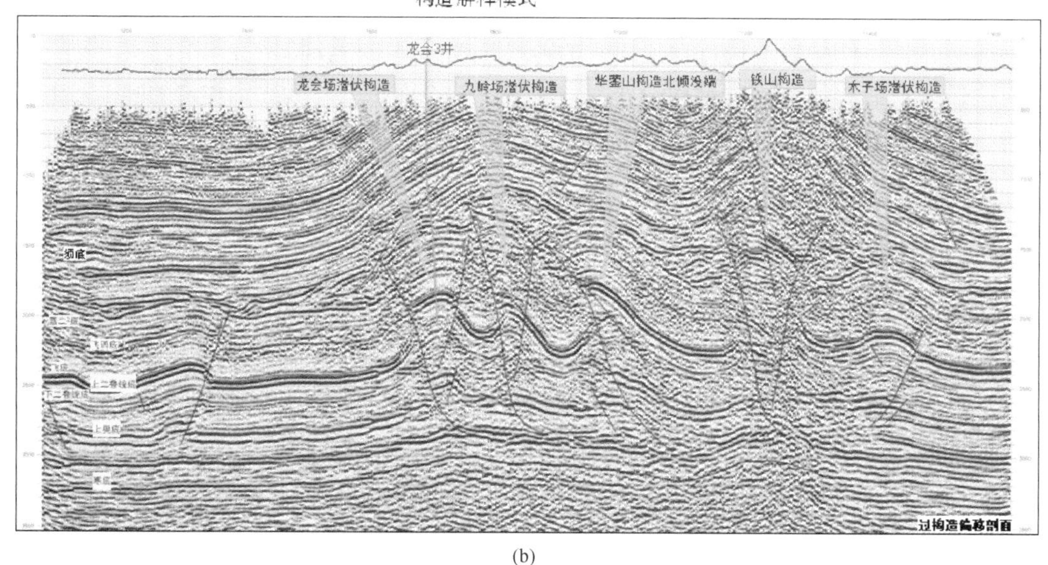

(b)

图 4-49　地质层位标定及构造解释模式图

通过上述理论方法，对龙会场-双家坝地区构造进行精细描述，进一步查清了研究区的构造形态，明确了铁山构造北高点、双家坝潜伏构造的构造形态、断层展布、高点位置及构造细节变化，查明了研究区内断层展布及其构造、断层在纵、横向的变化情况。

第 5 章　龙会场地区生物礁滩沉积特征及分布规律

5.1　生物礁滩沉积特征

5.1.1　长兴组沉积特征与分布

1. 沉积相特征

上二叠统的沉积环境是在西南高、北东低的一个侵蚀平面上随海侵逐渐加大的过程发展起来的以碳酸盐缓坡为主体的沉积环境。长兴中后期，在拉张背景下基底断块的差异升降分化出深水海槽区和川东北台地区，使长兴期的沉积环境从均斜碳酸盐缓坡演化为远端变陡碳酸盐缓坡和碳酸盐开阔台地。本书总结了长兴组的沉积模式（图 5-1），并在此基础上对长兴组沉积相进行划分，可划分为开阔台地相、台地边缘相、斜坡-海槽相等几个单元。现将各沉积相带特征分述如下。

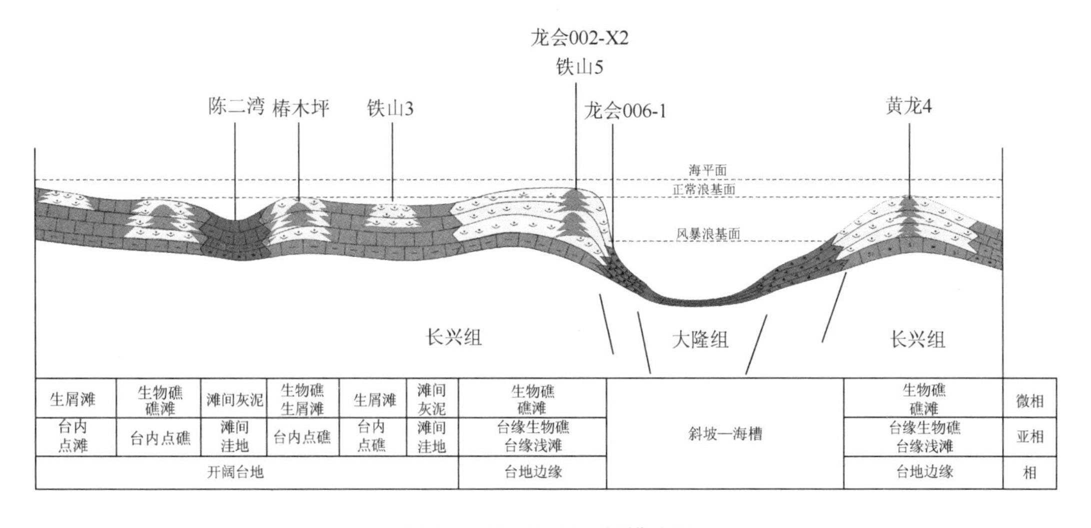

图 5-1　长兴组沉积相模式图

1）开阔台地相

指发育在台地边缘与局限台地之间的广阔海域沉积环境，开阔台地相可进一步划分为滩间洼地相、台内礁相、台内点滩相（图 5-2）。

（1）滩间洼地相。是碳酸盐台地内部颗粒滩之间的低洼深水沉积区，在长兴期的碳酸盐台地内广泛存在，主要岩性为深色泥晶灰岩含少量泥质灰岩。发育水平层理和纹层构造，富含分散星点状黄铁矿，各岩类呈薄的频繁互层出现。根据沉积物岩性的不同，又可细分为灰质滩间、泥质滩间、硅质滩间和泥灰质滩间等微相。

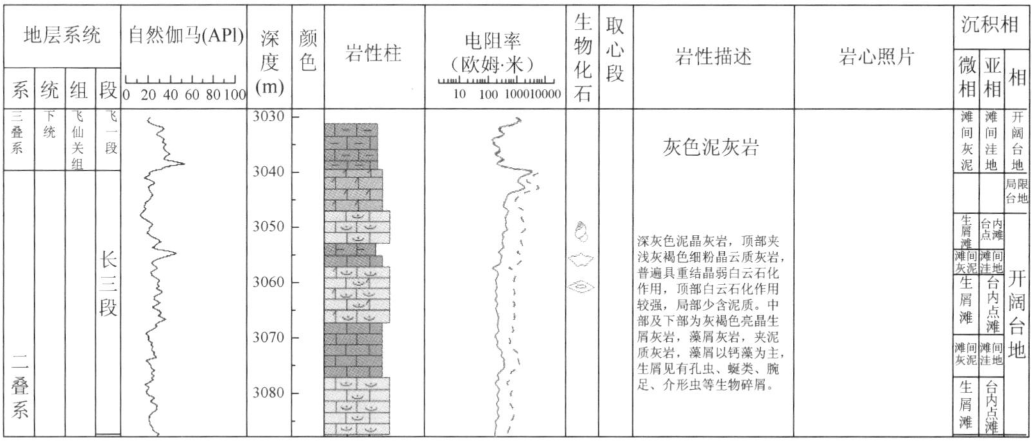

地层系统 | 系 | 统 | 组 | 段
自然伽马(API) 0 20 40 60 80 100
深度(m)
颜色
岩性柱
电阻率（欧姆·米） 10 100 1000 10000
生物化石
取心段
岩性描述
岩心照片
沉积相 | 微相 | 亚相 | 相
三叠系 | 下统 | 飞仙关组 | 飞一段
二叠系 | 长三段
3030 3040 3050 3060 3070 3080
灰色泥灰岩
深灰色泥晶灰岩，顶部夹浅灰褐色细粉晶云质灰岩，普遍具重结晶弱白云石化作用，顶部白云石化作用较强，局部少含泥质。中部及下部为灰褐色亮晶生屑灰岩，藻屑灰岩，夹泥质灰岩，藻屑以钙藻为主，生屑见有孔虫、蜓类、腕足、介形虫等生物碎屑。
滩间灰泥 | 滩间洼地 | 开阔台地
局限台地
生屑滩 | 台内点滩
滩间灰泥 | 滩间洼地
生屑滩 | 台内点滩
滩间灰泥 | 滩间洼地
生屑滩 | 台内点滩
开阔台地

图 5-2　铁山 14 井长三段沉积相柱状图

（2）台内礁相。多分布于碳酸盐台地内部，常成群、成带出现，一般为圆丘状，仅能分出礁核和礁翼。礁体规模小，一般仅几至几十平方公里，厚度薄，一般仅几米。礁基底多为生物碎屑滩。礁核以障积岩为主，仅见少量骨架岩。造礁生物含量变化较大，一般在 20%左右，主要是串管海绵及水螅。礁体中灰泥含量高，海底胶结物不发育，研究区内未发现台内礁相，仅在野外剖面上见椿木坪台内礁（图 5-3、图 5-4）。

图 5-3　椿木坪剖面，见海绵、腹足等生物

图 5-4　椿木坪剖面，见刀砍纹白云岩

（3）台内点滩相。台内点滩主要以生屑滩为主，砂屑滩分布较少。其中，岩性以泥亮晶生屑灰岩为主，局部发生白云石化作用，生物种类丰富，含有孔虫、棘皮、腕足、腹足、介形虫等生物碎屑，生屑含量可达 50%以上，孔隙度一般为 1.3%～2.8%，若发生白云石化作用及溶解作用，储层物性变好，对滩相储层的储集性能大大改善。但点滩分布在台地内部，水动力条件较弱，沉积规模小。

2）台地边缘相

台地边缘相是开阔台地相与海槽相之间的过渡相，它环着海槽边缘呈狭窄的带状展布。在长兴期随着海侵的发展和开江-梁平海槽的形成，大型生物礁组合主要发育在台地边缘，非礁相沉积物以中—薄层状生屑灰岩为主，亦发育含硅质结核。

（1）台缘生屑滩亚相。分为高能生（粒）屑滩与低能生屑滩两个微相，其中，台缘高能生（粒）屑滩微相岩性为亮晶生屑灰岩，生物以有孔虫、棘皮为主，少量砂屑及藻团块，白云化后成细晶、中晶白云岩；台缘低能生屑滩为泥晶生屑灰岩夹生屑泥晶灰岩，以棘皮、蝬为主，云化后为云质灰岩或棘屑幻影细晶云岩。

（2）台缘生物礁亚相。纵向上分为礁滩、礁核及礁顶潮坪三个微相。礁滩相为生物礁发育过程中与之相关的生屑滩环境，又可分为礁顶滩、礁基滩、礁间滩。主要为亮晶-泥晶生屑灰岩，生物种类丰富，主要有棘皮、有孔虫、腕足、腹足、藻粒等。云化作用较为强烈，为储层主要发育段。礁核岩性主要为海绵礁灰岩，造礁生物以脑纹状海绵、串管海绵（图5-5）、水螅（图5-6）为主，见苔藓虫、管壳石及古石孔藻，受强烈胶结作用改造，岩性较致密，不易形成储层。礁顶潮坪主要发育泥晶云岩或泥晶灰岩，生屑含量较少，储层发育较差。

图5-5　铁山5，长兴组，3081.32m，海绵（-）

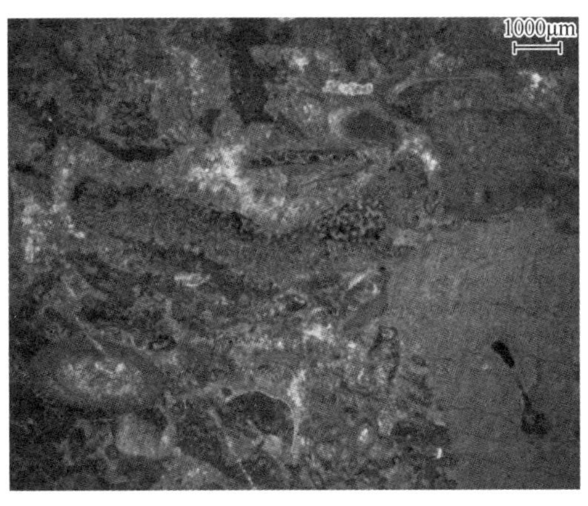

图5-6　铁山5，长兴组，3148.61m，水螅（-）

一般地讲，台地边缘相带的块状礁即台地边缘礁的规模明显大于开阔台地相带中的点礁，其礁前、礁后等相带分化十分明显，在岩心可以看到较为发育的礁前角砾岩。

（3）滩间洼地亚相。分为灰质滩间与云质滩间两个微相，其中，滩间灰泥微相岩性为泥晶灰岩，少量泥质及硅质，生屑细小破碎；云质滩间微相岩性为泥晶云岩或泥晶灰质云岩。

3）斜坡-海槽相

斜坡-海槽相是沉积于风暴浪底之下的深水盆地环境沉积。水体深度一般大于150m，水动力条件较弱，水体停滞，几乎无底栖生物的存在。但表层水体循环良好，浮游和漂浮生物繁盛。海槽相岩性以暗色薄层状硅质页岩、硅质灰岩、泥页岩为主，缺乏生屑汐等浅水沉积物；所含生物化石稀少，能识别的主要是骨针、钙球、放射虫、微体有孔虫等寄水生物组合，缺乏晚二叠世常见的原地的钙藻、蝬、有孔虫、腕足、棘皮等浅水生半群，层面上有时有薄壳菊石类化石；岩层为薄层状，层面较平整，沉积厚度薄（图 5-7）。晚二叠世海槽相区的沉积层序反映沉积水体迅速变深的过程，这是海侵体系域沉积期海平面上升和拉张应力使基底断块下降，使可容纳空间迅速增大的结果。

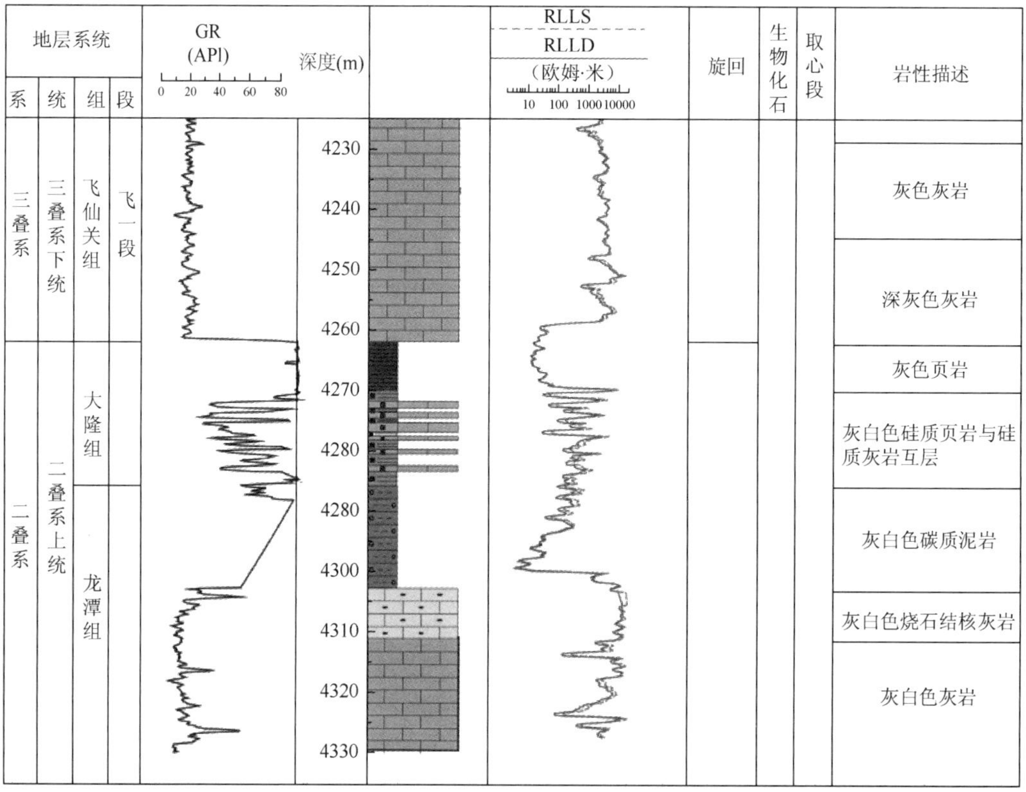

地层系统				GR (API) 0 20 40 60 80	深度(m)		RLLS / RLLD（欧姆·米）10 100 1000 10000	旋回	生物化石	取心段	岩性描述
系	统	组	段								
三叠系	三叠系下统	飞仙关组	飞一段		4230 4240 4250 4260						灰色灰岩；深灰色灰岩
二叠系	二叠系上统	大隆组			4270 4280						灰色页岩；灰白色硅质页岩与硅质灰岩互层
		龙潭组			4280 4300 4310 4320 4330						灰白色碳质泥岩；灰白色烧石结核灰岩；灰白色灰岩

图 5-7　龙会 3 井大隆组沉积相综合柱状图

广元-旺苍海槽和城口-鄂西海槽在上二叠统顶部均存在深水沉积的大隆组。研究认为开江-梁平海槽的大隆组也同样存在。开江、梁平地区虽有不少钻井穿过地层，但因未见有过含气显示而从未取过岩心，故一直没有被识别出来。在对深水相区的上二叠统—飞仙关组的岩屑片观察以及地层剖面做了精细研究对比后，认为原本应划入龙潭组底部的富泥的高伽马、低电阻段应属上二叠统顶部的大隆组。为了取得地层学的实物证据，随机采集开江-梁平海槽内的数口钻井的岩屑样品进行镜下薄片研究。岩屑薄片镜下鉴定结果为这段地层的特点与广元—旺苍海槽相区的大隆组非常一致：主要岩石类有硅质泥岩，岩石中含有放射虫、钙球、有孔虫化石以及长兴组特有的拉且尔蝬、柯兰尼虫等，钙质生屑部分硅化（图 5-8、图 5-9）。因此，可以确定开江—梁平海槽相区原划为龙潭组的高自然伽马、低电阻率的地层应归属上二叠统顶部的大隆组。开江—梁平相区的大隆组厚度一般小于 30m，与广元-旺苍海槽相区和城口—鄂西海区一致。但在龙会 006-1 至龙会 2 井区大隆组中夹有厚层含丰富生物碎屑的生物灰岩，厚度可达 80m。

图 5-8 龙会 006-1，大隆组，4263m，泥晶生屑含硅质灰岩，有孔虫被硅化（+）

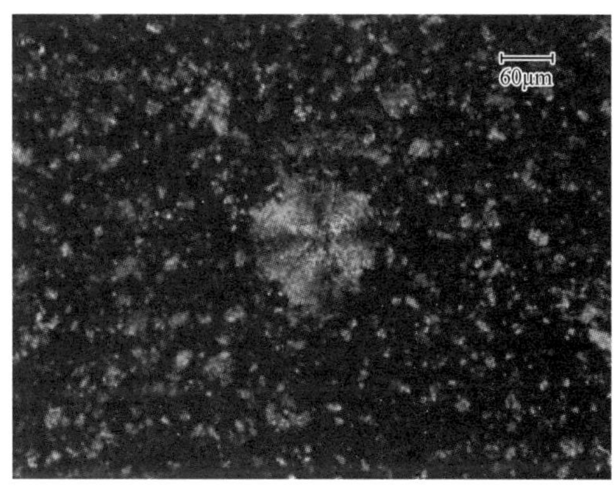

图 5-9 铁山 13，大隆组，3531m，含硅质生屑云质钙质泥岩，见放射虫（+）

2. 生物礁分布规律

1）生物礁主要类型

四川盆地长兴组生物礁主要造架生物是海绵和水螅。在不同的环境条件下礁体中造架生物、造屑生物等的发育情况和生态群落组合情况会有较明显差异，从而使生物礁规模、形态、微相组合等方面都不尽相同。由于生物礁的基本特征与环境条件密切相关，故礁体类型与沉积相带有相应的关系。根据四川盆地长兴组生物礁发育的沉积相带和位置将生物礁主要类型分为台地边缘礁和点礁。

（1）台地边缘礁。长兴组的台地边缘礁是一种块状斜坡礁。它主要分布在台地与海槽过渡的斜坡带即台地边缘相带上。在四川盆地长兴期的生物礁中边缘礁的分布面积较大，礁体厚度也较大，一般都具有两个以上的成礁旋回。边缘礁发育于深浅水过渡区，因此礁前、礁后相带分化明显，如盘龙洞生物礁。目前，发现储量较大的生物礁气藏如铁山礁气藏、天东礁气藏、黄龙礁气藏、七里北礁气藏等均为台地边缘礁。

（2）点礁。长兴期的点礁是在碳酸盐缓坡或台地上随机分散分布的小礁体。点礁的面积一般较小，在井下都是单井钻遇，其出露地表的直径一般不超过 2km。点礁礁体的微相具对称分布的特点，没有礁前、礁后相带组合的差别，且礁核相灰泥含量较边缘礁的高。井下钻遇的一些点礁气藏如卧龙河气藏其礁核相占的比例很低，不到 20%。但研究区内并未发现点礁，在椿木坪野外剖面上可见。

另外，生物礁的发育需要适宜的水深，造礁生物的生长速度与海平面升降速度之间的平衡和生物礁发育过程密切相关。据此可以将四川盆地长兴期的海侵型生物礁划分为以下两类。

（1）海侵追补型。该类生物礁是在海平面上升速度快、可容空间增加的速度超过造礁生物向上生长速度时形成的。这类礁体多见于海侵早期（长一、长二段）发育的礁体，如石宝寨建南、见天坝等生物礁。礁体规模有大有小，它们的共同特征是礁顶与上覆地层组合具有向上变深的层序。见天坝礁、红花礁礁顶都有一套中—薄层的含燧石团块生屑泥晶灰岩。这些生屑泥晶灰岩层面不平整，有的可见正粒序及波浪搅动层理，为晴天浪底之下的沉积。彭水生物礁在长一段上部发育了 11m 厚的礁核后便终止了发育，其上覆盖了一套厚达 59m 的具明显风暴沉积特征的黑灰色薄—中层状含燧石团块的生屑粒泥岩。通俗地讲，这些礁因跟不上海侵速度而被淹死。

（2）海侵并进型。与上述追补型生物礁相反，这类礁是在生长速度大于海平面上升速度和可容纳空间增加速度的情况下发育的。这类礁体开始发育的时期一般较晚，主要发育于长兴的中晚期（长二、长三段），如铁山、龙岗 1、龙岗 2 等龙岗西、板东、老龙洞礁等生物礁，川东北地区的礁体可能也属此类。这些礁体的共同特征是礁体之上覆盖着潮坪沉积，如泥晶白云岩、藻纹层、藻叠层石等，与礁体一道形成了向上变浅的层序。这表明礁体生长最终接近水面而停止发育。龙岗东部地区大部分礁都属于这类。

2）生物礁微相

在生物礁研究中，我们使用的礁的概念中包含着礁复合体的含义，即生物礁是指礁发展过程中形成的各与之相关微相的总体或组合。在许多文献中根据对现代地表出露的古代礁的研究结果将礁相细分为骨架相、礁顶相、礁坪相、礁后砂相、潟湖相、斜坡相和塌积相等微相。但在研究井下钻遇的生物礁时，受条件限制很难根据录井资料识别上述各微相。因此根据实际情况和油气勘探的需要将其简化，划分为礁核（骨架）相、礁滩相和礁顶潮坪相三大微相（图 5-10）。

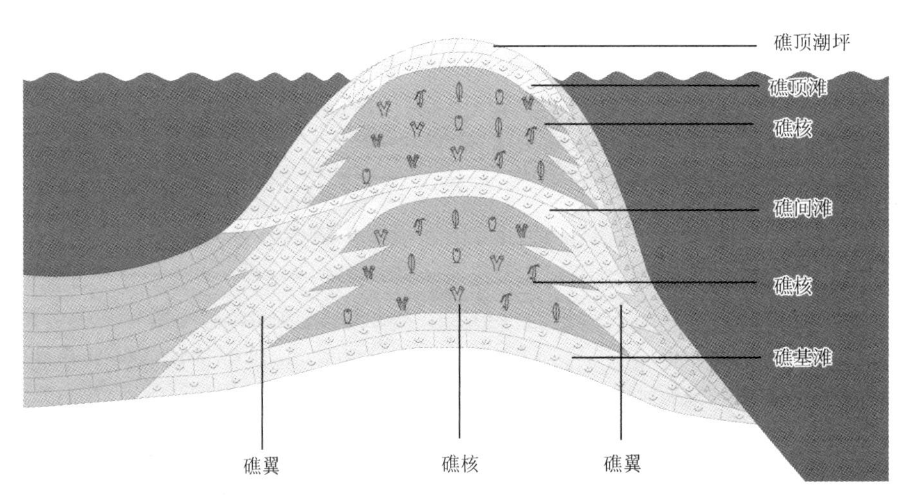

图 5-10 台地边缘礁沉积微相示意图

（1）礁核（骨架）相。礁核相是生物礁的主体或核心，其岩石呈块状。它含有的各种造礁生物化石具有反映生态关系的原始结构。这些生物中造架生物数量可能低到 10%。长兴组生物礁生物主要是钙质海绵和水螅，其他还有古石孔藻、管壳石、苔藓虫、层孔虫等。由于经受强烈胶结作用等改造，长兴组生物礁礁核相的岩石一般都较致密，难以成为有效油气储层。

（2）礁滩相。礁滩相是在生物礁发育过程中在与之相关的生屑滩环境中沉积形成的。根据这些颗粒岩与礁核纵向叠置关系，可进一步细分为礁基滩、礁间滩（可能是礁翼滩）、礁顶滩（可能是礁后滩）等。目前所发现的生物礁气藏的主要储产层几乎都是这些礁滩相岩层白云石化后形成的储层。

（3）礁顶潮坪相。礁顶潮坪相是出现在海侵并进型礁顶上的微相，主要岩类有泥晶云岩、泥晶灰岩、藻叠层灰岩等，生物较少，有时可见腹足类生物，孔隙发育欠佳。

3）平面分布特征

通过对龙岗 81、铁山 5、铁山 14 等井的长兴组单井沉积微相分析，长兴期的展布及演化情况（图 5-11～图 5-13）详述如下。

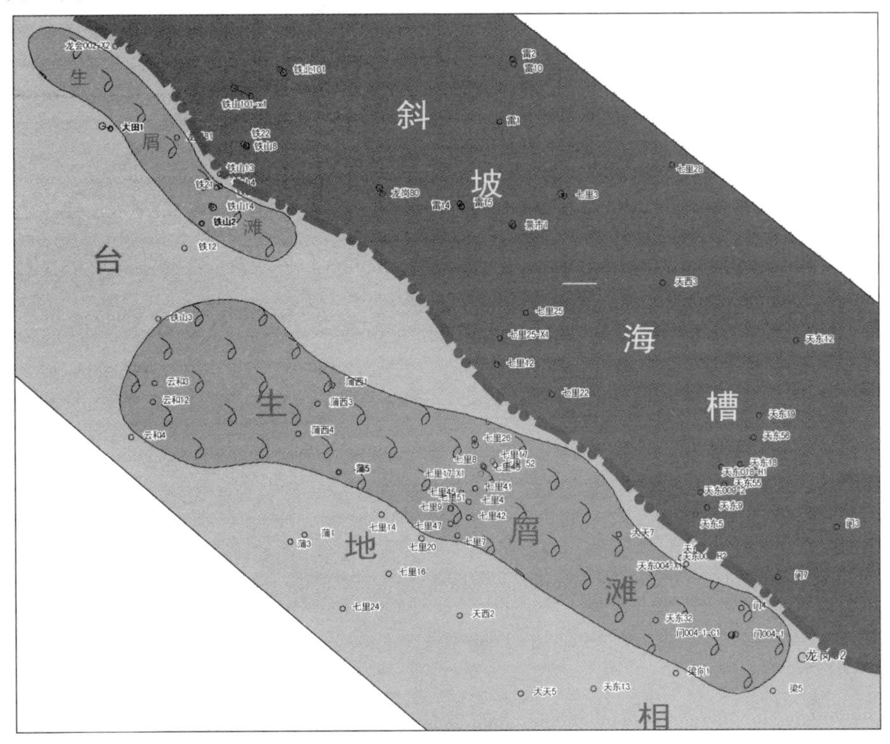

图 5-11　长一期沉积示意图

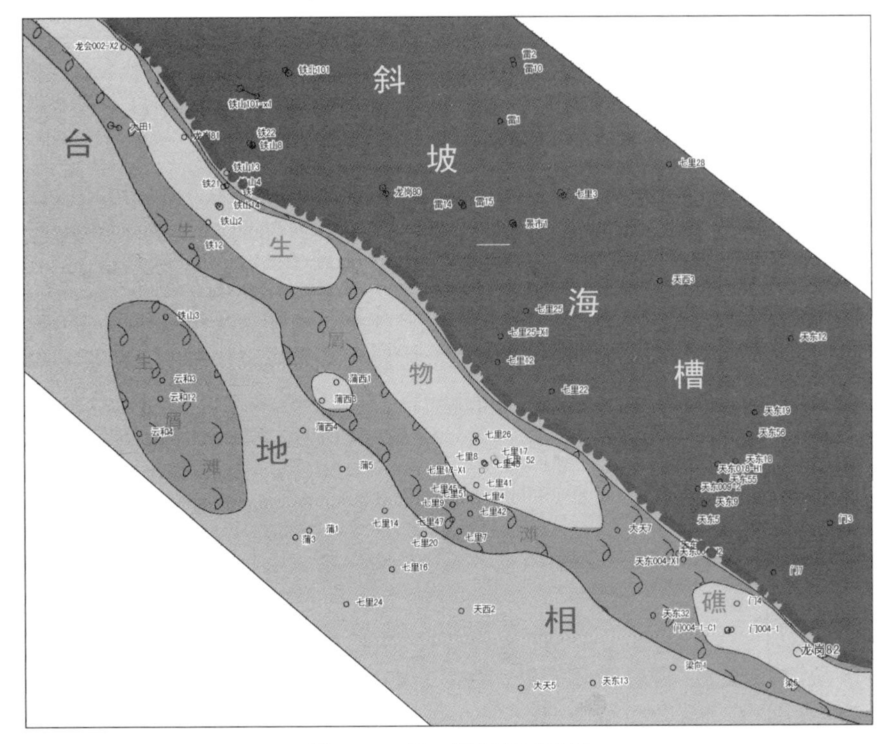

图 5-12　长二期沉积示意图

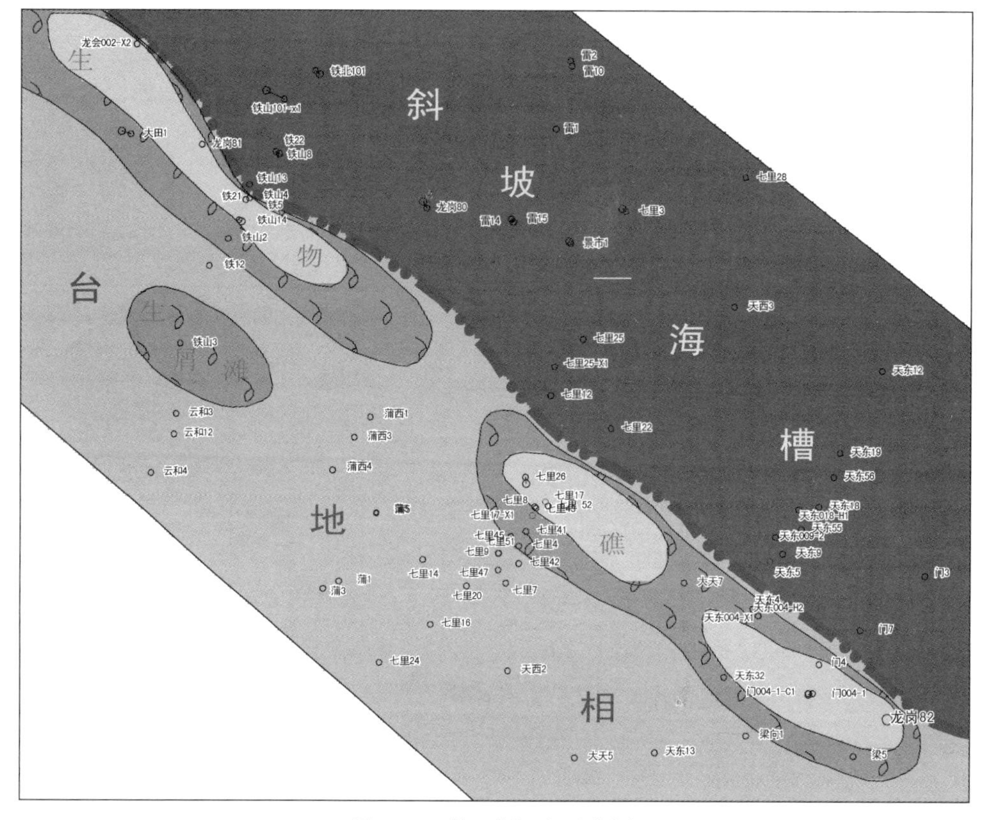

图 5-13 长三期沉积示意图

（1）长一期。从长兴海侵初期，碳酸盐沉积逐渐超覆在龙潭期的煤盆上，由于拉张、剪切作用形成海槽，在龙会 006-1 井与铁山 13 以南为台地相，在研究区主要为台地-海槽相带，工区范围内基本没有发育长兴组生物礁。

（2）长二期。长二段沉积格局大体同长一期相似，相对海平面下降，礁体沿着台缘呈串珠状发育（铁山、龙岗 81），同时，台内发育了大量的点礁（椿木坪等）。高能礁滩主要集中于台地边缘带，台缘生物礁平面上最为发育，台内地貌高部位发育少量低能滩。根据礁滩发育特征，台地边缘分化为台缘内带及台缘外带。台缘外带高能礁滩相对发育，以铁山 5 井等为代表，礁体形态明显，台缘内带礁体与滩体互层发育，礁体层状产出，丘状形态不明显。

（3）长三期。长兴晚期至末期，海平面略有上升，研究部地区仍然处于台地—海槽相带。此时，礁体沿着台缘呈串珠状分布，由于海侵并进型礁的生长速度大于海平面上升速度，故到了长兴末期，暴露于水面而消亡。

5.1.2 飞仙关组沉积特征与分布

1. 沉积相特征

根据区域沉积背景，野外剖面调查，井下岩心观察，结合前人的研究成果以及研究区的资料情况，将区内飞仙关组分为局限台地相、开阔台地相、台地边缘相、斜坡相、海槽相等单元，并进一步细分为若干沉积亚相。现分述如下（图 5-14）。

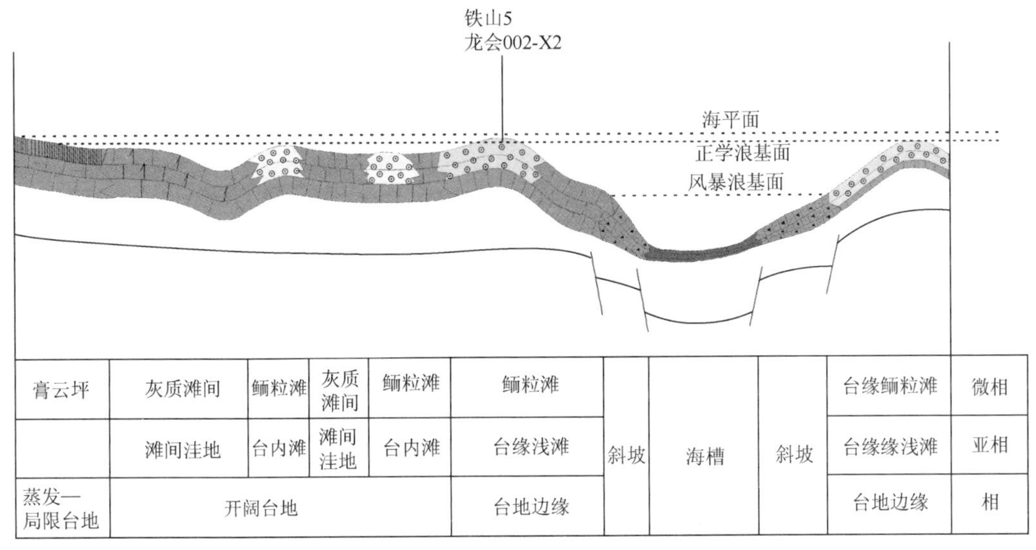

图 5-14　龙岗东部地区飞仙关组沉积模式图

1）蒸发-局限台地相

局限台地是指障壁岛后向陆一侧十分平缓的海岸地带和浅水盆地。工区内飞仙关期的局限台地相可分为两种类型，一类是由于鲕粒坝或滩加积露出水面后形成，平面分布范围有限，纵向上常与鲕粒滩（坝）及潟湖相沉积组成多个次一级向上变浅的旋回。另一类是在 T_1f 晚期（T_1f^4），碳酸盐台地开始向均一化发展时形成的面积较大的区域性潮坪。局限台地相沉积通常泥质含量高，在电测曲线上以高自然伽马、低电阻率为特征。T_1f 顶部潮坪沉积（相当于 T_1f^4）厚度较大，分布稳定，易于识别。值得注意的是区内在 T_1f 上部常见一套以泥晶云岩、泥岩夹石膏层为主的潮坪沉积，平面上分布较为稳定，可作为地层对比的标志，但是其沉积厚度较 T_1f 顶部潮坪薄，一般为 3～10m。

总之这两类沉积环境相似，特别是在气候干旱环境下难以区分，同时为了便于进行对比研究，在进行地层与沉积相对比时，将二者统一归为局限海台地相。

2）开阔台地

开阔台地指发育在台地边缘与局限台地之间的广阔海域沉积环境，主要由泥晶灰岩、砂屑灰岩、鲕粒灰岩组成。地震剖面上，开阔台地沉积表现为强振幅、变振幅、平行-亚平行特征，有时有少量前积结构。可细分为台内滩及滩间亚相。

台内滩亚相为开阔台地环境中的浅水高能地带，主要受潮汐作用的控制，多发育鲕粒（图 5-15），鲕粒滩体呈席状展布，具有平面上不规则、纵向上不稳定、单层厚度不大的特征，常与潟湖或潮坪环境沉积的泥状灰岩呈互层状。纵向上可有多个层序叠加，形成不规则的鲕滩叠复体。台内鲕滩多由中—薄层状、透镜状灰、浅灰色的泥亮晶砂屑灰岩（白云岩）、泥亮晶鲕粒灰岩（白云岩）、亮晶生屑灰岩和含生屑亮晶砂屑鲕粒灰岩构成，小型交错层理发育，沉积体单层厚度不大，一般为 0.5～6m，常以中—薄层状、透镜状分布于鲕粒坝沉积的上部。

滩间海亚相为台内鲕粒滩之间的深水沉积区，沉积时海水较深，能量小，沉积物粒度细，以泥-微晶灰岩为主夹少量砂屑灰岩。纵向上，鲕粒滩沉积与滩间海沉积物多为韵律互层，或者下部为滩间海，上部为鲕粒滩，构成向上变浅沉积序列。

图 5-15　铁北 101，飞三—飞一段，2958.03～2958.14m，粉晶溶孔鲕粒灰岩

3）台地边缘相

台地边缘在地理位置上主要位于主体台地（开阔台地）与斜坡之间，即镶边台地，多沿台地边缘呈条带状或链状断续发育台缘鲕粒滩（图 5-16），滩间为滩间海，铁山地区飞仙关组台地边缘主要发育台缘鲕粒滩。

图 5-16　铁山 5，飞三—飞一段，2860.55m，溶孔鲕粒云岩，溶蚀孔洞呈串珠状分布

（1）台缘鲕粒滩相。

台缘鲕粒滩是指在台地边缘上呈条带状或链状断续发育鲕粒滩，是台地迎风边缘的高能环境沉积，除潮汐作用外，还受较强风浪作用影响，形成鲕粒、砂屑沉积体。下部常为核形石颗粒岩，往上砂屑、鲕粒含量增加。常由核形石灰岩向上变为亮晶鲕粒灰岩，靠近顶部，鲕粒发育程度变好，形成向上变浅的沉积序列，构成厚层—块状的沉积体，单层厚度大。常见各种大型、中型波浪、交错层理构造。鲕粒具有粒度大、圈层发育的特点。由于受风浪作用控制，台缘鲕粒滩常在台地边缘呈条带状分布，并随台地的发展而逐渐迁移，具有明显的穿时性。鲕粒坝沉积厚度较大，分布稳定，常因白云化及溶解作用形成次生孔隙，成为良好的储集层。顶部可发育潮坪沉积。

（2）滩间洼地相。

滩间洼地相尘是台地内部浅水低能沉积地带。来自于广海的波浪在向台内推进过程中，由于受到台地边缘隆起地貌的阻挡作用，波浪到达台地内部时，能量已极大衰竭，使得沉积水体能量低，主要堆积的是细粒沉积物。此外，间歇性的风暴作用可形成不规则状和薄层状的颗粒岩；洼地环境中的局部地貌高地水浅、能量相对较强，可形成延伸范围不广、厚度不大的点滩沉积体。沉积物以灰、深灰色泥晶灰岩为主，夹有云质泥晶灰岩、球粒泥晶灰岩及薄层生屑灰岩。沉积构造以水平层理为主，可见沙纹层理，潜穴发育，见瓣鳃、腹足类化石。勘探实践表明，其岩性均较致密，不能形成优质储集层。

4）斜坡-海槽相

斜坡相位于台地边缘相向海一侧的较深水—深水区，处于浅水台地与深水海槽之间，岩性为中—薄层状球粒泥晶灰岩和薄层状泥质灰岩，发育水平层理，野外可见滑塌变形构造。

海槽相位于台地斜坡向海一侧的较深水区。水动力条件极差，水体循环基本停滞，几乎无底栖生物的存在。岩性为深灰、灰黑色薄层—页片状泥晶灰岩夹褐色薄层钙质泥岩，极薄层的水平层理、小型递变层理。

飞仙关期海槽相沉积对长兴期有明显的继承性，长兴期川东地区北部开江、梁平一带存在开江-梁平碳酸盐海槽，在东侧存在城口-鄂西硅质海槽，开江-梁平海槽向北可能与广旺海槽相连。这一沉积格局一直可持续到飞仙关早期。从目前研究来看，在飞仙关早期开江-梁平海槽与城口-鄂西海槽继续存在，但均已演化为碳酸盐海槽。受印支运动影响，南秦岭洋逐渐闭合，同时由于川东碳酸盐台地不断加积增生，开江-梁平海槽亦从飞一晚期开始迅速消亡，城口-鄂西海槽则逐渐向东退缩至恩施、咸丰以东，一直发育到嘉陵江期才最终消亡。

飞仙关期开江-梁平海槽区除表现在沉积环境与晚二叠世连续过渡外，在沉积厚度上也表现为互补关系。即总体上二叠统薄、飞仙关组厚，大隆组一般小于100m，最薄的仅在20m左右，其上的飞仙关组均大于 700m。这主要是由于该地区在晚二叠世受到张性应力场的控制，基底断裂导致的差异升降活跃，下降断块沉降幅度较大，使开江-梁平地区形成深水的欠补偿盆地环境，堆积的沉积物厚度不大；飞仙关期，区域上的海平面逐渐下降，以及区内古断裂性质发生逆转，使早期海槽区的水体深度逐渐变浅，沉积地貌对长兴期存在一个填平补齐的过程，形成的地层厚度较大。因此海槽相区飞仙关组地层厚度较川东其他地区明显增厚。飞仙关组地层厚度是对长兴期沉积地貌的直接反映。可以通过飞仙关组厚度的补偿来研究长兴期沉积地貌，相反亦可以长兴组的厚度来研究飞仙关早期的沉积地貌，二者相互印证，此消彼长。

2. 滩体展布特征

飞仙关期沉积相纵横向变化大，总体上看是台地相在向北东方向不断扩大，而海槽相相应退缩。

飞仙关组沉积相在纵向自下而上，其相序的变化特征显示水体逐渐变浅，由斜坡逐渐过渡为开阔海，最终趋于局限海的蒸发潮坪沉积。内部包若干个向上变浅的相序变化，旋回特征明显。飞仙关期碳酸盐台地沉积加积和进积特征明显，代表较强沉积水动力条件的鲕粒灰岩在台地边缘最发育，在台地内部其相对丰度降低。而鲕粒白云岩化程度主要受近地表成岩环境的物理化学条件差别的控制。到了飞仙关组晚期，四川碳酸盐台地已逐渐被补偿充填平，实现了地形地貌上的均一化，T_1f^4 发育了一套区域性混积潮坪沉积。纵向上，该地层可分为Ⅰ、Ⅱ、Ⅲ、Ⅳ、Ⅴ五个层序，有利的储集相带（鲕粒坝、鲕粒滩）主要分布在Ⅱ、Ⅲ层序。

5.2 礁滩体识别及分布预测

本次利用基于地震沉积学的地层切片等关键技术对四川盆地长兴组生物礁进行研究，精确刻画预测礁滩体。实践证明，相对于地震地层学和层序地层学，地震沉积学更适合于生物礁沉积相与特征的研究。在生物岩隆相带附近，地震同相轴通常具有穿时特征，利用分频解释可以建立精细的等时地层框架。在等时框架基础上将地震沉积学的相位调整技术、地层切片技术与地震属性分析技术相结合，开展长兴组生物礁沉积相与特征分析。将地层切片技术与地震属性分析技术相结合，比用常规振幅和相位切片在捕获微小的横向变化和展现不同的沉积特征方面更加有效。

5.2.1 长兴组礁滩体识别及分布预测

利用地震资料进行生物礁有利相带预测主要使用了以下方法技术（图 5-17）：地震反射结构；长兴组地震反射时间厚度变化；礁滩储层有利相带地质-地震联合预测技术；古地貌恢复技术；生物礁地层切片预测储层技术；生物礁及鲕滩相控反演储层预测。

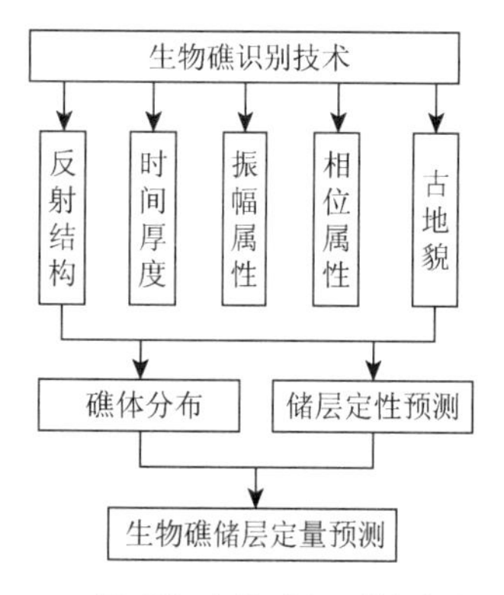

图 5-17 长兴组生物礁识别技术流程图

1. 飞底井震联合对比解释

研究区识别生物礁，对飞仙关组底界的对比解释尤为重要，通过对测井曲线的合成记录标定发现，台地-台缘斜坡上的飞底在合成记录上位于波峰，而在海槽中是位于波谷的，形成这种差异的原因是波阻抗界面的变化，在台地-台缘上飞底的反射界面是从低速的泥岩到高速的灰岩，因此合成记录是波峰反射，而在海槽中飞底的反射界面是从高速的灰岩到低速的泥岩，合成记录是波谷（图 5-18），所以在地震剖面上飞底的波峰是否能连续追踪对比也是我们识别台缘边界的标志之一。

综合岩性及地球物理资料，重新划分了该地区二叠系与三叠系地层界线（重新落实飞底界层位），井震结合重新确定了龙会场地区二叠系台地边缘相带分布。

运用区内外钻井分析龙潭组、长兴组、飞三—飞一段地层沉积厚度变化与地震结合建立礁滩地震相的对应关系联合预测研究，其地层厚度变化有一定规律，测区内显示长兴组由西南到北东逐渐变薄。飞三—飞一段地层沉积厚度与之互补。长兴组钻井厚度统计如表 5-1 所示。

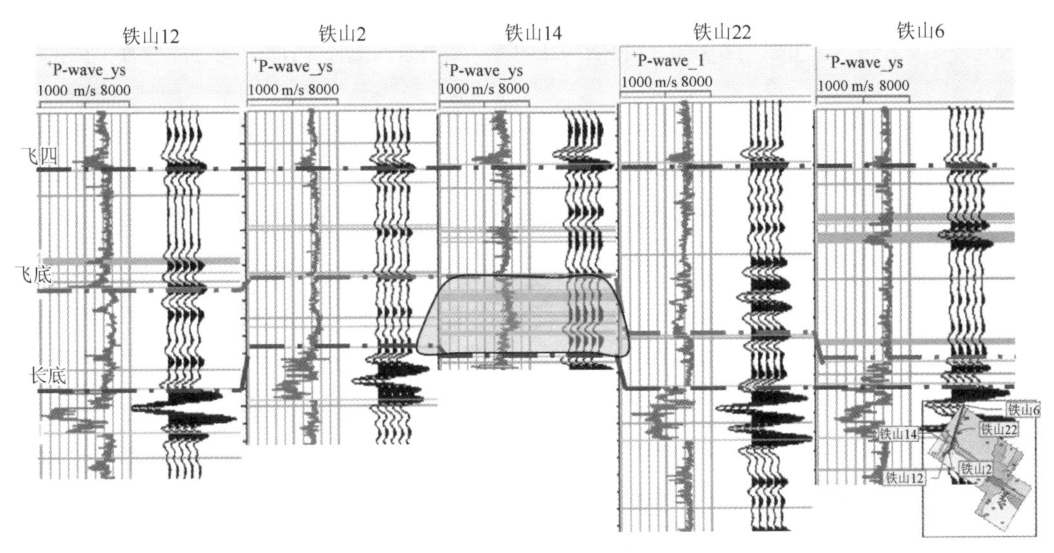

图 5-18　铁山构造连井测井曲线图

表 5-1　长兴组钻井厚度统计表

序号	井位	长兴组厚度（m）	序号	井位	长兴组厚度（m）
1	龙岗 30	283.8	11	铁山 8	46
2	龙岗 6	264	12	铁山 22	58
3	龙岗 27	345.5	13	铁山 13	279
4	龙岗 001-29	160	14	铁山 5	331.5
5	龙会 4	42	15	铁山 4	380
6	龙会 1	35	16	铁山 21	351
7	龙会 2	45	17	铁山 14	296
8	龙会 3	41	18	铁山 2	267.5
9	龙会 006-1	168	19	铁山 12	325.5
10	大田 1	356.5	20	龙岗 81	293.5

其中龙岗 6、龙岗 001-28、龙岗 27、龙岗 001-29、铁山 5 井、铁山 4 井、铁山 21 井、铁山 14 井共 8 口井钻遇生物礁，其中铁山 14 井酸化后产气 $118.02\times10^4m^3/d$，主要为针孔云岩、粉晶灰岩、灰质云岩，其针孔云岩、粉晶灰质云岩储层厚度达 64m，整个储层井段厚达 60m，孔隙度为 2.83%；铁山 4 井产气 $12.99\times104m^3/d$，主要为灰岩、云岩，其储层厚度达 29.2m。

综合地震相特征分析表明，在“开江-梁平”海槽-斜坡的上二叠统顶底时差变小（时差小于 100ms）、地震反射波振幅变强、连续；开阔海台地区二叠统顶底时差增大到 120ms 左右，地震反射波振幅弱、但相对连续，生物礁岩隆相具有上二叠统顶底时差增大、振幅变弱、内部杂乱等地震异常，这是台地边缘礁的地震响应主要特点。区内过生物礁井剖面上仍具有上述生物礁地震响应特征，即在测区北东靠近海槽端，飞一底界地震反射连续，反射能量强—中强，生物礁发育时，飞一底界反射出现上二叠统顶底时差增大、振幅变弱、内部杂乱反射等地震异常，在测区西南靠近台地，其反射能量相对较弱。但整个测区内的已知礁井在地震剖面上仍有一定差异，铁山构造区铁山 5 井已知礁井的地震响应，其井附近段飞一底界反射弱、长兴内部杂乱反射，上二叠统顶底时差在 140ms 左右（图 5-19），双家坝探井（图 5-20）钻遇生物礁，地震响应仍具有上述飞一底界反射出现上二叠统顶底时差大、振幅变弱、内部杂乱等地震异常特征。

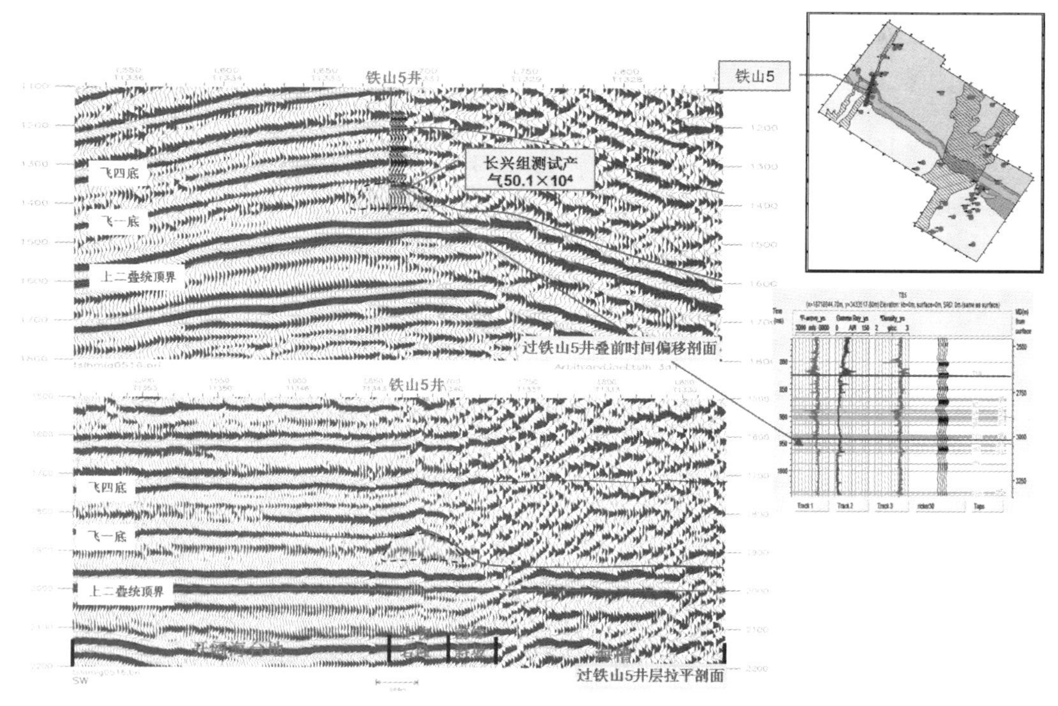

图 5-19　过铁山 5 井常规剖面和层拉平剖面

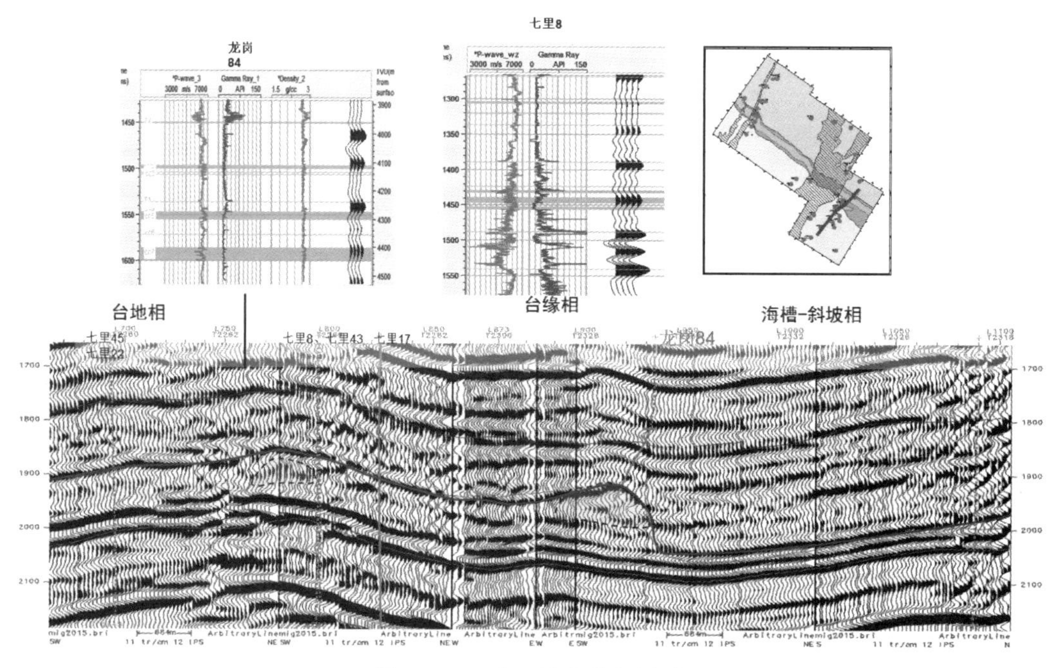

图 5-20　双家坝连井常规剖面

总结区内已知礁井的地震响应是飞底反射振幅变弱、长兴内部反射杂乱、上二叠统顶底的时差增大等异常特征，生物礁发育区两端的飞底的反射波组特征变化明显，礁前的飞底的反射能量强于礁后，上二叠统顶底的时差小于礁后，在龙岗区域上二叠统顶的波组出现由两个到多个相位的变化现象。

2. 地层切片技术及地震属性分析

四川盆地长兴组地层在“开江—梁平海槽”边缘，跨越台地相、岩隆相、斜坡相和海槽相，地层厚度横向变化剧烈，尤其是生物礁发育的生物岩隆相带和斜坡相带。龙会地区长兴组生物礁气藏为典型的复杂气藏，具有地层埋深大、地震频率相对低、地层厚度横向变化大和生物礁储层非均质性强的特点，传统的研究方法主要从地震剖面上做地震相研究，很少从平面上研究生物礁特征，具有一定的局限性，因此提出了利用地震沉积学中地层切片技术研究生物礁特征。这种状况尤其需要应用地层切片技术。通过对长兴组内部沿层振幅切片与地层振幅切片的比较，在底层切片方案中，当沿层时移过大时，在海槽相的时移层位已经穿过长兴组底界，而地层切片方案更具有合理性。在地层切片中生物岩隆相带、斜坡相带和海槽相带特征明显，而在沿层切片上生物岩隆相带特征不明显，说明在分析长兴组内部生物礁特征时使用地层切片要优于沿层切片。

在等时切片制作合理的情况下，属性选择也较为重要，由于瞬时属性受子波旁瓣影响较小，反映范围大，特征也更全面，应作为首选属性，其中瞬时振幅能较好反映岩性特征，瞬时频率具有较好的指相意义且具有厚度概念，而瞬时相位及相干体则能较好地反映断层信息。地震波形是振幅、频率、相位的综合表达，是垂向岩性组合的综合反映，与岩相密切相关，因此可以利用瞬时相位等特征识别生物礁。从地震剖面上可以看出，生物礁礁体具有狭窄、外形上隆、内部反射不连续及相位错乱特征，其中相位错乱尤其明显，因此可以沿长兴顶部做瞬时相位切片，相位杂乱区域为生物岩隆相带。

从地震多属性分析及地层切片技术分析，台缘边界飞底地震反射波振幅、能量、相位等变化可辨别礁滩的边界，在资料好的地区台缘边界较清楚，资料差的边界模糊（图5-21～图5-23）。通过分析飞仙关组底界均方根振幅切片和最大波峰能量切片分析图，不难观察到研究区台缘边界清楚。

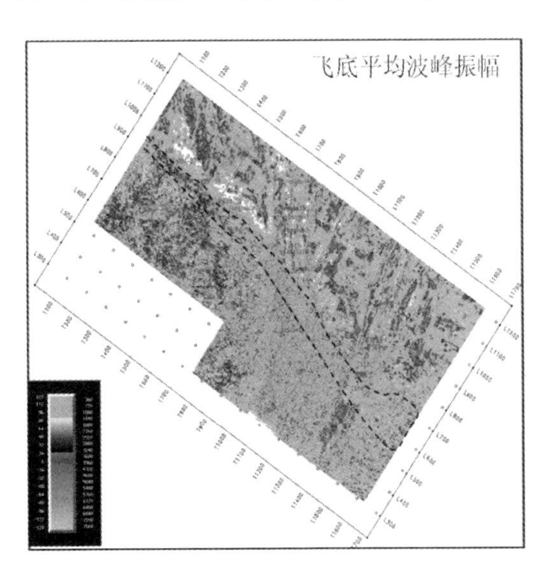

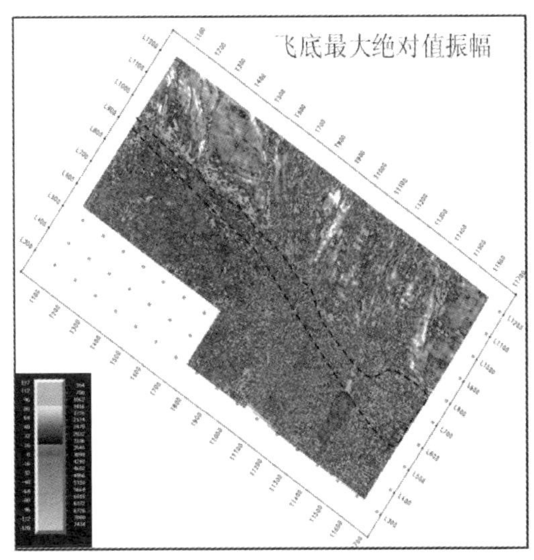

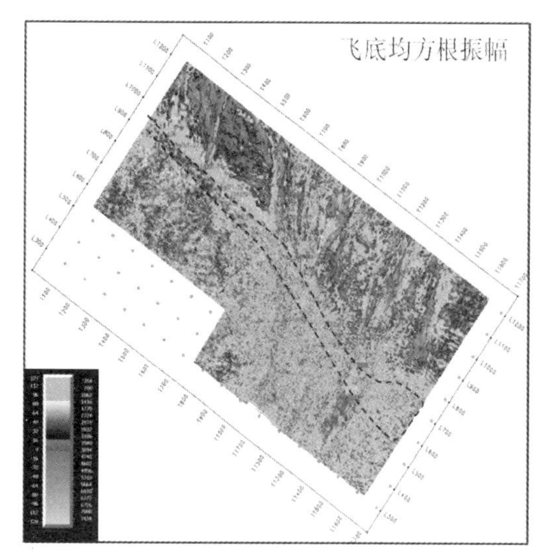

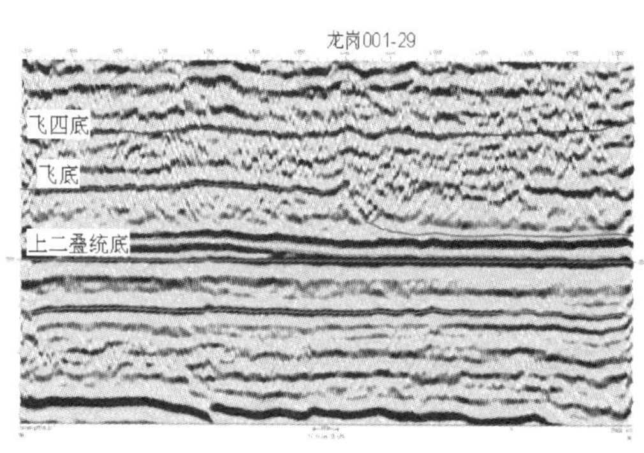

过龙岗001-29井上二叠统底层拉平解释剖面

图 5-21　多种属性振幅切片图

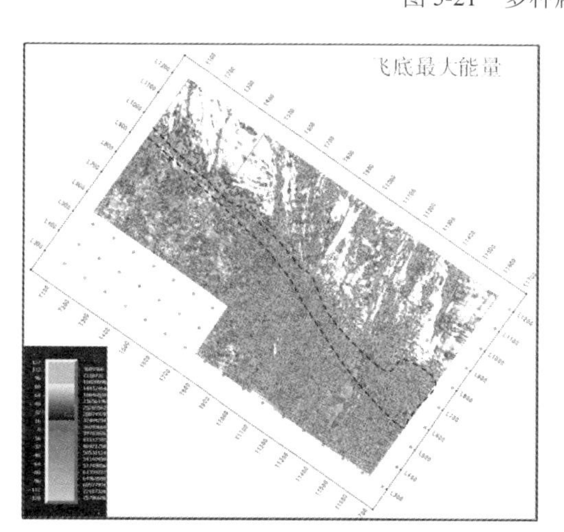

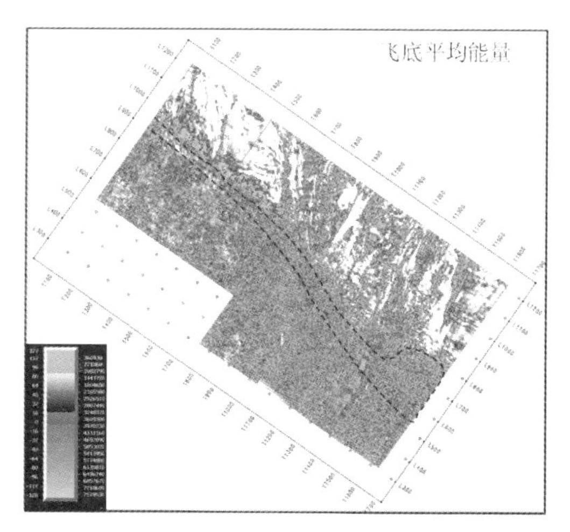

图 5-22　飞底能量变化切片图

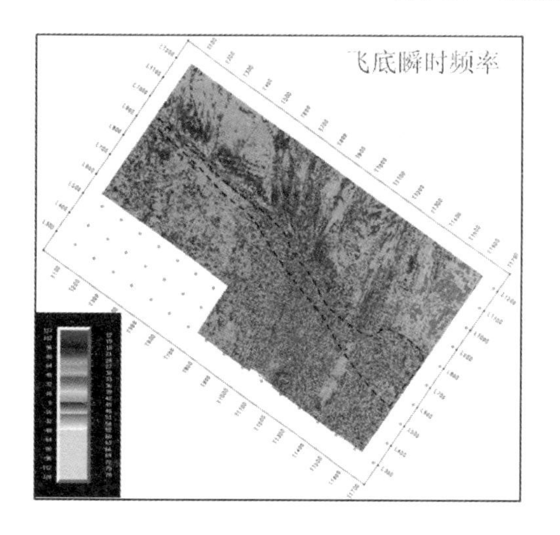

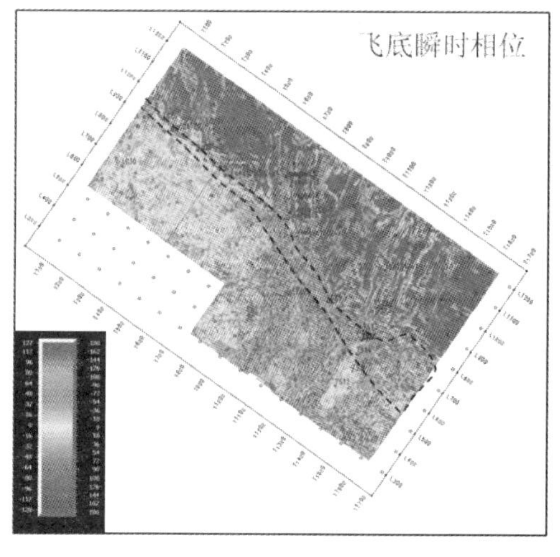

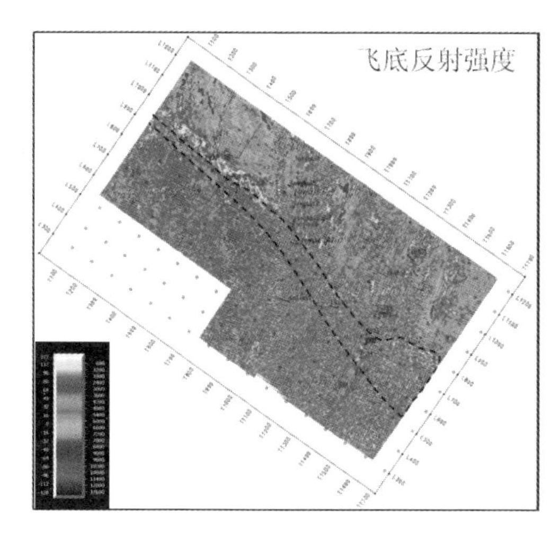

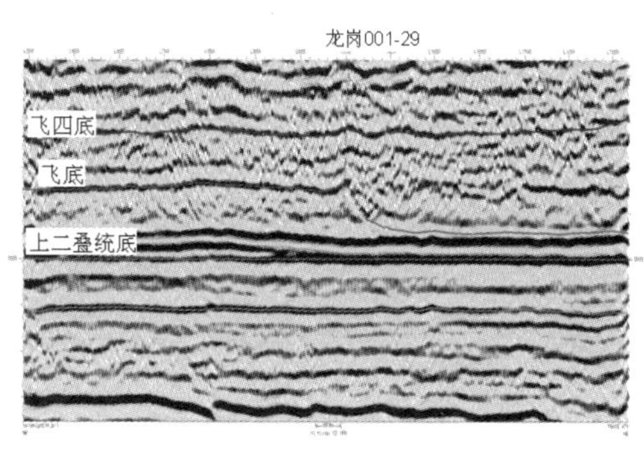

图5-23　飞底属性切片图

综合上述分析，在地震资料解释中从龙潭末到长兴末的变化，台缘带向海槽方向迁移特征，预测生物礁发育有利部位。长兴组沉积前，台地与海槽相带间的坡折带在工区中部已现雏形，但坡度较缓，飞仙关组沉积前，坡折带进一步向台地方向推进，且坡度变陡。陡坡使长兴期处于高能的沉积环境，有利于生物礁的发育。长兴末期，生物礁岩隆形成，台地与海槽间的坡度变陡。

3. 生物礁体刻画

通过测井曲线标定礁储层顶底精细刻画礁体的发育程度。生物礁岩隆为浅海高能沉积环境，水动力较强，有利于生物礁的生长发育，泥质含量较少，与古地貌关系密切，生长环境变化、水动力及沉积旋回等影响礁体的发育程度，通过三维资料连井精细刻画礁体是钻探成功的关键。

由于晚二叠世长兴期靠近海槽部分的长兴组顶部为深海沉积，水动力较弱，泥质含量较多，显示为高伽马，声波速度降低，在地震响应上飞一底界形成强反射界面；而生物礁岩隆为浅海高能沉积环境，水动力较强，有利于生物礁的生长发育，泥质含量少，在长兴组顶部显示为低伽马，在地震响应上飞一底界形成弱反射界面，或杂乱反射，伴随生物礁的生长会出现地震反射“上隆”特征；生物礁岩隆相与台地变化的地方波峰能量减弱，生物礁岩隆与海槽的划分为斜坡转折的地方，台地为浅海沉积，水动力弱，长兴组顶部总体泥质含量较少，多为低伽马，飞一底界反射能量相对变弱，由于长兴早晚期的碳酸盐岩沉积在台地相对稳定，长兴组内部为弱反射、亚平行状波组结构（图5-24）。

综上所述，结合沉积相、地震相的对应关系建立生物礁地震预测总体识别模式，如图5-25所示。

台地相：地震剖面上飞一底为弱振幅，长兴组内部为弱反射、亚平行状波组，上二叠统顶底的时差大于海槽相；

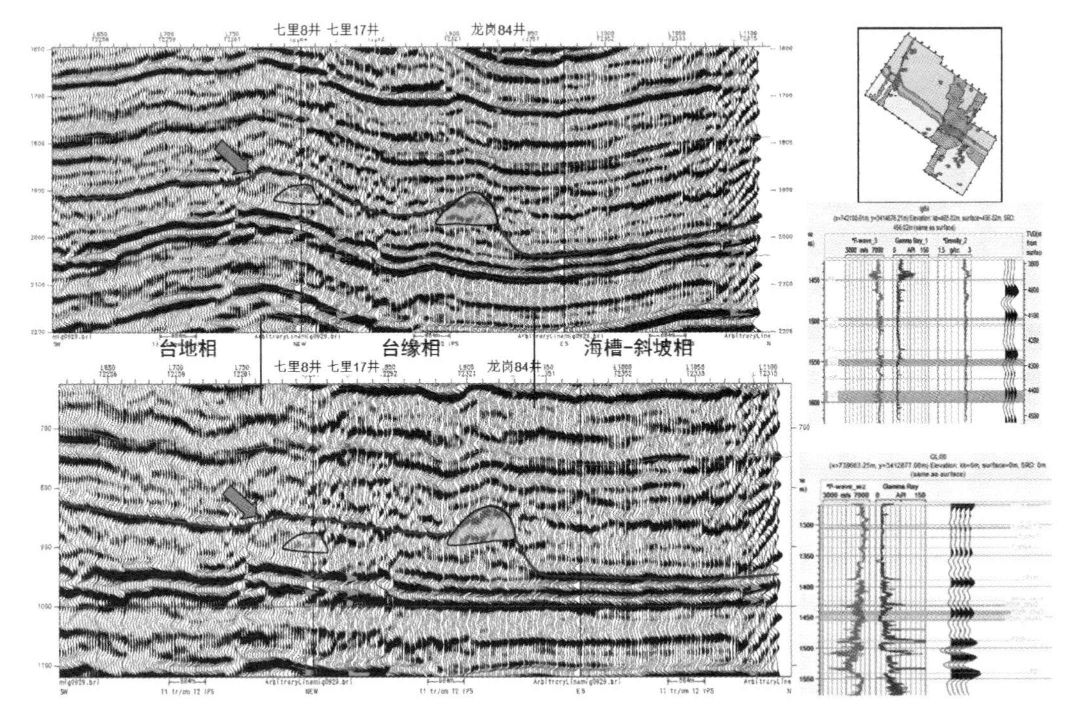

图 5-24 双家坝连井常规剖面和层拉平剖面

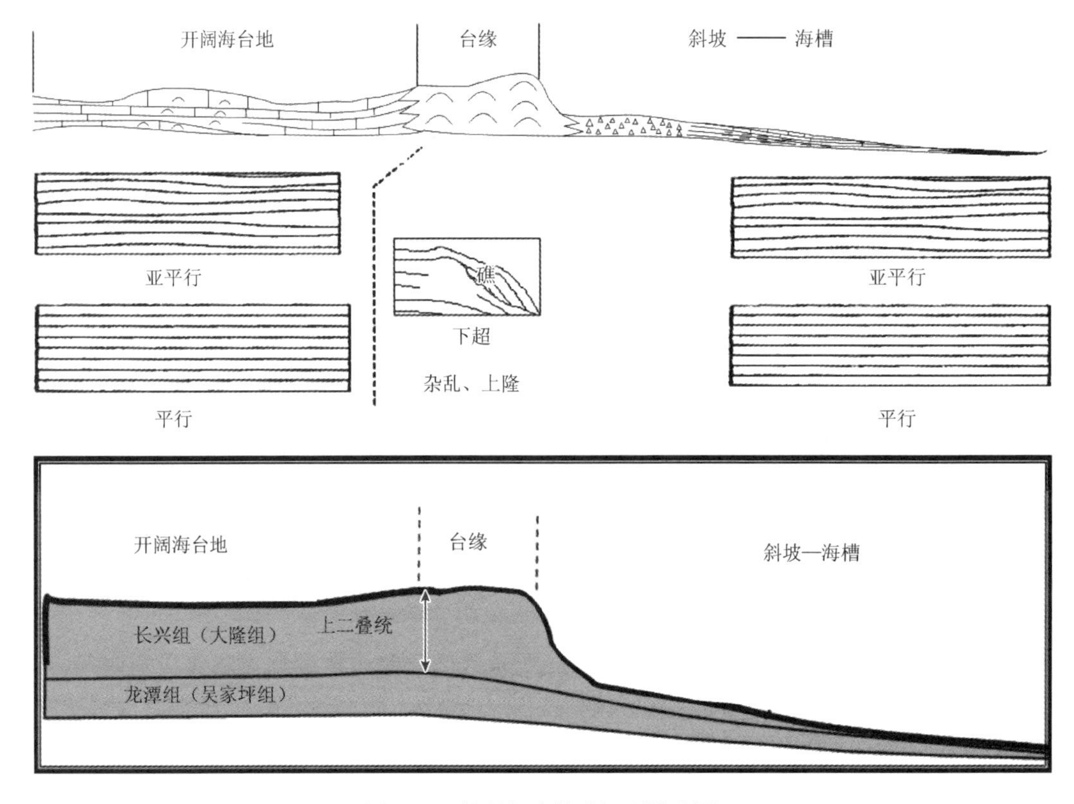

图 5-25 长兴组生物礁识别模式图

前缘斜坡-海槽相：地震剖面上飞一底为强-中强反射、同相轴连续(前缘斜坡-海槽相本次未划分)；

生物礁岩隆相：地震剖面上位于前缘斜坡和台地相之间，飞一底从强-中强反射、同相轴连续等突然中断或者变弱，长兴组内部反射杂乱，或地震反射“上隆”特征，上二叠统顶底的时差增大。根据上述生物礁地震响应识别模式预测了全区范围内生物礁发育有利区。与二维成果比较可知本次三维资料预测的长兴组生物礁台缘相带边界更细致，解释成果更可靠，在工区东边的相带展布位置有差异，并且本轮三维资料对生物礁的岩隆相带做了精细的刻画，这是前轮的二维成果中没有的，因此本轮三维成果更精细，可靠性更高。

5.2.2　飞仙关组礁滩体识别及分布预测

1. 有利相带预测研究思路和方法

研究区飞仙关组储层的发育主要受沉积层序的控制，沉积于高能环境下的鲕滩储层是研究区飞仙关组的主要储层，因此可利用基于地震层序分析方法，预测有利于高能鲕滩储层的沉积相带，为后期勘探部署提供目标，在此基础上再开展储层预测。

开江—梁平海槽填平沉积过程中，经历了台缘带向海槽中心迁移，海槽逐渐变浅，直至飞仙关末期古地势准平原化的十分复杂的过程。受古高地控制的台缘带是飞仙关组碳酸盐岩高能滩相的主要分布区，台缘带的变迁、演化过程可以用地震层序分析方法进行研究。飞仙关组高能滩相的预测思路是：结合钻井、测井资料以及合成记录，分析飞仙关组高能滩相的地质和地震特征；利用地震层序分析方法，根据反射波波组间的相互关系，以区域上能对比的(整合或不整合)地震反射层作为等时面，识别层序界面，划分地震层序，建立地震层序格架；以飞四底为准平原化参考面，恢复飞仙关早中期层序沉积前的古地貌，研究飞仙关时期受古高地控制的台缘带演化、迁移过程，从而预测飞仙关组高能滩相的分布。

2. 井震联合对比解释

本工区共有钻井46口，根据钻井资料统计，13口井均钻遇飞仙关组鲕滩，其中有10口井获工业气流。

从钻井显示，飞三至飞一的厚度从台地到海槽逐渐增厚，以铁山区域为例，可见铁山3井到铁山6井飞三至飞一的厚度增厚情况，从台地的300m增加到海槽的800m。与晚二叠世的上二叠统长兴组厚度变化相反，飞仙关期的沉积特征是填平补齐的过程。飞仙关组的岩性主要以溶孔鲕粒灰岩、灰岩和白云岩为主，而鲕滩储层在台地-台缘主要位于中部或中下部，岩性主要是鲕粒云岩，斜坡-海槽的储层主要位于上部，岩性是鲕粒灰岩，从测井曲线连井图上可见飞仙关组鲕滩储层的发育位置从台地到海槽方向有逐渐向上部发育的现象（图5-26）。

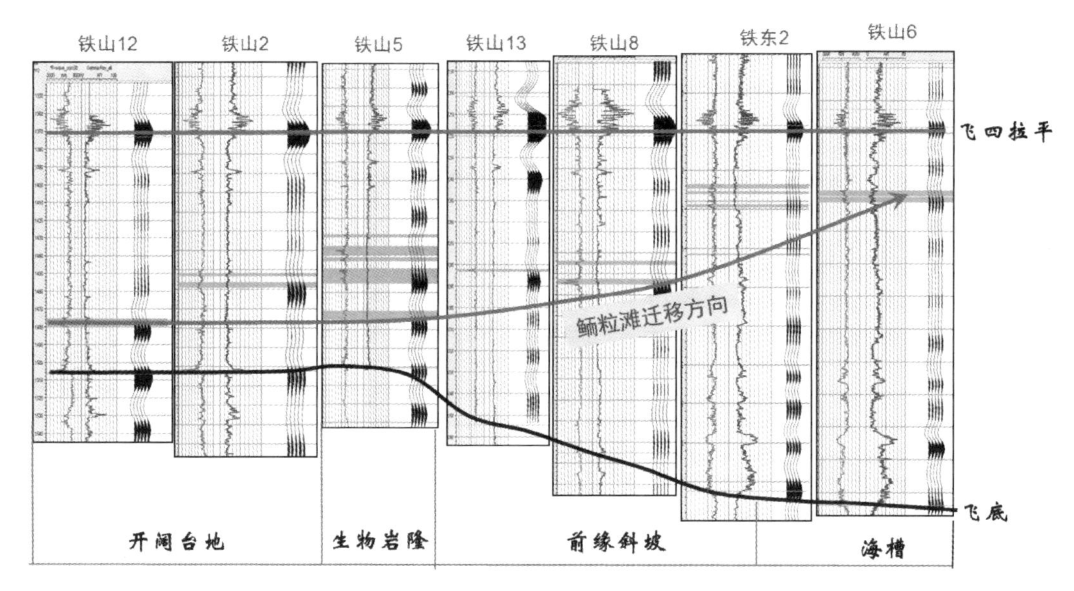

图 5-26　铁山地区测井曲线连井图

在岩相方面，以前大量的研究证实台缘鲕粒坝滩主要在边缘坡度大、水动力作用较强的海槽—台地斜坡边缘的高能环境中，其沉积物颗粒相对较粗，储层相对发育，常呈条带分布，在横向上具有稳定性，在纵向上随着台地前积而迁移。钻井显示看，该类鲕滩沉积岩性多为鲕粒云岩和溶孔云岩、鲕粒灰岩，具有鲕粒层相对厚度大、孔隙发育的良好储集层性质，如铁山 12、铁山 14、铁山 5、铁山 22、铁山 6 井是台缘滩，显示井合成记录上储层为亮点响应（图 5-27）。

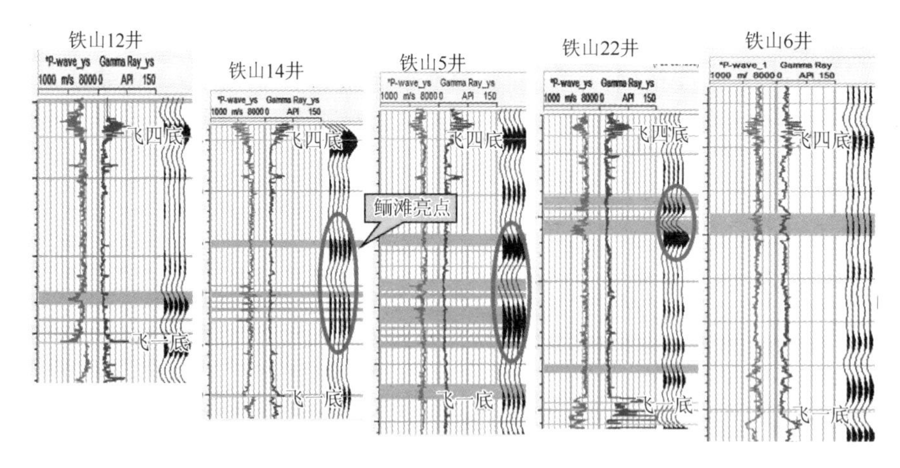

图 5-27　铁山地区测井曲线—合成记录连井图

如区内铁山 5 井是已证实的钻遇飞仙关组鲕滩的井，从地震剖面上可见明显的亮点反射特征（图 5-28）。为更好地识别鲕滩相带的展布特征，我们将本工区双家坝区域的鲕滩井（图 5-29）与铁山区域的鲕滩井（图 5-30）的地震剖面做了对比，发现它们的共同点是龙会场与龙岗的鲕滩储层在剖面上都具有“亮点”反射的特征，不同点是鲕滩的发育位置不同，铁山的鲕滩储层不仅在生物礁台缘上叠置发育，还相对于生物礁台缘有前积的现象，而双家坝的鲕滩储层多发育在生物礁台缘的上部，有前积的现象，甚至台内发育有鲕滩。

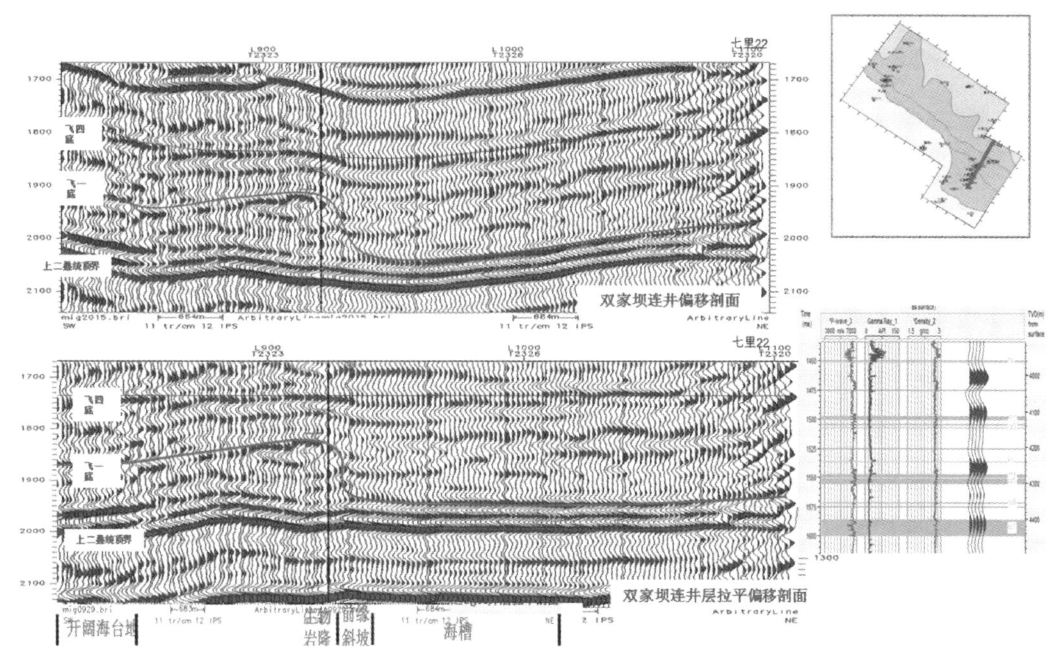

图 5-28　双家坝偏移剖面和层拉平剖面

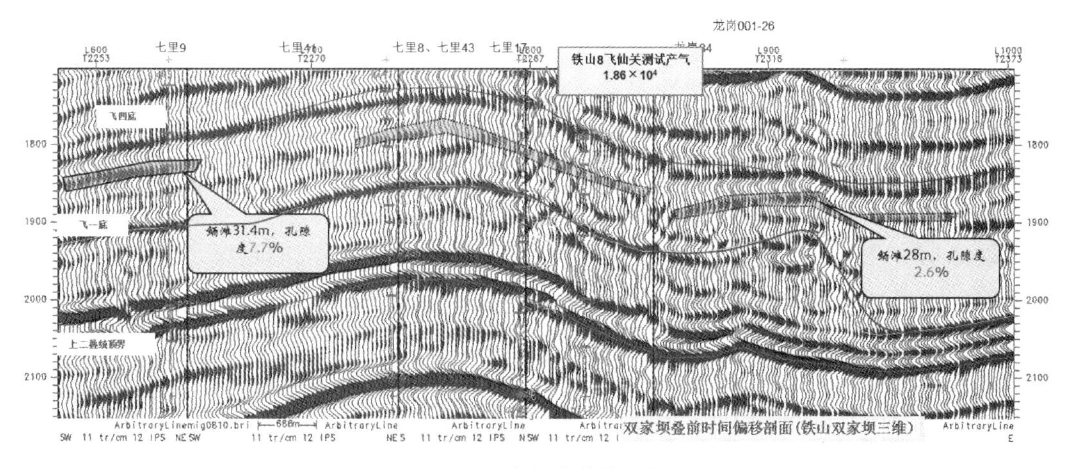

图 5-29　双家坝连井偏移剖面

从已钻井分析可见，本工区不仅发育有台缘滩和台内滩（早期滩），还有前积滩（晚期滩），那么二者在地质与地震上有什么区别呢？利用铁山地区作比较，可见在飞仙关组内部的发育部位和岩性有所不同，台缘滩、台内滩（早期滩）发育的部位在飞仙关组的中部或中下部，岩性主要为鲕粒云岩，前积滩（晚期滩）发育在飞仙关组上部，岩性主要为鲕粒灰岩。在剖面上的地震响应特征也有所不同，台缘滩、台内滩（早期滩）和前积滩（晚期滩）在地震剖面上均为亮点反射特征，但是台缘滩的亮点反射特征更明显。

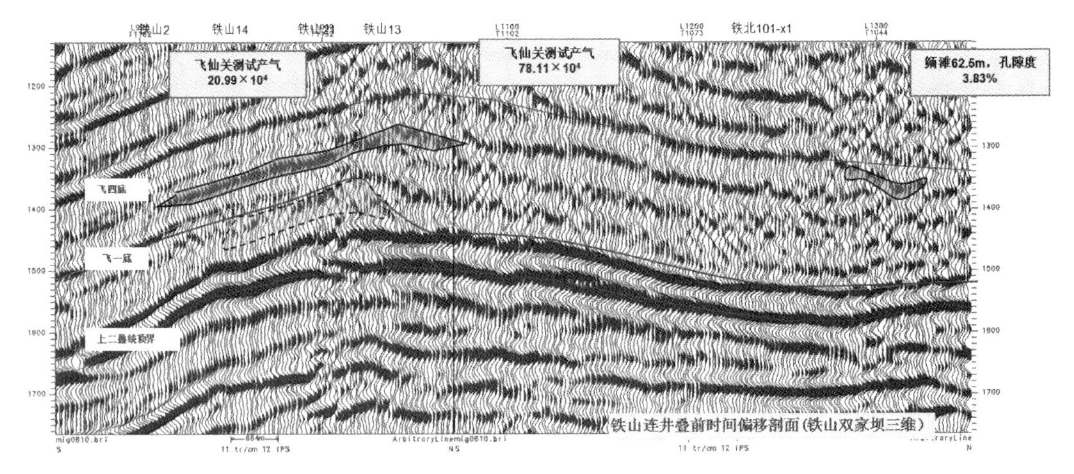

图 5-30 铁山连井偏移剖面

根据前人的研究成果表明，飞仙关组时期就是在晚二叠世沉积的基础上，向上逐渐填平补齐的过程，经历了台缘带向海槽中心迁移，海槽逐渐变浅，直至飞仙关末期古地势准平原化的过程。因此在飞仙关组内部就会发育若干的等时界面，研究者将这些等时界面叫做层序，根据前人研究成果，飞仙关组鲕滩就发育在这些层序的高部位及陡缓转折带，因此要划分出本工区的鲕滩发育有利相带，就要划分出飞仙关组内部的层序。

3. 早期沉积特征及识别

前期大量的研究资料表明，在台地一侧，其地震相以平行反射结构为主，飞三—飞一反射层时差相对稳定；而在前缘斜坡—海槽剖面段，横向对比性差，飞三—飞一层段时差朝海槽方向增加，内部反射层增多，在前缘斜坡段，还可明显见上超、发散等反射结构。飞仙关组内部具有多套旋回沉积，飞仙关组内部的台缘边界也是随海槽沉积的，因此台缘鲕粒坝滩也随之迁移，因此寻找台缘边界就是寻找台缘鲕粒坝滩的发育位置。

结合沉积特征分析，飞仙关期在继承晚二叠世末期沉积环境基础上，碳酸盐台地逐渐发育增生，在礁前形成前积，深水海槽填充，台地边缘坡度大，水动力作用较强，沉积物颗粒逐渐从岩隆向海槽方向堆积至飞仙关末期古地势为准平原化。鲕粒坝沉积从台地浅水朝深水方向区迁移，在台地边缘斜坡的浅水区堆积，礁前可形成前积反射，在台缘斜坡相对深水区的海槽一定范围处于低能沉积环境，泥质含量高，测井曲线显示高伽马，在地震剖面上形成强反射界面，这个界面的出现可以界定飞仙关早期的区域沉积相特征。因此，从上述的沉积环境和地本区飞仙关组钻井、测井资料显示，从海槽到生物礁岩隆间的部分井段在飞仙关组中下部出现高伽马、低声波的泥质灰岩、泥岩，在声波合成记录上显示的中强相位，靠近岩隆时其井段的测井显示伽马变低，声波时差变小，声波合成记录显示弱反射（七里 84 井、铁山 13 井），在地震剖面上没有明显的波形变化特征（图 5-31）。

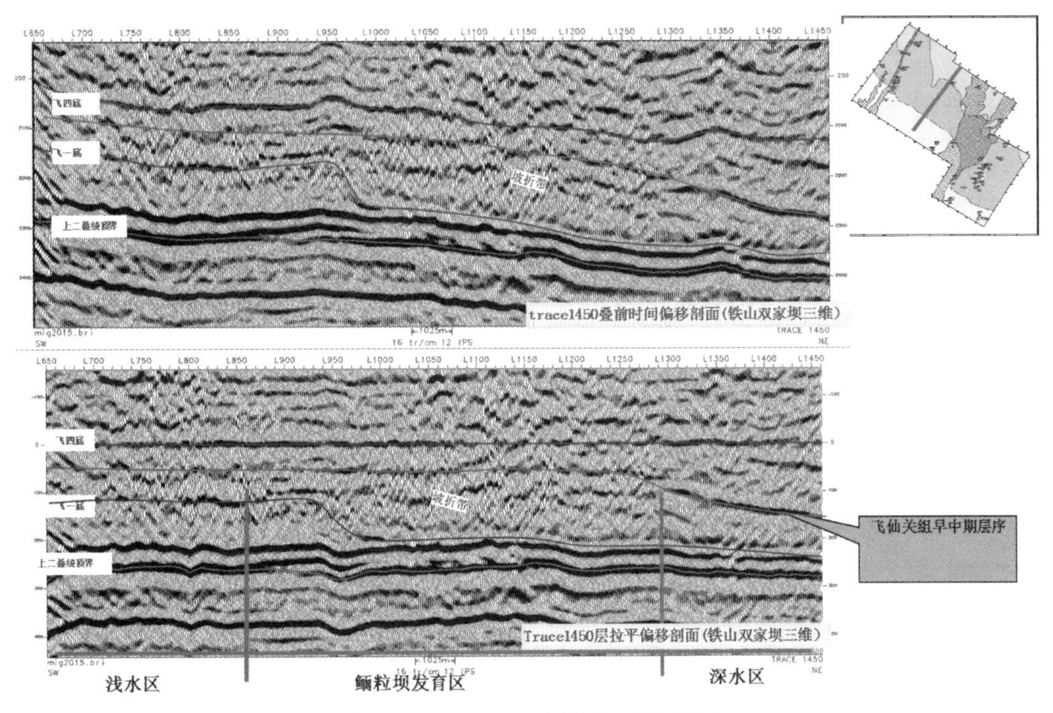

图 5-31　trace1450 叠前时间偏移剖面

根据前人研究成果，该层序为飞仙关组早期层序，在此层序的高部位及陡缓转折带处由于水体较浅、水动力较强，更有利于鲕滩的沉积发育。由于本工区位于川东高陡复杂构造区，受地震资料品质影响，无法追踪对比飞仙关的中期和晚期层序，因此我们主要研究本工区飞仙关组早期层序上较高部位沉积的鲕滩。

通过古地貌分析技术，250m 的线刚好处于飞仙关组早期古地貌比较高的位置，说明当时此位置的水体较浅，水动力作用较强，因此用厚度250m的线作为鲕滩有利区的右边界，用生物礁相带线作为鲕滩有利相带的左边界，预测出本工区飞仙关组鲕滩相带平面分布预测图。

飞仙关组早期层序是鲕滩储层白云化的关键期，因此如何识别和划分沉积环境变化的边界是飞仙关组鲕滩相带预测的关键。在划分出飞仙关组鲕滩的有利沉积相带后，由于鲕滩具有“亮点”的反射特征，因此对全区追踪对比了亮点反射区域，综合分析，“亮点”区域与飞仙关组有利相带重合的区域是飞仙关组鲕滩最有利的发育区域。

本轮三维资料预测的飞仙关组鲕滩相带与2010年比较一致，较2007年二维资料的成果更精细，还在全区追踪对比了“亮点”反射区域，使有利相带划分更细致。本轮二维鲕滩面积为 360.90km^2，三维鲕滩面积为 296.61km^2，三维鲕滩“亮点”面积为 135.15km^2。

第 6 章　生物礁滩储层特征及综合预测

6.1　生物礁滩储层特征

生物礁以其与油气的密切成因联系及重要的学术价值而日益受到沉积学家，尤其是石油地质学家的重视。目前在龙会场—铁山地区二叠系长兴组地层中陆续发现铁山南及龙岗81 井生物礁，并在铁山南发现工业气藏。现今长兴组生物礁已成为该地区主力产气层。因此，开展生物礁滩储层岩石学特征、物性特征、储层分类及评价等研究具有重要的现实意义。

6.1.1　长兴组储层特征

1. *储层岩石学特征*

通过对区内多口钻井岩心、薄片观察，结合区内生物礁气藏储层岩性与物性关系可知，礁核相岩类的原生骨架孔隙在经历了早期的成岩作用后基本被充填殆尽，岩石致密，孔、渗性较差，一般不构成储层。仅在发生白云石化后具备一定储集性能。

生物礁发育过程中造成的生物滩环境中形成的岩石，包括礁基滩相、礁间滩相及礁顶滩相，主要为生屑颗粒岩、生屑泥粒岩，这些岩类沉积后经历了成岩作用的改造形成颗粒白云岩或晶粒白云岩，其白云石含量达到 80%～90%，仅含有少量的方解石、黏土质、沥青以及微量的石英、黄铁矿。面孔率一般可达 2%～10%，礁滩相中常见的各种结构的粉晶—细晶白云岩中尚含有残余棘屑或其他生屑幻影以及原岩结构幻影，表明这些晶粒白云岩的原岩为生屑泥粒岩及颗粒岩类。

区内主要储集岩以生物礁组合中礁滩相的残余颗粒云岩或具颗粒幻影的中—细晶云岩为主，颗粒包括生屑、砾屑和少量砂屑，以生屑为主。而礁骨架岩及灰岩类储集性能较差。

1）颗粒白云岩

颗粒白云岩岩石呈块状，由 0.01～0.1mm 的微—粉晶白云石组成，局部细晶级（图 6-1）。岩石白云石化强烈，白云石含量 90%，由礁灰岩或生物碎屑灰岩白云石化形成，岩石中常可见到残余棘皮、有孔虫、苔藓虫、藻纹层、藻屑等生物残迹。该类白云岩常见晶间孔内充填沥青和方解石，资料分析确定充填白云石晶间孔的方解石为晚期铁方解石。

2）残余颗粒细—中晶白云岩

残余颗粒细—中晶白云岩主要由 0.1～0.25mm 及 0.25～0.5mm 的细—中晶白云石组成，白云石含量和粗细不等，主要为成岩期白云石晶体重结晶而成。该类岩石往往发育有非常好的晶间孔和晶间溶孔（图 6-2），局部沿晶间溶孔发育形成超大溶洞，通常在晶间孔内可见到碳质沥青，晶间溶孔中有成岩自生白云石和方解石充填，而局部溶孔内呈未充填式，该类岩石具极好的储集空间，是有利的储集岩石类型。

3）海绵骨架（云质）灰岩

造礁生物主要为海绵，少量水螅和珊瑚等生物，有时见古石孔藻、苔藓虫、蓝绿藻、管壳石等黏结—联结生物，附礁生物基本同残余海绵骨架白云岩（图 6-3）。格架孔内不同程度充填灰泥和球粒，之后被纤柱状、粒状、连晶方解石胶结物依次充填。白云石化弱，白云石含量小于 10%。

在海绵骨架灰岩与残余海绵骨架白云岩之间存在云—灰岩过渡类型，白云石选择性交代海绵水管系统（图 6-4）和部分附礁生物，如藻类、有孔虫、苔藓虫和腹足等。海绵骨架灰岩、海绵骨架云质灰岩、海绵骨架灰质白云岩的储集空间主要为生物体腔孔洞、格架孔洞及其溶蚀扩大孔洞。

4）角砾状云岩

长兴组砾屑云岩多数为礁角砾岩（图 6-5）。砾石磨圆度低，棱角明显，大小混杂，多形成在靠近海槽及断裂形成陡坡的礁前。长兴组礁角砾云岩平均孔隙度为 3.2%，储集空间为角砾内部的生物溶模孔、粒内溶孔等。

生屑云质灰岩、生屑灰质白云岩是长兴组次要储集岩，生屑种类与生屑灰岩基本相同，白云石化作用较强但不彻底，白云石多呈他形、半自形粉—细晶结构，多选择性交代有孔虫、藻屑、苔藓虫及部分基质。孔隙发育较差，以粒间溶孔、生屑内溶孔及晶间孔为主。

5）泥—粉晶生屑灰岩

生屑灰岩由各种生物碎屑和泥—微晶方解石组成，生屑主要包括棘屑、有孔虫、腕足和藻屑，少量的瓣鳃、腹足、苔藓虫等（图 6-6）。填隙物以亮晶方解石胶结物为主，少量泥晶方解石基质。白云石化弱，含量小于 10%，未见孔隙发育，基本不构成储层。

6）泥晶—微晶灰岩

泥晶—微晶灰岩由泥晶—微晶方解石组成，不含或含少量生物骨屑，偶见骨针、介形虫、腹足、瓣鳃、棘皮、红藻等。灰岩未云化或弱云化，少数钻井样品中可见到石膏假晶。无明显溶蚀作用，孔隙不发育，局部见压溶缝和构造缝，基本不构成储层。

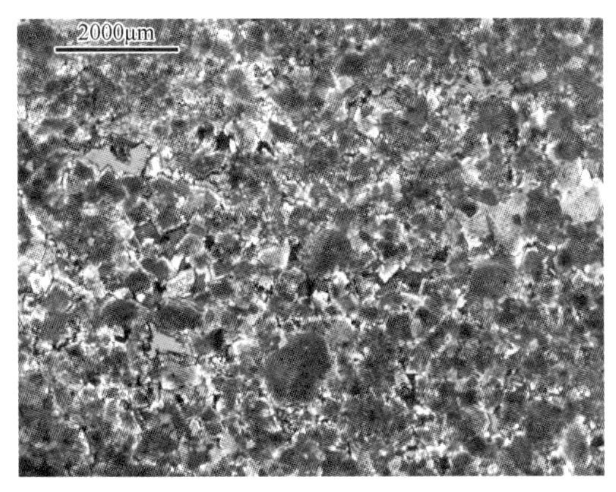

图 6-1　龙岗 82，长兴组，4231.83m，残余棘屑中晶白云岩，粒间溶孔和晶间孔

图 6-2　铁山 14，长兴组，3198.38m，细—中晶云岩，发育晶间溶孔、晶间孔（–）

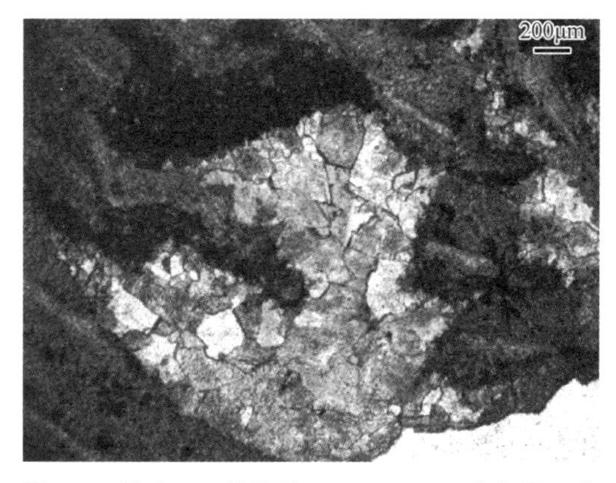

图 6-3 铁山 5，长兴组，3101.34m，礁灰岩，内充填马鞍状白云石，晶间孔发育（–）

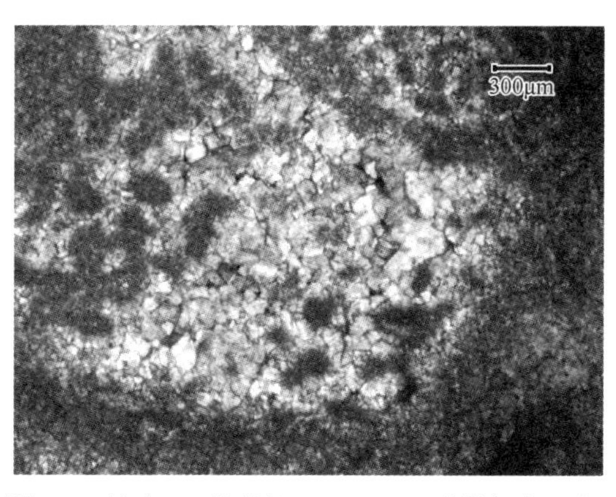

图 6-4 铁山 4，长兴组，3106.1m，礁骨架白云岩，海绵体腔被白云石交代，体腔内发育晶间孔（–）

图 6-5 铁山 5，长兴组，3103.61～3103.73m，礁角砾灰岩，角砾为白云岩，砾间见方解石充填溶洞

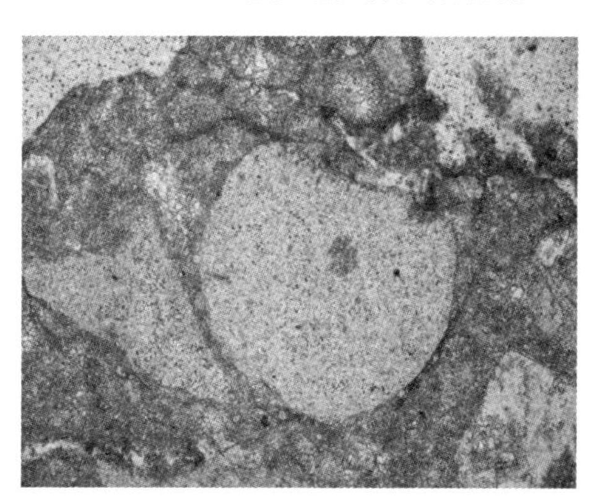

图 6-6 龙岗 81，长兴组，3728m，泥晶生物灰岩，棘皮

2. 储集空间类型

根据区内多口产气井的岩石孔隙类型统计，并通过薄片和扫描电镜等的详细观察，对孔隙类型及发育频率进行分类统计表明（图 6-7）：龙会场-铁山地区长兴组礁滩储层的储

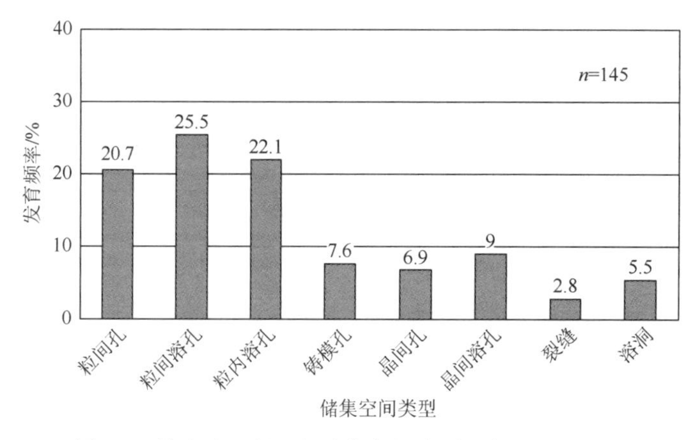

图 6-7 铁山地区长兴组储集空间类型频率分布直方图

集空间多样，其中以粒间溶孔、粒内溶孔、晶间溶孔、晶间孔、溶洞及生物溶模孔为主要储集空间，局部层段溶洞、裂缝发育（表6-1）。

表6-1　长兴组孔隙类型特征表

储集空间类型		特征简述
类	亚类	
孔隙	粒间（溶）孔	主要发育于颗粒云岩，原生粒间孔多被胶结物、沥青充填或半充填，而后又被溶蚀
	粒内溶孔	各种颗粒或晶粒内部由于选择性溶解作用所形成的孔隙。主要分布于部分生物碎屑、海绵、藻屑中
	晶间（溶）孔	主要分布于中细晶白云岩及残余生屑细晶白云岩中，也常见于残余生屑白云岩的粒间泥粉晶基质中
	格架孔	造礁生物格架间孔隙，基本被完全充填
	体腔孔	主要包括造架生物海绵体腔孔、腹足体腔孔，多为溶蚀成因
	铸模孔	颗粒全部被溶蚀形成的孔隙

1）孔隙

粒间孔及粒间溶孔：粒间孔和粒间溶孔是本区长兴组主要的储集空间之一。区内长兴组生屑滩形成后，生屑（主要棘屑）或生物间保留大量的粒间孔，经压实、胶结作用，粒间依然保存一定量的孔隙；残余的粒间孔隙被酸性成岩流体溶蚀，孔隙扩溶形成粒间溶孔（图6-1），而后粒间泥晶方解石基质、亮晶方解石胶结物、白云石胶结物（或交代白云石）经大气淡水溶蚀、埋藏溶蚀改造而成。主要分布于残余生屑白云岩中，也可见于生屑云质灰岩、生屑灰质白云岩及角砾岩中。台缘带的粒间溶孔内沥青较普遍，残余孔径一般为0.2～0.5mm，面孔率多为2%～10%。

粒内溶孔：粒内溶孔是指各种颗粒或晶粒内部由于选择性溶解作用所形成的孔隙（图6-4）。主要分布于部分生物碎屑、海绵、藻屑中。其形态不规则，大小不等，孔径大小一般为1～15mm，面孔率不高，为1%～5%，是区内较为常见的孔隙类型。粒内溶孔本身连通性较差，需要有后期裂缝或（溶扩）残余粒间孔与外界连通，这类孔隙可在早期大气淡水对海绵、藻屑和蜓类进行不完全溶蚀形成粒内溶孔，也可在中成岩期颗粒白云石化后由于有机酸成熟发生溶蚀形成粒内晶间溶孔。要发育在生物（屑）灰岩和生物（屑）云岩中，在生物礁云岩中常见。

晶间（溶）孔：晶间孔广泛分布于细—粉晶白云岩和残余生屑中—细晶白云岩中（图6-2），也见于残余海绵骨架白云岩、生屑灰质云岩、生屑云质灰岩、海绵骨架云质灰岩和海绵骨架灰质白云岩中。晶间孔是白云石化后的残余方解石经溶蚀作用形成，发育在台缘带的白云石晶间孔内，常见沥青充填，残余孔径一般为0.1～0.5mm，面孔率为2%～10%。

格架孔：格架孔为造礁生物格架间的孔隙（图6-8），为残余礁骨架云岩井白云石化和溶蚀作用形成，孔内基本被方解石、白云石、沥青完全充填。

图 6-8 铁山 5，礁灰岩，长兴组，格架孔被充填

2）洞穴

洞穴主要发育在骨架灰岩、骨架白云岩和生屑白云岩中，包括孔隙型溶洞和裂缝型溶洞。孔隙型溶洞为生物体腔孔洞、格架孔洞及粒间溶孔进一步溶蚀扩大而成（图 6-9），连通性较差；裂缝型溶洞为沿构造缝或缝合线局部溶蚀扩大而成，多呈串珠状分布（图 6-10～图 6-11）。

图 6-9 铁山 4，长兴组，格架孔溶蚀扩大形成孔隙性溶洞，方解石全充填

图 6-10 铁山 4，长兴组，裂缝型溶洞

图 6-11 铁山 5，长兴组，高角度裂缝，方解石半充填，见溶蚀孔洞

3）裂缝

裂缝作为一种特殊的孔隙类型，同时起到了储集空间和渗滤通道两种作用，在研究区内普遍发育，现今具有储渗能力的裂缝主要为构造缝、构造溶蚀缝和溶扩缝合线。构造缝（图 6-12）主要分布于台缘带礁滩白云岩中，并被沥青半充填，有效缝宽一般为 0.02～0.05mm；溶蚀缝（图 6-13）主要发育在台缘带残余生屑白云岩和骨架白云岩中，有效缝宽度一般为 0.5mm 到数厘米不等。构造溶蚀缝和溶扩缝合线常充填少量中、粗晶白云石和方解石。

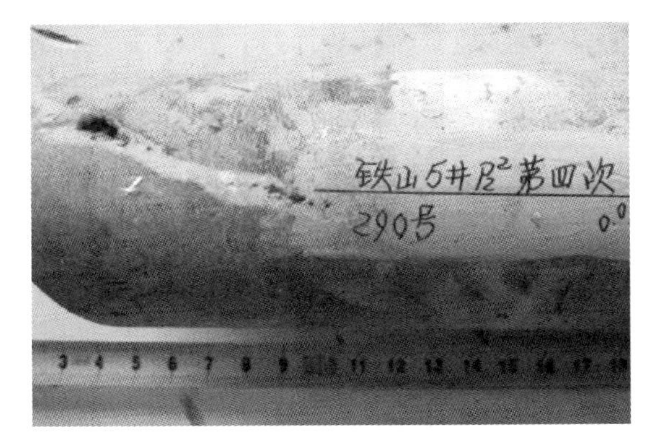

图 6-12　铁山 5，长兴组，高角度裂缝，方解石半充填，见溶蚀孔洞

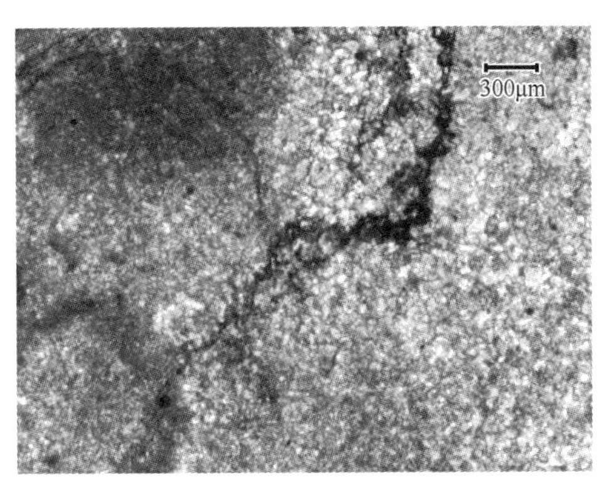

图 6-13　铁山 4，长兴组，角砾状泥粉晶白云岩，见溶缝（–）

区内铁山南地区长兴组生物礁岩心裂缝发育（表 6-2），以构造缝为主。铁山 5 井裂缝主要发育于储层段，有效缝密度达 25.7 条/m，而同井场铁山 4 井为 11.9 条/m。处于礁翼的铁山 14 井有效缝主要发育于白云岩储层中，密度达 16.0 条/m。此外，从成像测井上也看出裂缝普遍发育于长兴组礁组合段（图 6-14、图 6-15）。

表 6-2　铁山气田长兴组岩心裂缝统计表

井号	岩心长（m）	收获率（%）	洞数（个）	总缝（条）	有效缝（条）	有效缝密度（条/m）
铁山 4	18.38	100	12	257	219	11.9
铁山 5	71.08	99.86	54	1894	1827	25.7
铁山 14	27.16	99.52	735	466	434	16.0

在裂缝发育的铁山 5、铁山 14 井见较强的井漏显示。总的来看，构造缝主要发育于铁山 5、铁山 14 井等礁储层发育的部位。

3. 储层物性特征

1）孔隙度特征

利用区内 492 个岩心样品分析资料可知，各样品孔隙度大小差别很大，大部分样品具有低孔低渗的特征（图 6-16）。其中孔隙度大于或等于 2%的样品数（即储层样品）占 31.98%，大于 6%占 4.53%，大于 12%占 0.31%。分析认为，研究区储层物性整体上具低孔特征，孔隙度大多分布在 2%～6%，局部存在高孔。储层以Ⅲ类储层为主。

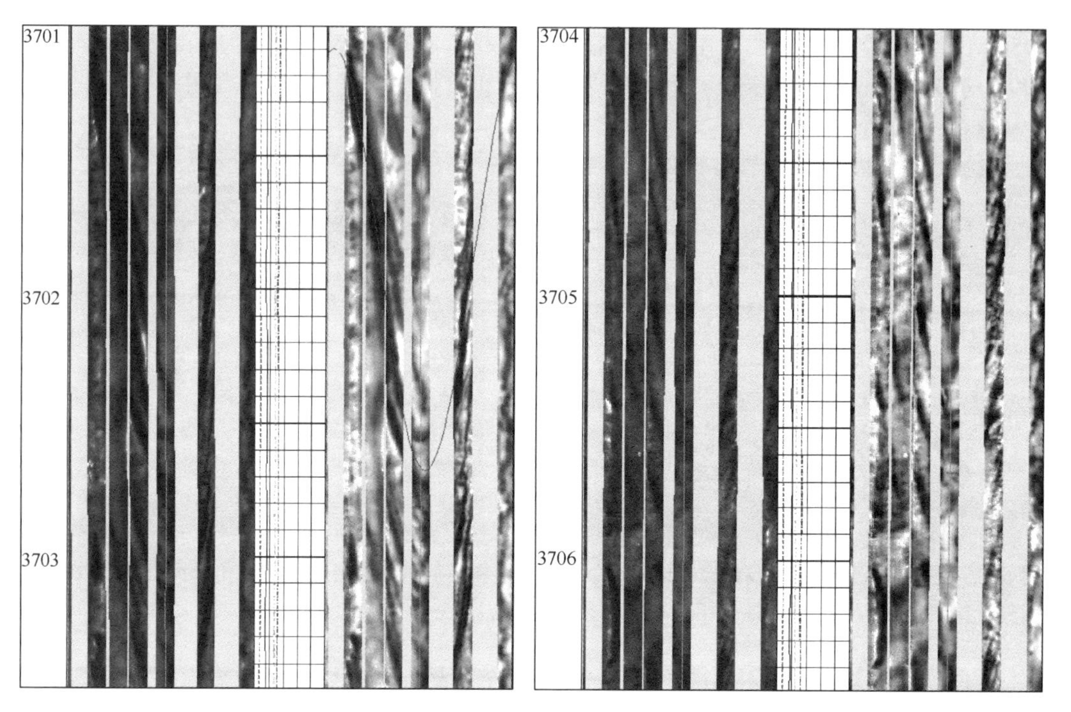

图 6-14　龙岗 81 井长兴组取心段成像测井图　　图 6-15　龙岗 81 井长兴组取心段成像测井图

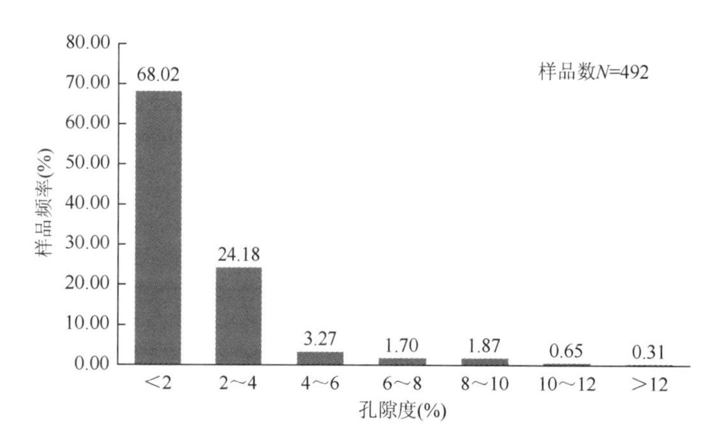

图 6-16　铁山地区长兴组岩心孔隙度频率分布直方图

从岩石类型来看云岩储集物性总体好于灰岩，云岩中生屑云岩、角砾状云岩以及具颗粒幻影的细晶云岩是本区长兴组最有利的储集岩类。孔隙度的大小与白云石含量呈正相关关系（图 6-17）。

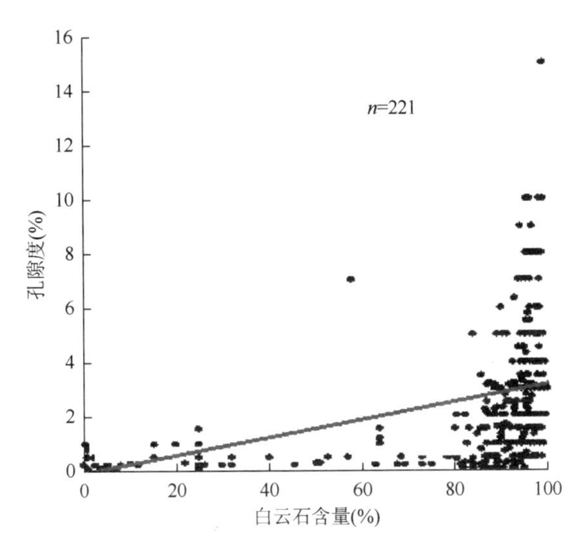

图 6-17　长兴组白云石含量与孔隙度相关图

2）渗透率特征

据区内 362 个岩心样品渗透率资料统计表明，渗透率极小值小于 1×10^{-7}D、极大值大于 0.1D，渗透率级差较大。其中，小于 1×10^{-5}D 的样品数占 34.62%；$1\times10^{-4}\sim1\times10^{-3}$D 的样品数占 28.97%，大于 1×10^{-2} 的样品数占 6%（图 6-18），表明区内储层整体不发育，但局部有高渗层的存在。

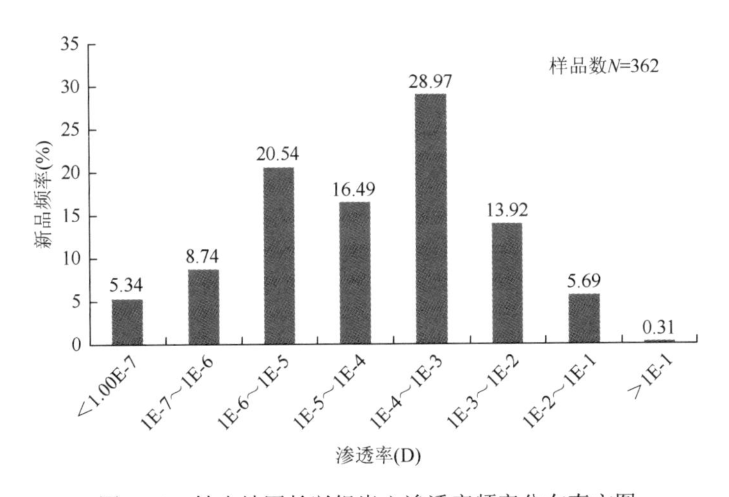

图 6-18　铁山地区长兴组岩心渗透率频率分布直方图

区内取心井的岩心孔隙度及渗透率的物性资料分析表明，长兴组储层总体表现为低孔、低渗的特征，但局部也存在高孔、高渗层。

4. 储层孔隙结构

区内及邻区长兴组碳酸盐岩储层孔隙结构参数统计表明（表 6-3、表 6-4）：长兴组生物礁储层喉道类型以片状喉道、缩颈喉道为主，可见孔隙缩小型喉道。

片状喉道：片状喉道多出现在晶粒状白云岩中，为白云石晶面之间形成的喉道，连接晶粒间的多面体孔隙或白云石半充填的粒间孔隙。喉道宽度较窄，呈片状或楔状。在本区长兴组储层白云石化剧烈，这类喉道类型较为常见。

缩颈喉道：缩颈喉道是指孔隙之间或孔隙内相对缩小部分，缩颈喉道可以是因晶体的生长或是颗粒的自然接触造成。缩颈喉道的特征为孔隙与喉道无明显界线，扩大部分为孔隙，缩小部分为喉道，孔隙与喉道相比，其直径相差不大。缩颈喉道为本区长兴组储层中最常见的喉道类型。

孔隙缩小型喉道：是粒间孔之间的缩小部分，与孔隙很难区分，它既是渗流通道又是孔隙的一部分，也是本区储集岩的重要喉道之一。

根据研究区内长兴组有效压汞样品资料的统计分析，研究区内长兴组储层的各项孔隙参数特征如下：

排驱压力（P_d）：排驱压力又称门槛压力、进入压力，是指孔隙系统中最大连通孔隙所相应的毛细管压力。本区长兴组储层的排驱压力分布范围为 0.08～10.22MPa，平均值为 2.07MPa；长兴组排驱压力较飞仙关组排驱压力低，表明储层孔隙连通性较好。

中值压力（P_c）：中值压力是指进汞 50%时所对应的毛管压力。长兴组中值压力最大为 34.98MPa，最小为 0.56MPa，平均为 14.68MPa，较区内飞仙关组储层的中值压力较高，表明长兴组储层较飞仙关组储层的渗滤能力稍差。

中值喉道半径（R_{50}）：与中值压力值相应的孔喉半径就是中值喉道半径，其值越大，表明岩石对油气的渗滤能力越好，其生产能力也越高。本区长兴组储层的中值喉道半径分布范围为 0.02～1.43μm，平均为 0.34μm。

汞未饱和体积（S_{min}）和退汞效率：长兴组储层的汞未饱和体积分布范围为 9.27%～63.57%，平均 32.36%；退汞效率分布范围为 0.57%～23.29%，平均为 9.62%。表明长兴组储层中小喉道占的比例较多，喉道偏小，退汞效率不高。

表 6-3　区内长兴组储层压汞参数统计表

参数		最大值	最小值	平均值
物性	孔隙度（%）	12.93	1.59	4.86
	渗透率（mD）	2.48	0.002	0.52
压汞参数	排驱压力 P_d（MPa）	10.22	0.08	2.07
	中值压力 P_c（MPa）	34.98	0.56	14.68
	中值喉道半径 R_{50}（μm）	1.43	0.02	0.34
	汞未饱和体积 S_{min}（%）	63.57	9.27	32.36
	退汞效率 We（%）	23.29	0.57	9.62
	样品点个数		11	

表 6-4　区内长兴组储层压汞资料统计表

参数＼物性	孔隙度（%）	渗透率（mD）	排驱压力 P_d（MPa）	中值压力 P_c（MPa）	中值喉道半径 R_{50}（μm）	汞未饱和体积 S_{min}（%）	退汞效率 W_e（%）
1	2.40	0.03	2.55	34.98	0.02	0.39	0.57
2	3.65	0.13	0.62	15.48	0.05	34.36	16.61
3	1.59	0.02	5.11	0.00	0.00	63.53	2.24
4	3.49	0.00	1.27	22.72	0.03	34.99	12.73
5	8.03	1.16	0.08	3.72	0.22	14.99	23.29
6	2.28	0.04	0.16	12.71	0.04	38.22	7.07
7	7.68	1.78	0.08	0.68	1.13	13.69	8.34
8	2.86	2.48	2.55	34.18	0.02	33.05	12.82
9	1.74	0.01	10.22	0.00	0.00	57.46	1.12
10	6.80	0.01	0.08	7.07	0.12	17.58	9.63
11	12.93	0.01	0.08	0.56	1.43	9.27	11.36

5. 储层类型

根据区内岩心描述、物性分析及测井解释等静态资料结合试采、压力恢复等动态资料综合分析认为，区内长兴组储集类型主要为裂缝-孔隙型。储层主要以各种溶蚀孔隙作为储集空间。

铁山南长兴组生物礁储层平均孔隙度低，仅 3.3%，但比裂缝孔隙度仍然大一个数量级（铁山 5 井构造缝的裂缝孔隙度为 0.15%～0.2%），因而储集空间仍以孔隙为主，裂缝主要起渗滤通道作用。铁山 14 井长兴组关井压力恢复导数曲线在关井时间 1500～3000s 存在一下凹（图 6-19），反映储层为双重介质，说明铁山南长兴组生物礁储层的储集类型为裂缝-孔隙型。

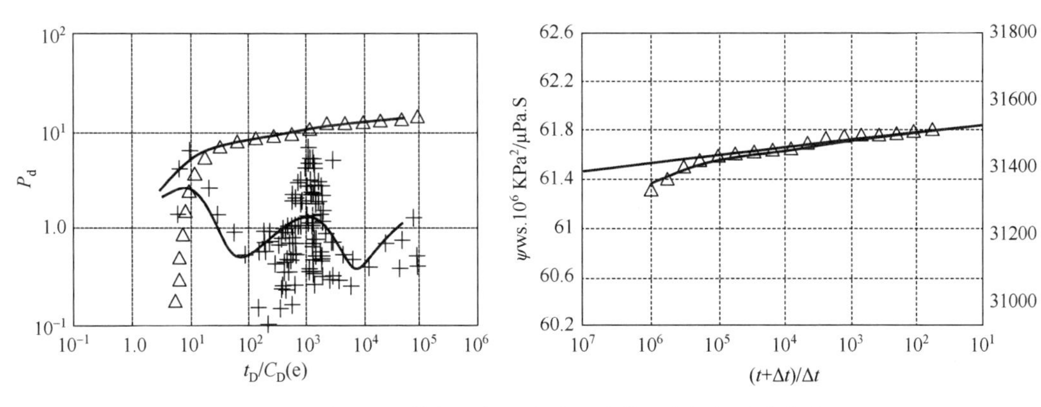

图 6-19　铁山 14 井长兴组一次酸后关井压力恢复导数曲线

裂缝-孔隙型储层主要表现为储层孔隙度较高，为主要的储集空间，储层受小、微缝沟通，储渗能力因裂缝的参与而有所加强。孔渗关系表现为孔隙度与渗透率具有较好的相关性，渗透率随着孔隙度的增加而增加。统计长兴组 795 个孔渗资料可知，长兴组孔渗数据总体表现为渗透率随孔隙度的增加而增加的孔隙型储层特征，可看出裂缝和孔隙对储层的影响均较强。

6. 储层分类及评价

根据区内及邻区长兴组的岩心物性和孔隙结构资料、综合利用各种主要的物性参数，对研究区内长兴组储集岩分类（表 6-5）。

Ⅰ类储层：定量指标为孔隙度大于 12%，平均基质渗透率大于 20mD。毛管压力曲线位于左下方，S 型特征明显，具有低排驱压力、低饱和中值压力、中值喉道较宽的特点，其中饱和度中值喉道半径（R_{50}）大于 4μm，饱和度中值压力（P_{c50}）小于 1MPa，束缚水饱和度（S_W）小于 10%。Ⅰ类储层属于优质储层，据对压汞资料研究及区内一些采出程度高的碳酸盐岩气藏采出情况统计，Ⅰ类储层自然采收率一般可达 90%。

Ⅱ类储层：定量指标为孔隙度为 6%～12%，渗透率一般为 0.2～20mD。毛管压力曲线较平滑，为相对均质储层，具有适中的排驱压力、饱和度中值压力及中值喉宽的特点，其中饱和度中值喉道半径（R_{50}）为 0.4～4.0μm，饱和度中值压力（P_{c50}）为 1.0～10.0MPa，束缚水饱和度（S_W）10%～25%。Ⅱ类储层属于良好储层，此类储层的自然采收率一般可达 75%左右。

Ⅲ类储层：储集岩主要为云岩及含灰质云岩，孔隙度的定量划分指标为 2.5%～6%，渗透率一般为 0.01～0.2mD。毛管压力曲线分段特征明显，为非均质性储层类型，具有较高的排驱及中值压力，饱和度中值压力（P_{c50}）一般为 10.0～40.0MPa，中值喉宽（R_{c50}）较小，一般为 0.02～0.4μm，束缚水饱和度（S_W）可达 25%～50%。Ⅲ类储层属于较差储层，此类储层自然采收率一般为 50%左右。

Ⅳ类（非有效储层）：主要岩性为泥—细粉晶云岩、生物灰岩，岩性致密。划分指标孔隙度值小于 2.5%，岩心分析渗透率小于 0.01mD。毛管压力曲线分布于右上方，中值压力（P_{c50}）大于 40MPa，中值喉道半径（R_{50}）小于 0.02μm，束缚水饱和度（S_W）一般大于 50%。

表 6-5　工区长兴组储层分类评价表

对比项目		储层分类			
		Ⅰ	Ⅱ	Ⅲ	Ⅳ
岩性	长兴组	生屑云岩溶孔云岩	细粉晶云岩 生屑云岩、骨架岩	细粉晶云岩、生屑云岩、云质灰岩	微晶灰岩
储层物性	孔隙度（%）	≥12.0	12.0～6.0	6.0～2.0	＜2.0
	渗透率（μD）	≥20	20～0.2	0.2～0.01	＜0.01
压汞参数	排驱压力（MPa）	≤0.1	0.1～1.0	1.0～10	≥10
	中值压力（MPa）	≤1.0	1.0～10	10～40	≥40
	中值半径（μm）	≥4.0	4.0～0.4	0.4～0.02	≤0.02
	束缚水饱和（%）	≤10	10～25	25～50	≥50
评价		好的储层	较好储层	较差储层	非储层

根据区内储层不同参数的相关系数可知，孔隙度与排驱压力、中值压力、均值为负相关，相关系数为–0.80、–0.79 和–0.83；孔隙度与最大孔喉半径、中值孔喉半径、分选系数及变异系数为正相关，相关系数分别为 0.80、0.79、0.70 和 0.84，表明孔隙度与表征孔喉大小和连通性的特征参数的相关性均很密切，说明生物礁储层的孔渗性呈正相关。孔隙度与分选系数的相关系数较低为 0.70，表明生物礁储层的孔隙是非组构选择性溶蚀作用形成，分选性较差。根据所反映孔隙结构特征亦可将生物礁储集岩分为 4 类，与上述碳酸盐岩储层的 4 类分类标准有较好的对应关系（图 6-20）。

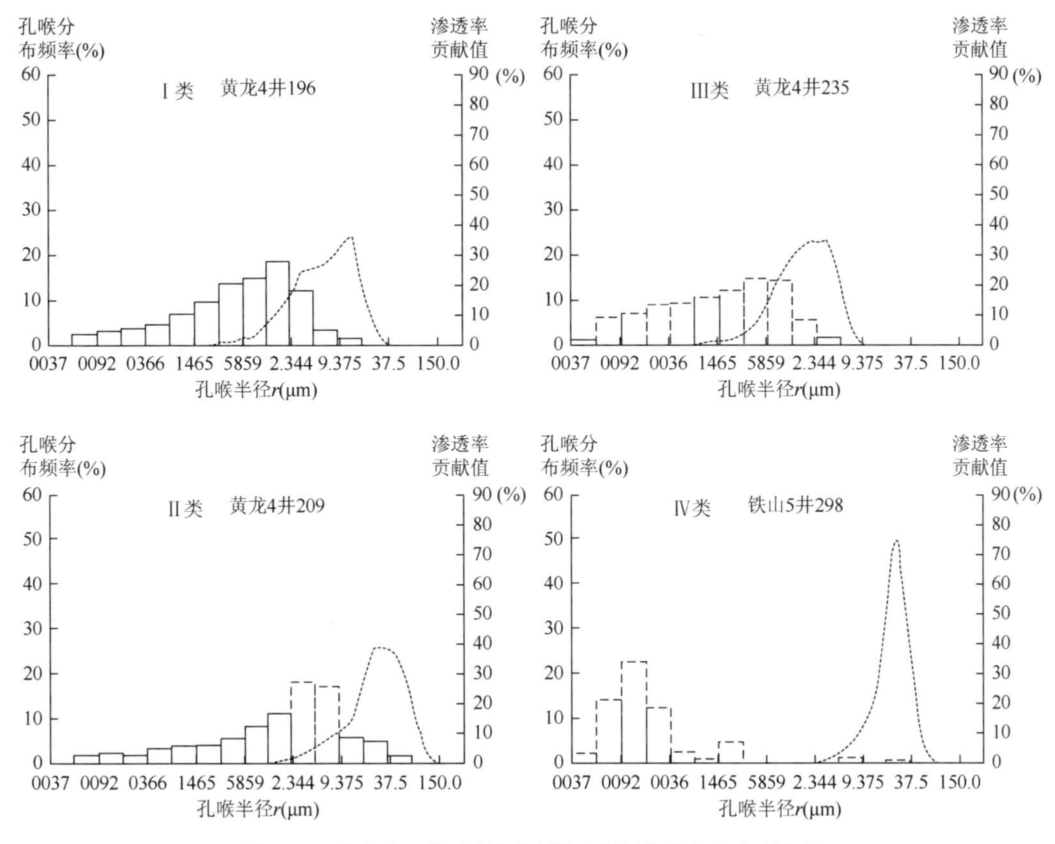

图 6-20　龙会场—铁山地区及邻区典型井孔喉分布直方图

Ⅰ类是粗—中孔喉，连通性好，粗歪度，排驱压力、中值压力均低，压汞曲线形态为左凹，平台低且宽，但略为上倾。

Ⅱ类是中—粗孔喉，中—粗歪度，孔喉连通性、分选性较好，排驱压力与Ⅰ类孔喉相关不大，但中值压力却高得多，压汞曲线形态为一条倾斜而上的斜线，左凹不明显；或者是排驱压力和中值压力都比Ⅰ类高得多，分选较好，曲线形态左凹，平台较宽，但很高。

Ⅲ类是中—细孔喉，中—细歪度，排驱压力和中值压力都很高，曲线形态无平台，为倾斜而上的斜线。

Ⅳ类为细孔喉，细歪度，排驱压力和中值压力都极高，R_{50} 为 0.08μm，几乎无渗透性，压汞曲线形态为右凸。

根据研究区及邻区内长兴组生物礁储层资料统计发现，生物礁储层多为Ⅱ、Ⅲ类储层，未见Ⅰ类储层。

6.1.2 飞仙关组储层特征

1. 岩石学特征

根据区内 12 口井 357.2m 岩心描述、物性分析及测井解释资料分析认为，研究区内飞仙关组储层为鲕粒滩经历不同程度白云石化、不同时期溶蚀作用及裂缝改造的结果。储集岩主要为溶孔鲕粒白云岩、残余鲕粒粉—细晶白云岩、具溶孔鲕粒灰岩或灰质云岩类。其中溶孔残余鲕粒白云岩、粉—细晶白云岩储集性相对较好（表 6-6）。

表 6-6　研究区飞仙关组不同岩性孔隙度统计表

岩性	平均孔隙度（%）	范围（%）	样品数（%）
溶孔残余鲕粒白云岩	10.87	2.11～22.41	31
溶孔亮晶鲕粒（砂屑）灰岩	5.47	2.61～15.67	50
晶粒白云岩	3.62	1.33～8.76	23
鲕粒（砂屑）云质灰岩	1.44	0.70～4.58	106
亮晶鲕粒灰岩	1.21	0.11～3.56	142
亮晶豆粒灰岩	1.26	0.57～2.09	11
亮晶砂屑灰岩	1.04	0.30～3.82	43
泥粉晶灰岩	0.82	0.06～1.43	296

区内铁山南为鲕粒云岩类和溶孔鲕粒灰岩类储层，铁山北飞仙关组（T_1f^{3-1}）储层段为一套泥—细粉晶灰岩夹厚度不等的亮晶鲕粒灰岩、亮晶残余颗粒灰岩、砂屑灰岩，局部云化不均。从铁北 101 取心段及铁山北 1 井录井资料看，飞仙关组上部岩性主要为灰褐、灰色细粉晶灰岩；储层段发育在飞仙关组中上部，约距飞三—飞一顶 50～80m，其岩性为褐灰或灰褐色、浅灰色泥晶、细粉晶灰岩，间夹数层不等厚溶孔鲕粒灰岩。龙会场主要是溶孔鲕粒云岩类储层，其次为溶孔灰岩类，还有少量鲕粒云岩及泥粉晶云岩，目前来看，龙会场构造除常见的溶孔鲕粒灰岩类储层外，溶孔灰岩类储层主要分布在龙会 2、龙会 6 井区，鲕粒云岩及泥粉晶云岩主要分布在龙会 3、龙会 5 井区。

1）具溶孔残余鲕粒白云岩

具溶孔残余鲕粒白云岩云化程度普遍较高，白云石含量＞90%，是鲕滩储层中最好的储集岩类。在岩心可见鲕粒残余结构，薄片中其残余结构和幻影结构更加明显。鲕粒溶孔云岩的岩心疏松，岩心比重相对轻，结构较粗，分选性好，溶孔十分发育，岩心可见面孔率可达 3%～10%，孔隙度一般为 6%～25%。孔隙类型一般是残余鲕粒之间溶孔、溶蚀扩大孔和晶间孔，有时会出现负鲕孔或铸模孔（图 6-21）。纵向上主要分布于飞一的上部或近顶部。

2）粉—细晶白云岩类

粉—细晶白云岩类以细粉晶白云石（图 6-22）为主，含少量细晶白云石。白云石化强烈。常具颗粒幻影（图 6-23）。孔隙一般以晶间孔为主，孔隙度一般为 1%～6%，可形成 III 类储层。残余鲕粒白云岩中出现较多石膏和方解石胶结物时，孔隙度会明显降低，与亮晶鲕粒的岩孔隙度相当，但这种情况所占的比例不高。

3）溶孔亮晶鲕粒（砂屑）灰岩类

溶孔亮晶鲕粒（砂屑）灰岩类是工区主要的一种储集岩类（图 6-24）。主要发育于斜坡区的铁山北与龙会场区块，溶孔鲕粒灰岩的结构较差，分选性一般，溶孔发育较差，仅在个别井区发育较好，如铁北 101，岩心可见面孔率可达，1%～5%，孔隙度一般为 2%～13%。孔隙类型一般是残余鲕粒之间溶孔、溶蚀扩大孔，有时会出现负鲕孔或铸模孔。纵向上主要分布于飞仙关组的上部。孔隙成因可能因为时常暴露于大气淡水，因而早期淡水溶蚀现象普遍。

图 6-21　铁山 5，飞三—飞一段，2863.32m，残余颗粒粉细晶白云岩，粒间溶孔、晶间溶孔发育，面孔率 15%

图 6-22　铁山 5，飞三—飞一段，2853.36m，细粉晶云岩，晶间溶孔被沥青半充填，面孔率 5%（–）

图 6-23　铁山 5，飞三—飞一段，2862.38m，残余颗粒细晶云岩，晶间孔发育，面孔率 20%（–）

图 6-24　铁北 101，飞三—飞一段，2958.03～2958.14m，粉晶溶孔鲕粒灰岩

2. 储集空间类型及特征

铁山-龙会场地区飞仙关组储集空间虽然仍可见孔、洞、缝三大类，但与川东北飞仙关组储层相比，储集空间相对较简单，主要以粒内溶孔、粒间溶孔、晶间溶孔及晶间孔为主，其余孔隙（洞）类型相对较少，裂缝相对发育为主要渗滤通道（表 6-7）。

表 6-7　研究区飞仙关组储集空间类型及特征简表

空隙类型		特征简述	主要岩性
类	亚类		
孔隙	粒内溶孔	鲕粒或砂屑内被选择性溶蚀形成的孔隙	鲕粒云、灰岩
	粒间溶孔	鲕粒或砂屑之间形成的孔隙，多被溶蚀扩大	鲕粒云、灰岩
	晶间溶孔	白云石或方解石晶体间被溶蚀扩大的孔隙	细粉晶云岩、细晶云岩、残余鲕粒云岩
	晶间孔	晶粒云岩或灰岩之间由晶体相互支撑形成的原生孔隙或晶间隙	晶粒云岩、灰岩
	铸模孔	鲕粒或生物（屑）被全部溶蚀而形成的孔隙	鲕粒云、灰岩或生屑云岩
	溶孔	非选择性溶蚀岩石所形成的孔隙	各类岩石
洞穴	孔隙性溶洞	沿孔隙溶蚀扩大，成层分布	鲕粒云、灰岩
	裂缝性溶洞	方解石或白云石晶斑被溶蚀形成	各类岩石
裂缝	成岩缝	由于岩石失水收缩破裂形成，多呈网状或水平状分布	细粉白云岩
	构造缝	由于构造作用而形成的裂缝，绝大部分被充填	泥细粉晶灰、云岩为主，此为粒屑云岩
	溶蚀缝	其他裂缝被再溶蚀形成	各类岩石
	压溶缝	岩石受压实压溶作用形成，多以缝合线形式存在	各类岩石

1）孔隙

粒间溶孔：分布于鲕粒、砂屑等颗粒之间，粒缘及胶结物被溶蚀形成，孔隙多呈不规则的港湾状分布（图 6-21），连通性较好；孔隙内可充填有自形晶白云石及沥青，溶孔大小 0.5～2.0mm，面孔率一般可达 2.0%～5.0%，连续性好。

晶间孔：孔隙主要分布于白云石结晶颗粒之间，属于白云化过程中体积缩小的剩余空间或由于晶体生长时，彼此间相互抵触所残留的空间，一般以晶间裂隙或不规则契形或多边形出现，连通性相对较差。

粒内溶孔：是鲕滩储层的主要孔隙空间，发育十分普通，是对鲕粒选择性溶蚀形成，鲕粒原始结构基本已被破坏，多数以负鲕或残余鲕形式出现，连通性较好，溶孔大小 0.5～1.0mm，面孔率 3.0%～10.0%（图 6-25）。

晶间溶孔：晶间孔被进一步溶蚀形成，其规模及数量均远大于晶间孔，在重结晶白云岩中（粗粉—细晶云岩）普通可见该类孔隙，在部分粒间溶孔中亦可见胶结物被溶解形成的晶间溶孔，在晶间常可见板状石膏胶结或沥青质充填，其连通性远好于晶间孔（图 6-22）。

铸模孔：在成岩中形成的，溶解生物，岩石颗粒，或矿物晶体所形成的孔隙空间，在颗粒岩中，一般为颗粒被溶蚀。该类孔隙分布零星，不受层位限制（图 6-26）。

2）洞穴

洞穴是指孔径大于 2mm 的储集空间，按成因分类，区内飞仙关组洞穴类型主要为孔隙性溶洞（图 6-27），裂缝性溶洞（图 6-28）。该类储层在该区不发育且分布不均。

孔隙性溶洞：多与溶孔伴生，为溶蚀孔隙扩大形成，在区内发育广泛，多分布于溶孔鲕粒云岩之中，局部发育处形成溶洞鲕粒云岩。该类溶洞普遍较小，直径在 10mm 以下，一般 3～6mm。溶洞一般无充填，局部见少量白云石或方解石晶体，连通性较好。

裂缝性溶洞：沿溶缝局部扩大溶蚀形成，多见于颗粒云岩中，一般被方解石或泥质半充填，直径相差悬殊，2mm×10mm～15mm×50mm 不等。

3）裂缝

根据区内 9 口取心井岩性裂缝描述、成像资料分析表明（表 6-8），工区飞仙关组储层裂缝发育，可分为构造缝、溶蚀缝、成岩缝、压溶缝等，除压溶缝已全部充填，属无效缝外，其余各类缝中均发育有效缝。研究证实，裂缝是飞仙关组储层重要的渗滤通道，可较好地改善储层渗滤性能，提高单井产量。

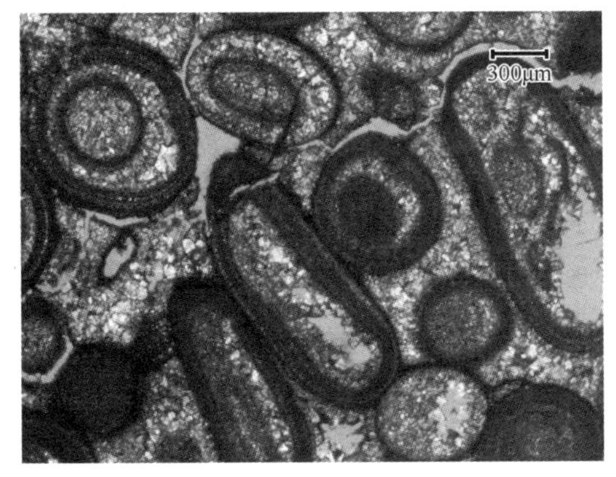

图 6-25　铁山 5，飞三—飞一段，2863.94m，细粉晶鲕粒云岩，鲕粒被构造缝切割

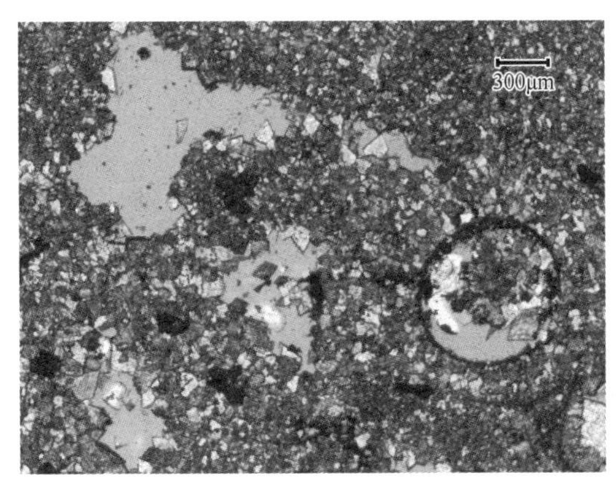

图 6-26　铁山 5，飞三—飞一段，铸模孔被马鞍状白云石半充填（–）

图 6-27　铁北 101，飞三—飞一段，3029.49～3029.64m，泥晶灰岩，溶洞被方解石半充填

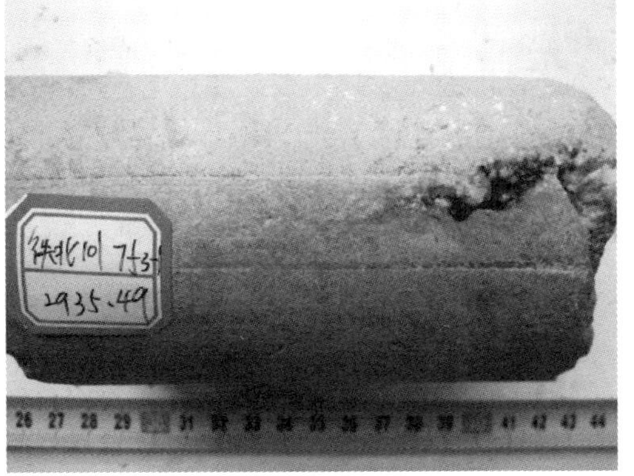

图 6-28　铁北 101，飞三—飞一段，2935.36～2935.49m，亮晶鲕粒灰岩，裂缝性溶洞发育，方解石半充填

表 6-8 研究区取心井飞仙关组岩心裂缝统计表

井号	岩心长（m）	总缝（条）	密度（条/m）	有效缝							
				条数	密度	大	中	小	立	斜	平
龙会 1	15.73	73	4.6	5	0.3	/	/	5	5	/	/
龙会 3	12.88	44	3.3	43	3.3	/	/	43	27	8	8
铁山 4	15.81	247	15.6	149	9.4	/	/	149	95	42	12
铁山 5	28.22	601	21.3	585	20.7	/	4	581	328	187	70
铁山 11	26.31	730	27.7	708	26.9	21		687	575	56	77
铁山 12	32.76	126	3.8	59	1.8	/	/	59	17	8	34
铁山 13	37.91	525	13.8	451	11.9	9	74	368	235	135	81
铁山 14	50	197	3.9	10	0.2	/	/	10	8	/	2
铁北 101	46.1	77	1.67	77	1.67	/	3	74	12	8	57
小计	265.7	2620	9.9	2087	7.9	30	81	1976	1302	444	341

构造缝：构造作用形成，由于裂缝形成期次不同，在岩心及薄片镜下均可见相互切割现象。喜马拉雅期以前形成的构造缝绝大部分为方解石、白云石、石英、泥质、有机质等充填，其产状多为斜缝，属无效缝。喜马拉雅期形成的构造缝为有效缝，其多为半充填或未充填的构造张开缝，裂缝宽窄不一，有效缝宽 0.5～1.0mm，缝面较平直，以立缝为主，普遍充填有巨晶方解石颗粒—粉晶方解石。这类缝在本区成藏过程中起非常重要的作用。

溶蚀缝：是在其他裂缝（如构造缝、成岩缝及压溶缝等）基础上溶蚀扩大，或部分再充填形成裂缝。岩心上或镜下表现为不规则状缝缘，其充填物一般为粗大透明的方解石或白云石。当充填作用较弱时，则形成有效的溶蚀缝。在本区飞仙关组储层中，溶蚀缝的发育也非常重要，其渗滤作用次于构造张开缝。

成岩缝：是在成岩过程中形成的裂缝，常见的有各种应力释放缝或干缩缝。一般呈不规则的网状。有两类成因，一是因岩石压缩成岩后，向上变浅压力释放后形成的，或在潮坪环境暴露地表干化收缩形成；一是因岩性变化体积收缩形成不规则缝以及膏溶过程中岩石塌积、组构间的不整合形成的非构造缝。该缝普遍可见有机质残余痕迹，颜色一般较基岩深，因此绝大多数为被充填或半充填的无效微细裂缝。多分布于均质性较差的缺少组构颗粒的粉晶云岩及角砾岩中。成岩缝对本区储层储渗性改善贡献有限。

压溶缝：系由于上覆岩石的重量使岩石颗粒或基质在接触面发生溶解进而形成的裂缝。一般呈锯齿状不规则分布，起伏较大。缝内多为有机质所充填，局部沿压溶缝溶蚀形成有效缝，部分压溶缝中局部可见圆形小溶孔。压溶缝对本区飞仙关组储层储渗性改善意义也不大。

据各取心井岩心裂缝描述（表 6-9）、镜下微裂缝统计及测井资料等资料分析表明工区飞仙关组裂缝具有如下特征：裂缝相对较发育，但分布极不均匀。根据精细描述的取心井岩心资料表明，岩心裂缝总条数为 3021 条，平均密度为 6.51 条/m，其中以有效缝占绝对优势，平均密度 5.02 条/m；取心井中，各井裂缝相差悬殊，总体上具有构造高点较发育，向翼部明显变差特征，在所钻的各局部构造中，以铁山南构造最为发育，铁山北构造次之，龙会场相对较差。以小缝为主，中缝及大缝较少；产状上以立缝为主，斜缝、平缝次之。泥质缝多为低角度缝，而成岩缝中除层间缝外，绝大多数为网状。

表 6-9　铁山北飞仙关组有效裂缝成像测井解释成果表（左云安等，2007）

井号	井段（m）	厚度（m）	数目（条）	裂缝长度（m/m^2）	水动力宽度（mm/m）	裂缝密度（条/m）	裂缝孔隙度（%）
铁北 101	2888.5～2891.5	3	1	1.67	0.0092	1.6404	0.01
	2910.8～2917.1	6.3	11	4.53	0.0127	3.7495	0.05
	2932～2973.5	41.5	18	2.61	0.0085	2.3653	0.02
	2980～2986	6	5	2.50	0.0122	2.0873	0.01
铁山北 1	2601～2604.6	3.6	3	2.91	0.0393	2.4606	0.1
	2610.3～2615	4.7	3	1.96	0.0384	1.6404	0.03
	2624.2～2640.7	16.5	7	2.78	0.0644	2.2556	0.05

3. 岩心物性特征

根据区内 7 口取心井岩心物性资料分析表明，研究区飞仙关组储层物性特征总体较海槽东侧的川东北地区稍差，表现为低孔低渗特征，储层物性非均质性更强。

1）孔隙度特征

区内飞仙关组岩心孔隙度分布为 0.25%～23.85%，算术平均值为 2.41%。其中孔隙度大于或等于 2%的样品数（即储层样品）占总样品数的 22.48%。大于 6%的样品仅占 7.18%，表明虽然储层整体不发育，但仍有高孔层存在，这些高孔层是气井高产稳产的基础。

2）渗透率特征

区内飞仙关组岩心渗透率一般为 0.01～2.37mD，渗透率级差较大。取孔隙度大于或等于 2%的渗透率样品数来研究渗透率分布情况，其样品总数为 362 个，占总样品数的 30.09%，小于 0.001mD 的样占 38.3%。

从岩石类型来看，储层物性以残余鲕粒云岩与细晶云岩最好，孔隙度主要分布在 3%～13%，其次为溶孔鲕粒灰岩，孔隙度主要分布在 0.5%～3.5%，泥粉晶云岩较差，孔隙度主要分布在 0.5%～2%。

4. 储层孔隙结构特征

1）喉道特征

铸体骨架扫描及图像分析（图 6-29，图 6-30）表明，研究区飞仙关组储集空间喉道主要为白云石或方解石晶间的片状喉道，少数为鲕粒间的较宽的管状喉。片状喉道宽度视孔隙发育程度而定，好储层孔隙发育，其喉道宽度相对较宽，由于片状喉道喉常发育成网状，因而其渗透性相对较好。差储层孔隙不发育，喉道多呈孤立的片状，连通性较差。但该类岩石若有裂缝沟通，也将对产能有较大贡献。

不同岩类，其孔喉特征差异较大，特别是灰岩与云岩。研究区飞仙关组纯灰岩中的孔喉多为单一的宽度极薄的片状喉道，连通性差；云质灰岩喉道明显变宽，且连通性远好于纯灰岩；而云岩储层喉道常发育呈网状，连通性较佳。白云化作用极大地改善了岩石的孔隙结构与连通性，孔隙度与喉道宽度相关性明显（图 6-31）。

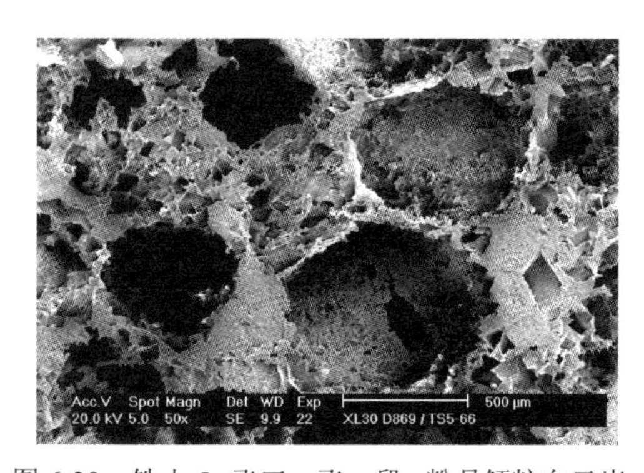

图 6-29　铁山 5，飞三—飞一段，粉晶鲕粒白云岩，粒间孔隙，片状孔隙连通，骨架扫描

图 6-30　铁山 5，飞三—飞一段，细晶白云石的晶间孔和溶孔、孔内见球状沥青半充填

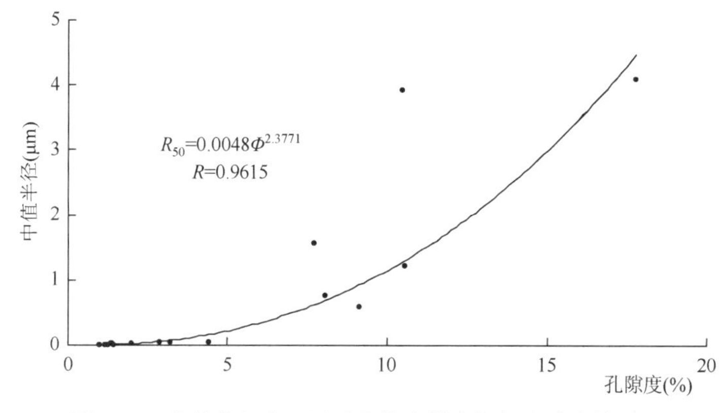

图 6-31　飞仙关组岩心压汞中值喉道半径与孔隙度关系图

在储层孔隙结构资料中，压汞曲线表征的是各种类型、大小的喉道所连通的孔隙的百分数，包含孔隙和喉道两方面的内容，从三维空间上反映了孔隙和喉道的大小及其配置关系，目前被广泛应用于储层研究中（图 6-32）。

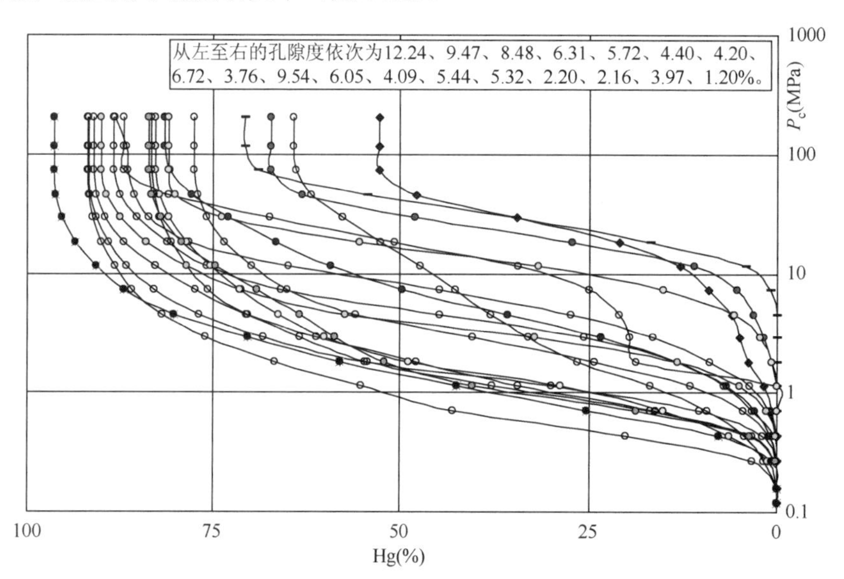

图 6-32　研究区飞仙关组岩石压汞曲线图

2）孔隙参数特征

排驱压力：排驱压力又称门槛压力、进入压力，是指孔隙系统中最大连通孔隙所相应的毛细管压力。在研究区内，排驱压力总体上呈高孔低排驱压力的特点（图 6-33）。

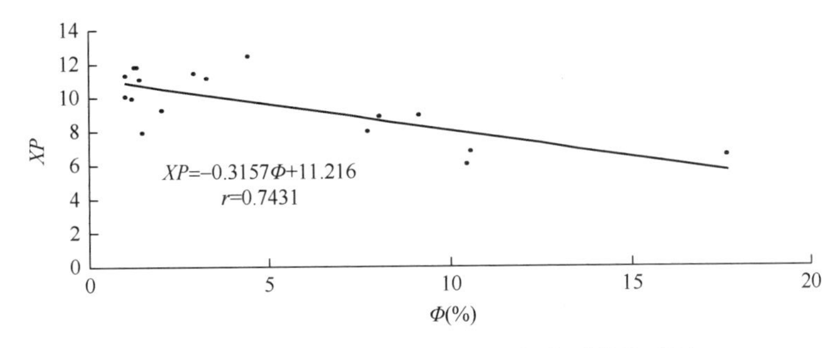

图 6-33　铁山地区岩心孔隙度与均值系数关系图

中值压力：中值压力是指进汞 50%时所对应的毛管压力。其值越大，表明岩石越致密（偏向细歪度），天然气生产能力也随之下降。

中值喉道半径：与中值压力值相应的孔喉半径就是中值喉道半径，其值越大，表明岩石对油气的渗滤能力越好，其生产能力也越高。

最大进汞饱和度：表示当注入水银的压力达到仪器的最高压力时，被水银侵入的孔隙体积百分数，它可以反映岩石的颗粒大小、均一程度、胶结类型、孔隙度、渗透率等一系列指标。

均值系数、分选系数以及变异系数通常用来描述孔喉的大小、分布特征及均匀程度。通过对铁山地区压汞资料对比分析（表 6-10），其均值系数普遍偏大 6.405～15.506，平均 12.89，其孔隙均值系数与孔隙度有较好的负相关关系（图 6-33），孔隙度越高，均值系数越小；从其分选系数分析，中低孔隙的（Φ＜6%）分选系数较小，平均仅 2.07，表明分选较好，高孔隙分选系数较大，平均达 3.36，说明孔隙偏高平均值较大，分选较差，非均质性较强。

从变异系数分析，不同岩类孔隙度与变异系数关系（图 6-34）各不相同，云岩储层孔隙度越低，变异系数越小，表明储集岩孔隙结构越差；反之储层孔隙度越高，变异系数越大，储集岩孔隙结构越好；而灰岩正好相反，造成这种现象可能与孔结构有关。

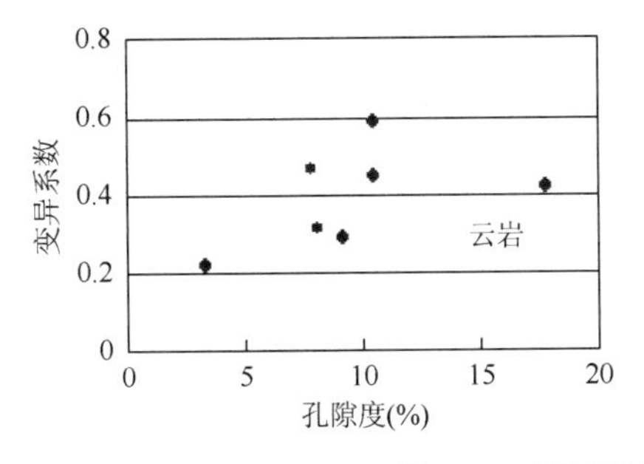

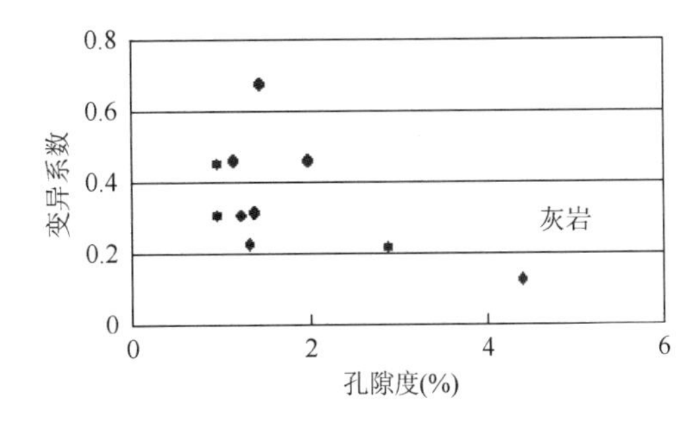

图 6-34　不同岩类孔隙度与变异系数关系图

表 6-10　铁山地区飞仙关组压汞资料孔隙结构参数表

孔隙度（%）	最大孔喉半径（μm）	中值半径（μm）	中值压力（MPa）	门槛压力（MPa）	最大进汞饱和度（%）	均值系数	分选系数	变异系数
1.44	0.4343	0.125	77.131	13.186	57.38	14.882	2.158	0.07272
2.46	0.603	0.102	23.923	4.752	76.94	14.776	1.9022	0.12245
3.58	0.73245	0.025	29.581	3.6365	69.04	15.506	2.1458	0.1384
4.21	1.372	0.2565	17.701	1.5513	94.51	13.619	1.893	0.1382
5.48	1.7579	0.184	4.097	1.09425	90.975	13.354	2.2688	0.16996
6.97	2.3438	0.2	3.7514	0.6843	90.42	13.144	2.51905	0.19166
7.76	59.7175	1.0778	0.85685	0.1082	91.315	9.99081	3.2377	0.3568
8.07	40.3846	0.749	0.9813	0.0182	89.38	8.8843	2.8237	0.3178
9.15	3.9602	0.5882	1.2495	0.1856	86.43	8.9544	2.6308	0.2938
10.5	62.9282	2.5659	0.398	0.0183	78.17	6.405	3.2792	0.516
11.8	75	1.15	0.6521	0.0285	86.07	11.35	4.63145	0.40807
17.53	95.1923	3.0875	0.3792	0.0152	89.375	8.543	3.8755	0.4479

根据物性及压汞资料综合分析认为，研究区孔隙结构具有如下特征：

不同岩石，孔隙结构差异较大，致密岩石与好的储集层之间相差达三个数量以上，虽然总趋势是储层孔隙度越高，孔喉半径越大，但二者并没有一一对应关系，这从最大孔喉半径与中值半径资料可清楚可见。灰岩储层孔结构明显较云岩差。

在同一级别的储层中（指孔隙度在 1%范围内）；孔喉结构参数相差较大，最差与最好的孔喉半径可相差 3～5 倍，甚至更大；反之，不同级别的岩石中，孔喉结构参数可能相近，表明储层非均质性较强（图 6-35）。

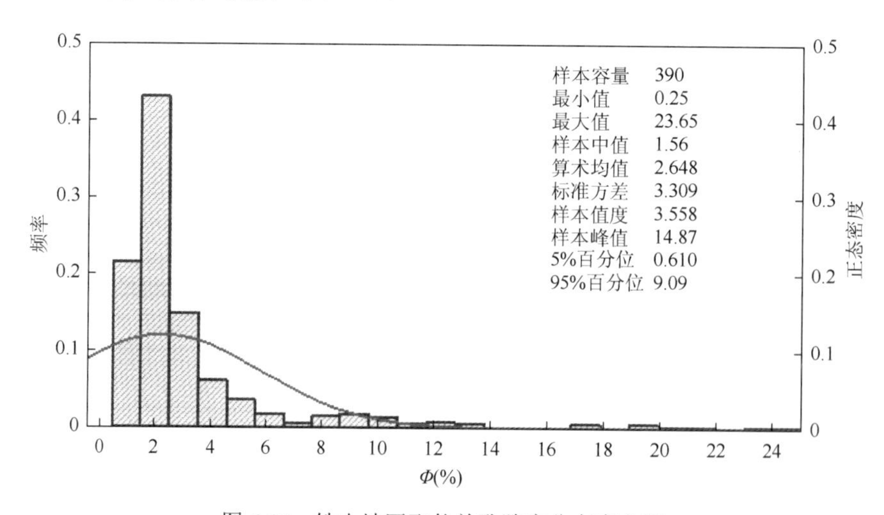

图 6-35　铁山地区飞仙关孔隙度分布直方图

3）孔喉连通性

储层连通性的好坏，直接影响着流体在储层中的渗流效果。用储层排驱压力（P_d）、饱和中值压力（P_c50）来衡量储层孔喉的连通性，确定储层的渗滤特点。根据压汞分析，储层的连通性较好，除非储层的门槛压力最大 28.26MPa，有效储层的最低压力仅 0.0122MPa，平均 0.5442MPa，致密层与有效储层（以 $\Phi\geqslant2\%$划分）门槛压力出现突变现象，前者平均压力 13.186MPa，而后者仅 4.752MPa，仅为前者 1/3，III类低孔储层（$\Phi<4\%$）与其他III类储层排驱压力亦相差较明显，前者平均 4.473MPa，后者仅 1.3228MPa，也仅为前者的 1/3 左右，其突变点即在孔隙度 4%左右；而孔隙较发育储层（II+I 类储层）排驱压力均低于 1MPa，表明此类储层连通性较好；其孔隙度与排驱压力相关性较好（图 6-36、图 6-37），中值压力也具有类似的特征。

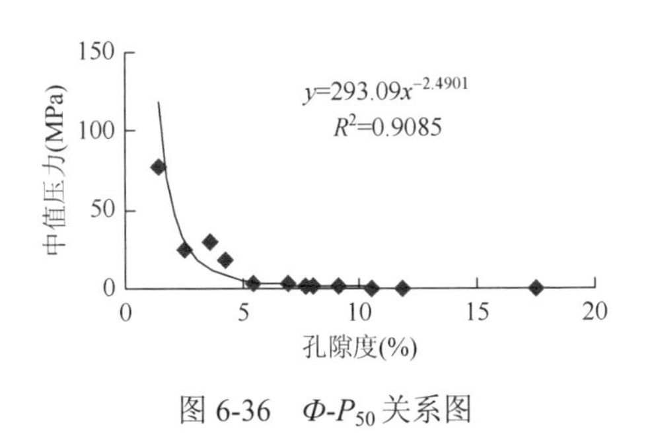

图 6-36　Φ-P_{50} 关系图

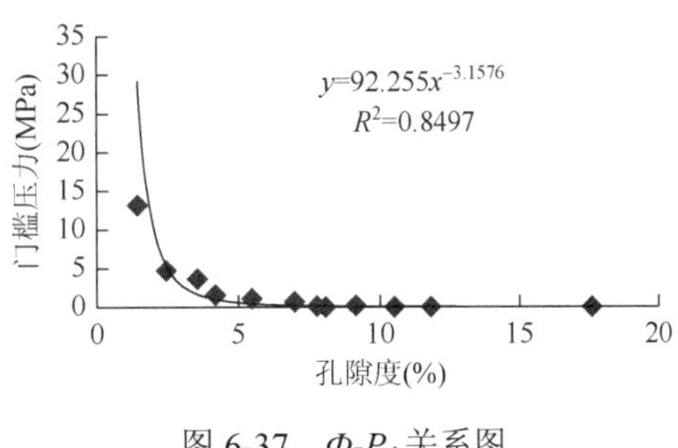

图 6-37　Φ-P_d 关系图

5. 储层分类评价

1）储层类型及特征

由于沉积、成岩作用的影响，区内飞仙关组鲕滩储层在纵横向上非均质性明显。本书主要根据静态资料（孔隙度及渗透率）对储层进行定量分类，其他孔隙结构及压汞特征参数作为参考指标。因此，将研究区飞仙关组储层分为四类（表 6-11）。

表 6-11　飞仙关组碳酸盐岩储集岩分类评价表

参数 \ 类别	I 类	II 类	III 类	IV 类（非）
孔隙度 Φ（%）	≥12	6～12	2.0～6	≤2.0
渗透率 K（mD）	≥20	0.2～20	0.01～0.2	≤0.01
排驱压力 P_{c10}（MPa）	≤0.1	0.1～1.0	1.0～10	≥10
中值压力 P_{c50}（MPa）	≤1.0	1.0～10	10～40	≥40
孔隙类型	粒间溶孔、溶洞	铸模孔、粒间溶孔、粒内溶孔、晶间溶孔	粒内溶孔、晶间溶孔、铸模孔	晶间孔
孔隙结构类型	粗孔、大喉	粗—细孔、中喉	中—细孔、小喉	微隙、微喉
岩石类型	鲕粒白云岩、晶粒云岩	鲕粒白云岩、晶粒云岩	泥粉晶白云岩、溶孔鲕粒灰岩、膏质鲕粒白云岩	鲕粒灰岩、泥晶云岩、泥晶灰岩

I 类储层：为飞仙关组最好储层，储集空间主要为粒间溶孔、溶洞，喉道类型以缩颈

喉道为主，储集岩类型主要为溶孔鲕粒白云岩和晶粒云岩，孔隙度大于 12%，平均基质渗透率大于 20mD。其毛管压力曲线位于左下方，S 型特征明显，具有低排驱压力、低饱和中值压力、中值喉道较宽的特点，其中饱和度中值喉道半径（R_{50}）大于 4μm，饱和度中值压力（P_{c50}）小于 1MPa。研究认为研究区 I 类储层自然采收率一般可达 90%，属于优质储层。在工区内分布局限，仅在铁山南构造及龙会 3 井区零星分布，如铁山 5 井。铁山南地区的鲕粒灰岩厚度大，白云化程度充分，溶蚀孔隙发育，储层发育层段及有效厚度大，鲕粒云岩及鲕粒灰岩厚度可达到 64.0～123.5m，颗粒含量在 50%以上，沉积物分选性较好，溶孔发育，岩心面孔率可达 2.0%～10.0%。

Ⅱ类储层：为研究区内较好的储层，在区内飞仙关组中比较常见。储集空间主要为粒间溶孔、铸模孔、少量粒内溶孔、晶间溶孔，喉道类型主要为缩颈喉道和管状喉道，少量片状喉道，代表岩类为鲕粒白云岩、晶粒云岩，孔隙度为 6%～12%，渗透率一般为 0.2～20mD。毛管压力曲线较平滑，为相对均质储层，具有适中的排驱压力、饱和度中值压力及中值喉宽的特点，其中饱和度中值喉道半径（R_{50}）为 0.4～4.0μm，饱和度中值压力（P_{c50}）为 1.0～10.0MPa。这类储层主要分布于区内的铁山南—龙会场地区，单井产能较高，如铁山 4、龙会 5 井等。

Ⅲ类储层：在研究区内普遍发育，储集空间主要为粒间溶孔、晶间溶孔、粒内溶孔，少量铸模孔及晶间孔，连通通道主要为片状喉道，为细孔—中、小喉型，岩性主要为溶孔鲕粒灰岩、泥粉晶白云岩、膏质颗粒白云岩。毛管压力曲线分段特征明显，为非均质性储层类型，具有较高的排驱及中值压力，饱和度中值压力（P_{c50}）一般为 10.0～40.0MPa，中值喉宽（R_{50}）较小，一般为 0.02～0.4μm。从目前的勘探资料看，研究区内大部分储集岩属于该类，Ⅲ类储集岩一般需要裂缝与之搭配才能获得工业产能，如铁山北 1、龙会 5、铁山 13、铁山 11 等。

Ⅳ类（非有效储层）：为非储层，孔隙空间主要为泥晶白云石晶间孔、方解石晶间孔，喉道为片状喉道，为微孔—微喉型，主要岩性为致密的泥晶云岩、鲕粒灰岩、泥晶灰岩、膏质云岩等，孔隙度小于 2%，岩心分析渗透率小于 0.01mD。毛管压力曲线分布于右上方，中值压力（P_{c50}）大于 40MPa，中值喉道半径（R_{50}）小于 0.02μm。该类储层天然气产出主要靠裂缝，如铁北 101、铁山 6、铁山 1 等。

2）单井储层特征评价

通过对区内测井资料处理及储层参数分析认为，区内飞仙关组储层总体上以Ⅲ类储层为主，占 82.6%，Ⅱ类次之，占 14.4%，Ⅰ类很少，仅占 3%（表 6-12）。具有在横向上分布不均、纵向上多层段的特点。

区内单井储层累积厚度 2.6～45m，平均孔隙度 2.6%～7.6%。Ⅰ类储层仅 6 口井有发育，累计厚度不大（0.25～6.6m），孔隙度较高，最高可达 20.2%；Ⅱ类储层有 8 口井发育，单井累积厚度 0.8～12.3m，孔隙度适中（6.0%～9.8%）；Ⅲ类储层均有不同程度的发育，单井累积厚度相对较高（7.63～32.8m），孔隙度较低（2.01%～3.49%）。纵向上，储层以Ⅱ、Ⅲ旋回最为发育。

研究区所在的海槽西侧飞仙关组鲕滩储层分布情况复杂，其储集岩既有鲕粒白云岩（残余鲕粒云岩及细晶云岩）又有鲕粒灰岩，还有少量泥晶云岩，纵横向的非均质性强，分布较为分散。Ⅰ、Ⅱ、Ⅲ、Ⅳ旋回鲕粒滩均有分布，尽管如此，仍有分布规律可循，即纵向上主要分布在Ⅱ、Ⅲ旋回鲕粒坝（滩）相的鲕粒云岩与溶孔鲕粒灰岩中，横向上呈大透镜体几何形态；Ⅰ、Ⅳ旋回仅零星分布，呈小透镜体。平面上主要分布在铁山南，其次在龙会场至铁山北地区。其中在铁山南，鲕滩储层储渗性能较好的层段都集中在第二旋回上部鲕粒坝相的鲕粒云岩或溶孔鲕粒灰岩中。而地处斜坡相的龙会 1、龙会 2、龙会 3、龙会 4、龙会 5 等井、铁山北 1、铁北 101，这些井储渗性能较好的层段多集中在Ⅲ、Ⅳ旋回，储层发育层段的变化明显受沉积演化的影响，随台地向海槽区增生，从台地往斜坡的方向，鲕滩储层的发育位置逐渐抬高。

表 6-12　研究区飞仙关组各类储层厚度统计表

构造	井号	储层		Ⅰ类		Ⅱ类		Ⅲ类	
		厚度（m）	平均孔隙度（%）	储层厚度（m）	平均孔隙度（%）	储层厚度（m）	平均孔隙度（%）	储层厚度（m ）	平均孔隙度（%）
龙会场	龙会 1	19.38	4.27	0.38	13.39	3.25	7.66	15.75	3.35
	龙会 2	24.5	4	0.25	12.13	3	9.79	21.25	3.1
	龙会 3	12.5	6.27	1.62	16.74	3.25	8.59	7.63	3.06
	龙会 4	2.63	8.67	——	——	2	10.28	0.63	3.45
	龙会 5	7.88	3.535	——	——	0.125	6.023	7.75	3.495
	龙会 6	20.38	3.080	——	——	——	——	20.375	3.080
	平均	14.55	4.97	0.75	14.09	2.33	8.47	12.23	3.26
铁山北	铁东 2	16	2.763	——	——	——	——	16	2.763
	铁北 1	16.75	3.22	——	——	——	——	——	——
	平均	22.72	2.662	2.82	——	——	——	22.72	2.6615
铁山	铁山 8	24.6	7.6	6.6	20.2	4.6	9.8	15.4	3.2
	铁山 13	21.5	3.2	2.95	13.4	0.8	7.5	20.5	2.9
	铁山 4	45	4.6	2.99	——	12.3	8.2	32.8	3.2
	铁山 14	18.5	5.333	——	——	7	8.042	11.5	3.684
	铁山 12	11.13	2.547	——	——	——	——	11.125	2.547
	平均	33.52	4.46	3.47	15.4	5.93	8.58	27.78	3.02

从各旋回的物性特征来看，Ⅱ、Ⅲ旋回的储层物性明显要优于其他旋回，目前钻探的实际情况亦是如此，产量高的工业气井，其主产层段均在Ⅱ旋回，如铁山 5、铁山 11、铁山 13 井。鲕粒云岩类储集岩物性要优于溶孔鲕粒灰岩。海槽东侧的温泉井—铁山坡地区目前的储层主要集中在Ⅰ、Ⅱ旋回，总体来看Ⅱ旋回的储层仍要优于Ⅰ旋回。因此，研究区台地相内，Ⅱ旋回的鲕粒坝内的鲕粒岩储层是首选的探勘目标；其次在斜坡相区，Ⅲ、Ⅳ旋回的鲕粒滩内的鲕粒岩储层也是可供选择的勘探目标。

6.2　生物礁滩储层综合预测

复杂构造带地质地震联合礁滩体储层预测技术是基于长兴期生物礁体、飞仙关组发育的主控因素、纵向发育及迁移特征分析，以地质地震综合评价的研究模式为指导，以地震沉积学地层切片技术与地震相分析为基础，形成以有井约束的相控储层反演为核心的储层综合预测技术。该方法加强处理礁滩体的弱反射信号及成像效果，使储层的预测精度得以大幅度提高。

6.2.1　长兴组储层预测

1. 思路及技术路线

生物礁储层研究以沉积相研究成果为指导，结合地震相、地震属性研究成果，利用研究区内已完钻的钻井、测井及测试成果等资料，开展储层的地质、地球物理特征研究，建立储层地震响应特征识别模式，结合地震资料的解释成果，利用地震属性分析技术划分生物礁有利相带，在确定的生物礁发育范围内利用有井约束波阻抗反演技术、孔隙度反演技术、储层定量预测技术等特殊处理方法对生物礁储层进行精细描述与预测，最终得到目标研究区生物礁储层的厚度、孔隙度、储能系数分布图（图 6-38）。

（1）分析龙会场地区生物礁储层测井、钻井、试油等资料，利用层序地层学，对生物礁沉积模式、演化进行分析，预测龙会场地区生物礁发育有利相带。

（2）利用地质建模、地震正演分析技术，建立长兴组生物礁储层的地震识别模式。

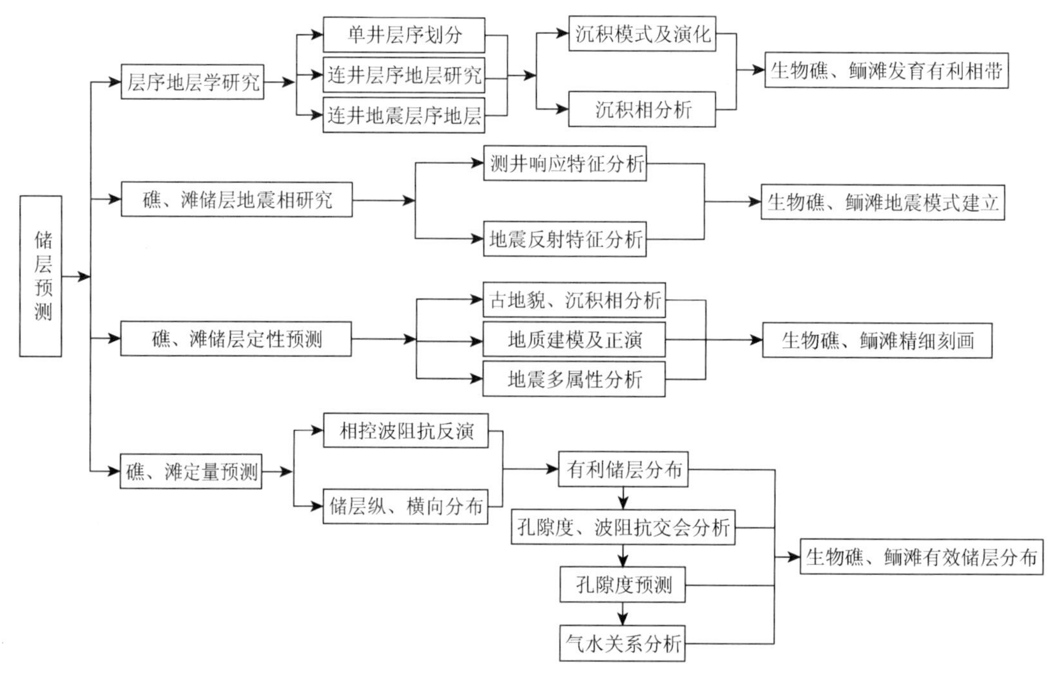

图 6-38　生物礁储层预测技术路线图

（3）利用地震相、地震多属性分析技术精细刻画生物礁体。

（4）在确定的生物礁发育范围内，利用相控储层反演技术预测生物礁储层的分布。

（5）利用威利公式计算将波阻抗反演数据体转换为孔隙度数据体，根据生物礁储层孔隙度下限2%计算生物礁储层厚度、平均孔隙度、储能系数。

针对长兴组生物礁发育有利相带、地震识别模式、生物礁体的刻画等已经在第3章做过详细描述，在此重点对储层标定、正演分析、定量预测作介绍。

2. 储层精细标定

储层预测采用了已完钻井的测井资料对每口井分别进行了储层的精细标定，图6-39是龙会002-X2井的合成地震记录与井旁地震道的标定情况。合成地震记录与井旁地震道的相关性较好，波组和能量强弱关系对应较好，给后期的储层预测工作打下了良好的基础。因用黑白色即可分析出地震记录和合成记录，所以使用黑白。

生物礁储层段在偏移剖面上响应特征不明显，因此在龙会场三维区内采用有井约束的波阻抗反演。

由于受沉积环境影响，长兴组内部发育多套生物礁储层，纵向上具有明显的非均质性，在长兴组上、中、下部均有储层发育。在过井剖面上，当储层厚度较大且与围岩差异较大时，储层段对应强振幅，储层顶界对应波谷反射，储层底界对应波峰反射；当储层厚度薄且与围岩差异较小时，表现为弱振幅地震响应。

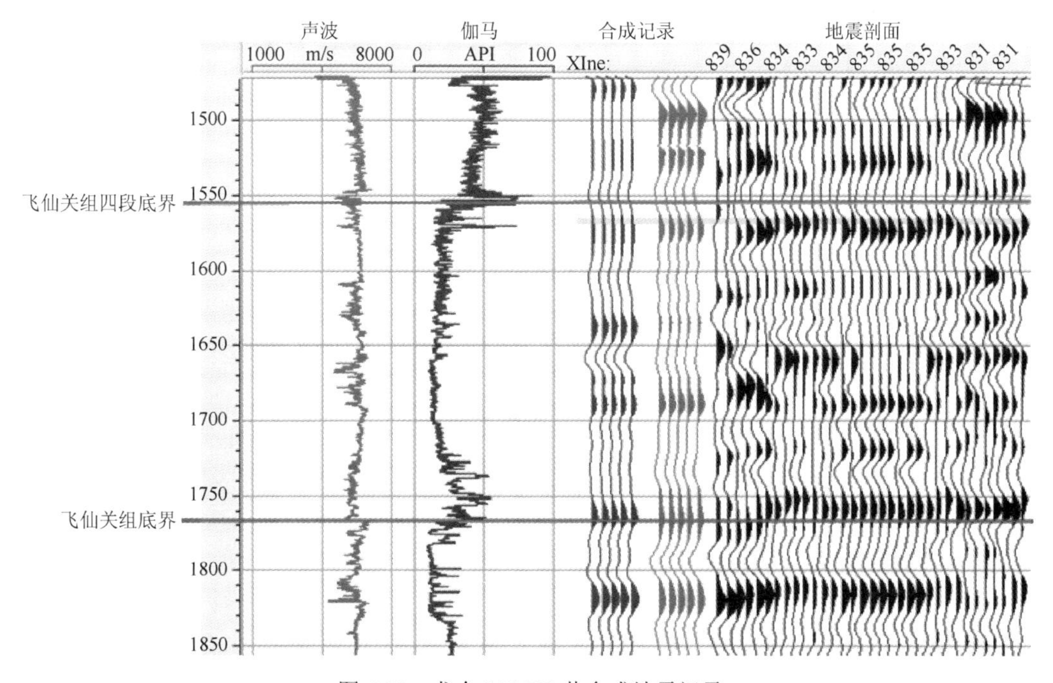

图6-39　龙会002-X2井合成地震记录

3. 地震模型正演分析

根据实际地层速度及岩性组合特征，建立了龙会场地区生物礁的地质模型（图6-40），根据模型正演结果台缘生物礁地震反射具有丘状外形，储层底界为低频、中强反射；礁体内部为弱反射或空白反射，生物礁两翼具有上超现象。对于台内点礁，由于飞仙关组底泥质灰岩发育，飞仙关组底界形成强波峰反射，但长兴组储层同样表现为“亮点特征”，礁核内部出现空白反射特征。

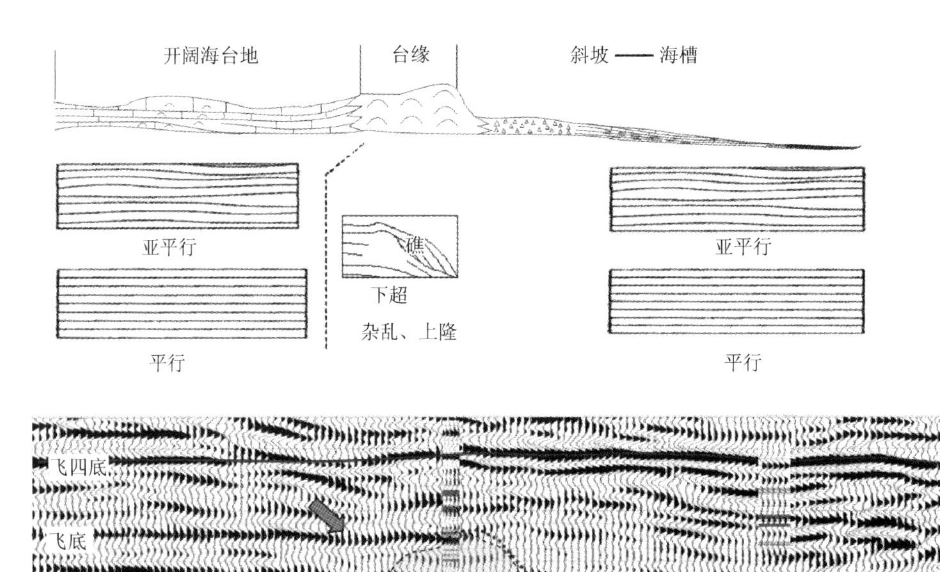

图 6-40 龙会场长兴生物礁正演模型

4. 生物礁储层定量预测

生物礁储层与围岩在速度上有明显的速度差异，在地震剖面上为“杂乱反射”，与围岩间存在低速、低密度的差异形成波阻抗界面。结合上述分析，利用波阻抗反演对长兴组生物礁储层进行定量预测。

1）波阻抗反演

本轮采用波阻抗及孔隙度反演剖面（图 6-41），基于模型的反演方法是从地质模型出发，根据对地震反射层的对比追踪来确定构造特征及反演结果的中频段，以测井资料的高频信息和低频成分补充地震数据有限带宽的不足，进而获得高分辨率的地层波阻抗资料，为薄储层的研究提供有利条件。

2）孔隙度反演

利用区内完钻井的波阻抗曲线与测井解释孔隙度曲线作交会，交汇公式，$Y=-0.004175X+69.3462$，Y 为孔隙度，X 为波阻抗。

根据以上公式，将波阻抗曲线进行了转换，并对已知井测井解释孔隙度曲线与波阻抗曲线转换的孔隙度曲线进行了比较，两条曲线基本相似，特别是储层段孔隙度曲线吻合较好。因此，采用此公式将波阻抗反演数据转换为孔隙度数据，图 6-41 为龙会场—铁山连井波阻抗反演及孔隙度剖面，从图上可以看出孔隙度与储层发育位置吻合较好，孔隙度高的区域主要发育在靠近岩隆的位置。

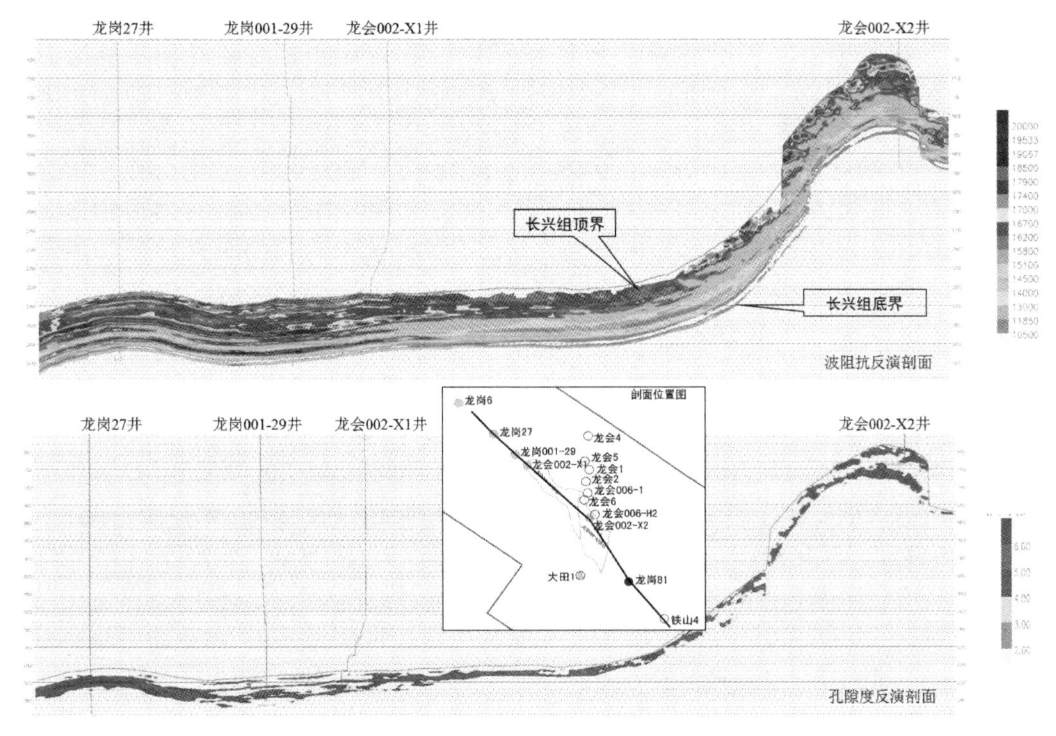

图 6-41 龙会场长兴组波阻抗反演剖面

3）生物礁储层厚度、孔隙度、储能系数计算

利用孔隙度数据体，计算每个井区储层的厚度及平均孔隙度平面图，进而利用储层厚度与平均孔隙度的乘积（$H\times\varphi$）得到储能系数平面图，从而完成龙会场长兴组生物礁储层的定量预测。从成果图可见储层孔隙度和储能系数与储层厚度的分布趋势基本一致。

5. 生物礁储层地震反演预测成果评价

本轮储层预测采用了龙会场三维区内有钻遇长兴组地层的井 11 口，总的来说，预测结果与实钻情况吻合较好（表 6-13）。

表 6-13 长兴组生物礁储层厚度预测与实钻吻合表

井位	储层厚度（m）	预测厚度（m）	吻合度	井位	储层厚度（m）	预测厚度（m）	吻合度
龙岗 6	31.3	30～40	吻合	铁山 4	29.2	30～40	不吻合
龙岗 001-28	40.4	40～50	吻合	铁山 21	40.0	30～40	吻合
龙岗 27	51.4	50～60	吻合	铁山 14	60.0	≥60	吻合
龙岗 001-29	38.4	30～40	吻合	龙岗 81	7.3	0～10	吻合
龙岗 001-27	13.8	10～20	吻合	龙会 002-X2	47.0	50～60	吻合

续表

井位	储层厚度（m）	预测厚度（m）	吻合度	井位	储层厚度（m）	预测厚度（m）	吻合度
铁山 13	6.0	0～10	吻合	龙会 002-X1	33.6	30～40	吻合
铁山 5	33.7	30～40	吻合				
铁山 13	6	0～10	吻合	铁山 13	6	0～10	吻合
铁山 5	33.7	30～40	吻合	铁山 5	33.7	30～40	吻合
铁山 4	29.2	30～40	不吻合	铁山 4	29.2	30～40	不吻合
铁山 21	40	30～40	吻合	铁山 21	40	30～40	吻合

研究区西部构造平缓，资料品质较好，东部构造复杂，特别在大田角—龙会和铁山区域，构造挤压强烈，发育多条区域大断层，影响了资料品质，降低了储层预测的精度，对于该区域中资料品质较差的地区，储层预测可靠性降低。

储层预测表明：长兴组生物礁储层主要分布在长兴组生物礁岩隆相带区：厚度小于 10m 的面积为4.67km^2，厚度在20～10m的面积为9.23km^2，厚度在30～20m的面积为25.98km^2，厚度在 40～30m 的面积为 21.34km^2，厚度在 50～40m 的面积为 17.51km^2，厚度在 60～50m 的面积为9.8km^2，厚度大于60m的面积为12.71km^2。厚度最大有两块，龙会和铁山南区域。

通过龙会—双家坝区长兴组生物礁储层厚度分布预测连片可见，生物礁储层在台缘带分布差异较大，纵横向分布不均，这也是钻探生物礁的难点所在。将生物礁储层厚度分布预测与钻井对比，储层预测符合较好，误差在 10m 范围以内，达到行业标准。

6.2.2 飞仙关组储层预测

1. 鲕滩储层预测思路及技术路线

以沉积相研究成果为指导，结合地震相、地震属性研究成果，利用研究区内已完钻的钻井、测井及测试成果等资料，开展储层的地质、地球物理特征研究，建立储层地震响应特征识别模式；结合地震资料的解释成果，利用有井约束波阻抗反演技术、孔隙度反演技术、储层定量预测技术等特殊处理方法对鲕滩储层进行精细描述与预测，最终得到目标研究区鲕滩储层的厚度、孔隙度、储能系数分布图（图 6-42）。

（1）利用层序地层学，结合钻井、测井、试油成果，预测鲕滩储层发育有利沉积相带。

（2）以地质认识为基础，利用井震关系，建立飞仙关组鲕滩储层的地震识别模式，利用地震相、地震正演技术定性确定鲕滩储层发育的有利区带。

（3）在鲕滩储层发育有利区带内开展相控波阻抗反演技术。对飞仙关组鲕滩储层进行精细预测。

（4）利用威利公式将波阻抗反演数据体转换为孔隙度数据体，根据鲕滩储层孔隙度下限 2%，计算鲕滩储层厚度、平均孔隙度、储能系数。

利用龙会场—双家坝区四十余口钻测井资料以及地质研究成果，对鲕滩储层进行相控反演处理，预测礁滩有利相带内的储层发育情况。通过地质上对飞仙关鲕滩储层详尽认识，总结出鲕滩储层共同的特点为：储层发育层段岩性主要以云岩、白云质灰岩为主；电性表现为“三低、一高、正差异”的特征，即“低速度、低密度、低伽马、高孔隙、深浅双侧向正差异”。储层电性异常会随储层朝台缘带方向更加明显。

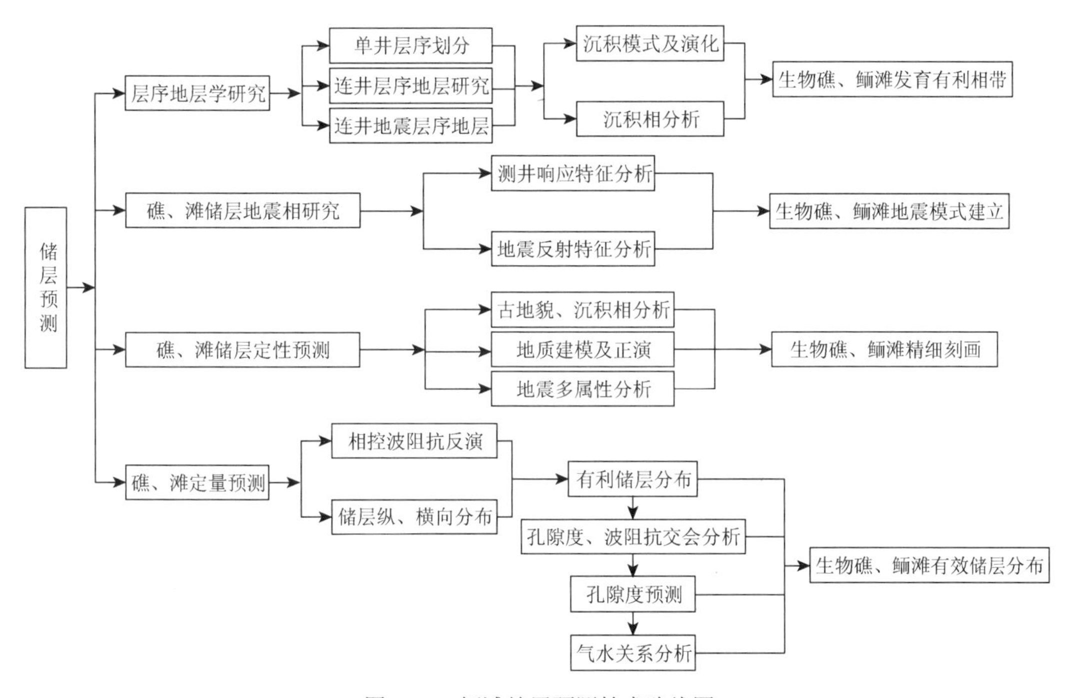

图 6-42　鲕滩储层预测技术路线图

2. 鲕滩储层精细标定

利用龙岗—龙会场—铁东地区 28 口已完钻井的测井资料，对每口井分别进行了储层的精细标定，图 6-43 是龙会 3 井层位标定图，合成地震记录与井旁地震道的相关性

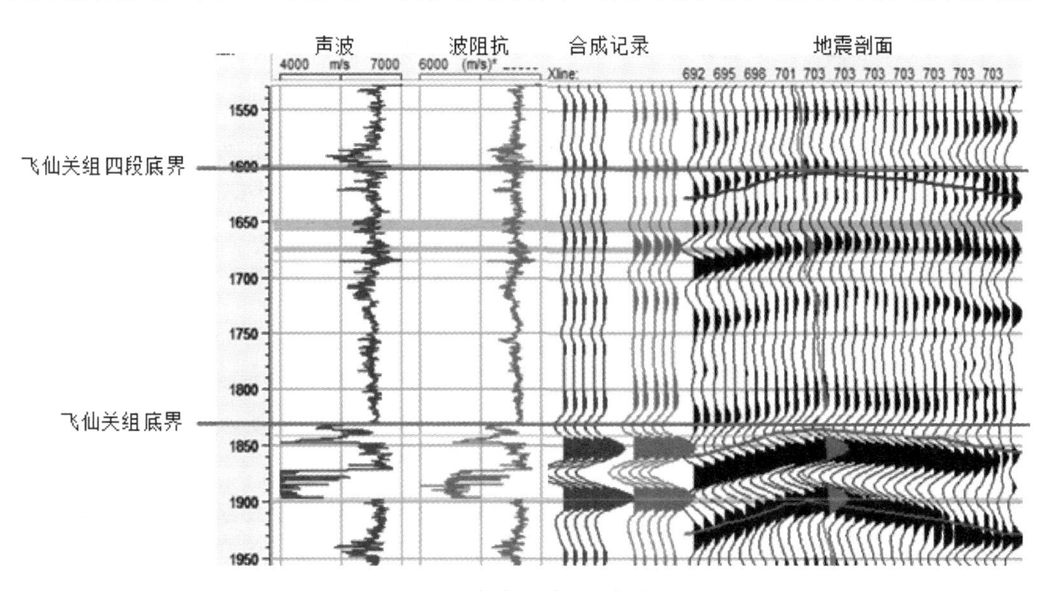

图 6-43　龙会 3 井层位标定图

较好，波组特征和能量强弱关系对应较好。本区所有井的合成地震记录与井旁地震道的相关性较好。

利用测声波井制作合成地震记录，分析储层在合成地震记录上的响应特征，发现储层具有以下特征：上、储层主要发育于飞四底向下40～90ms层段，由于其相对孔隙发育的鲕滩储层段与下伏致密灰岩的阻抗的差异较大，其合成记录上在储层底部表现为相对强振幅异常响应特征，并且上、储层的振幅异常随储层发育程度不同而发生变化，储层厚度越大振幅越强，物性越好振幅越强。

储层在龙会场飞仙关组鲕滩储层过井剖面上的响应特征不明显（图 6-44），因此龙会场区块采用有井约束的波阻抗反演。

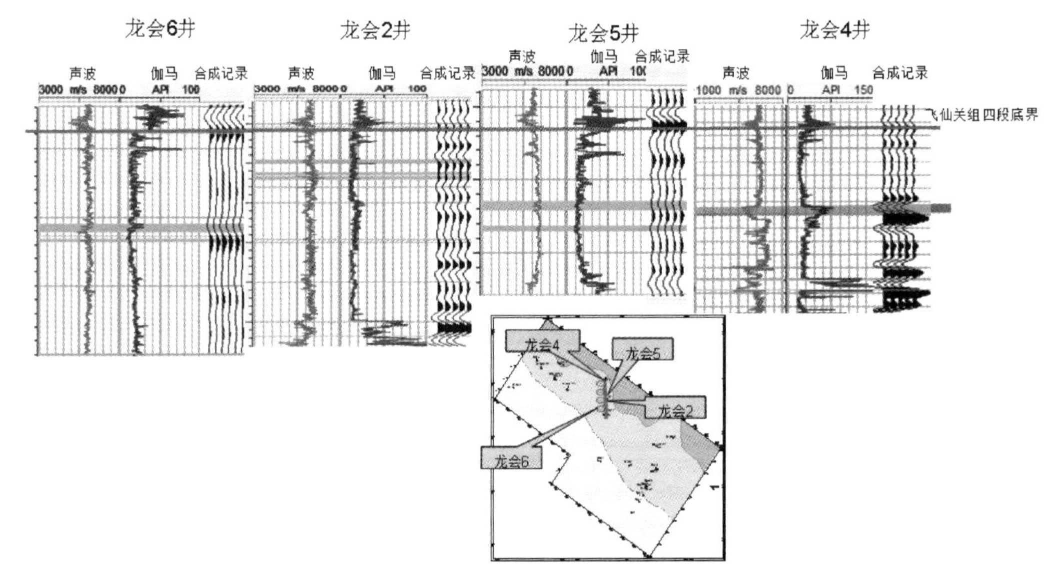

图 6-44　龙会场飞仙关组鲕滩储层过井剖面

3. 鲕滩储层模型地震正演分析

储层模型正演对本区储层预测具有重要的指导作用，鲕滩储层厚度或速度不同(即储层发育程度不同)所引起的储层底部地震响应的纵横变化。飞仙关组沉积是在晚二叠世沉积的基础上，向上逐渐填平补齐的过程，经历了台缘带向海槽中心迁移，海槽逐渐变浅，直至飞仙关末期古地势准平原化的过程（图 6-45）。

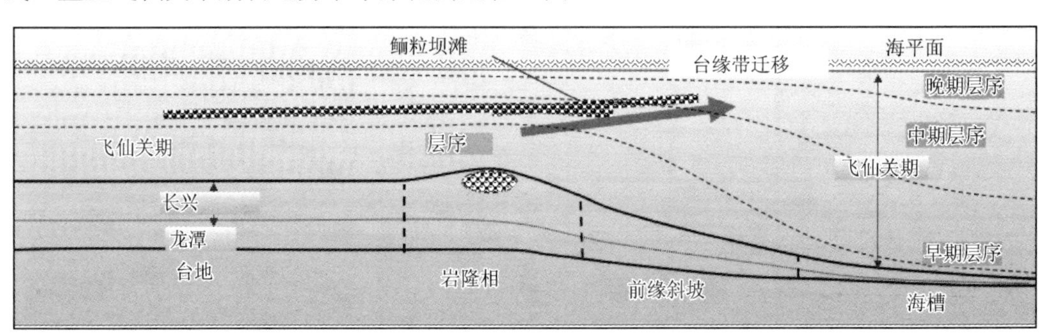

图 6-45　龙会场飞仙关组沉积模式

储层底部振幅反射强度总体上随厚度增加或速度降低出现振幅增强的变化，并且当储层厚度大于 15m 或储层速度与围岩速度差大于 100m/s 时，其储层地震响应表现为连续的强-中强振幅相位。从龙会场区块飞仙关组连井储层模型正演剖面上看，台缘滩（早期滩）和前积滩（晚期滩）在地震剖面上均为亮点反射特征，但是台缘滩的亮点反射特征更明显（图 6-46）。

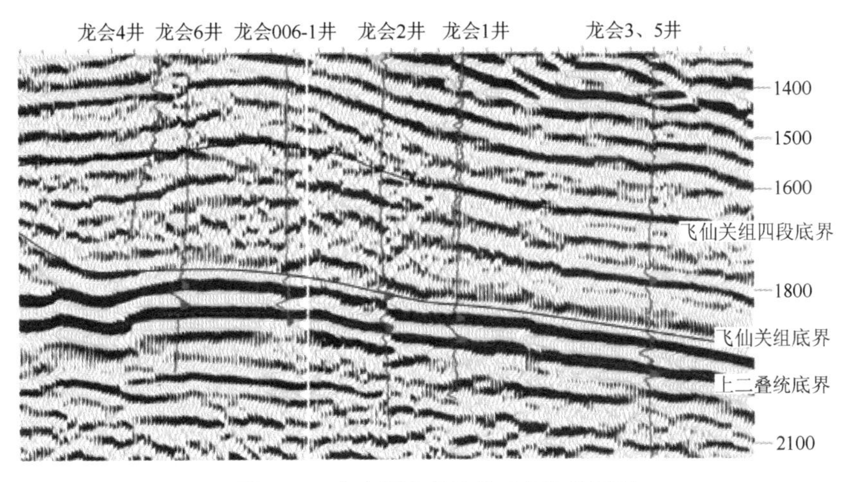

图 6-46　龙会场连井叠前时间偏移剖面

4. 鲕滩储层定量预测

1）波阻抗反演

从飞仙关组储层波阻抗反演剖面（图 6-47），波阻抗横向变化特征明显，飞仙关组大套地层速度结构合理，符合地质情况，波阻抗高低变化特征与测井曲线高低变化特征趋势吻合较好，与储层发育区域对应，测井解释厚度与地震预测厚度基本吻合。

2）孔隙度反演

孔隙度预测是一种利用地震数据体预测测井属性的方法，使用的数据包括地震体属性剖面和各种测井曲线。理论上可预测所有的测井属性类型；目前对孔隙度、自然伽马测井曲线的预测最为成功。

预测就是在多种地震数据属性体与测井属性间建立一种最佳的变换，这种变换既可以是线性的，也可以是非线性的；用逐步回归算法来确定选择使用的数据属性体类型，采用多井校验准则确定参与预测的属性体个数，用扩展交绘图方法并引入褶积算子来解决地震和测井间的频率匹配问题。

对于线性变换，地震属性与测井间的变换关系是一个加权的多元关系式，用最小二乘法求解；而非线性变换采用了两种神经网络算法来建立变换关系：MLFN-MultI-layer feedforward NN（多层前馈神经网络）和 PNN-PRobabilistic NN（概率神经网络），本次孔隙度预测采用线性变换（图 6-48）。

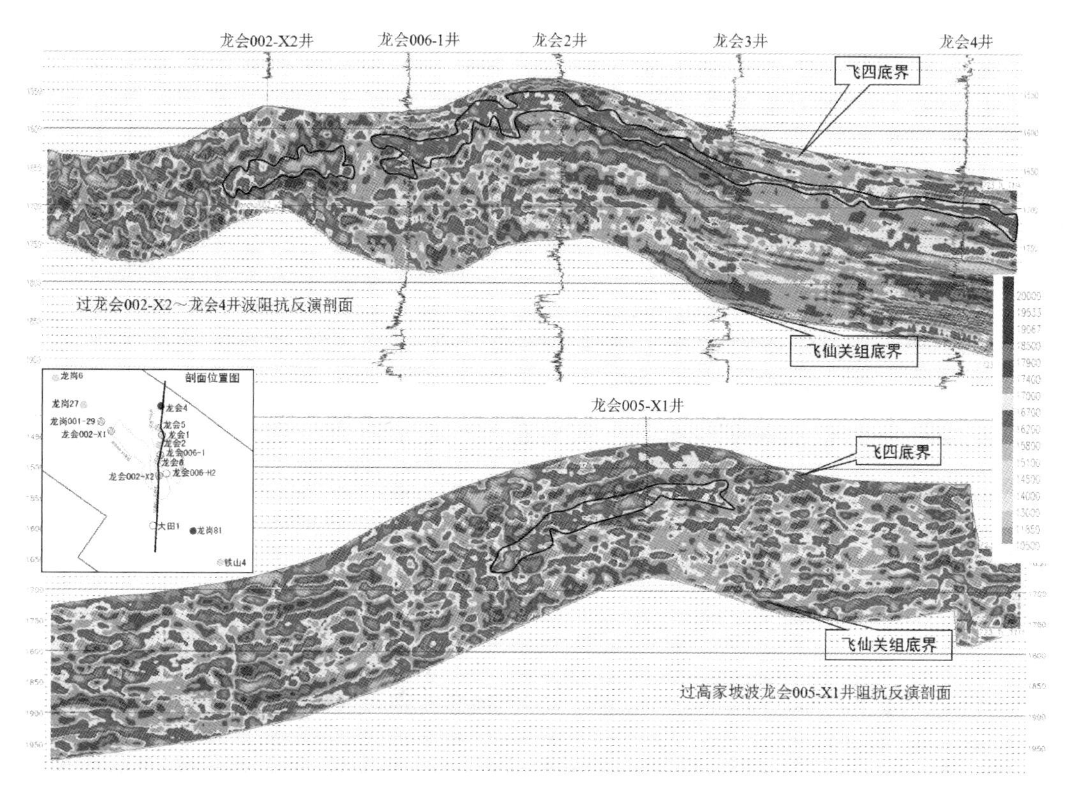

图 6-47　过龙会 002-X2—龙会 006-1—龙会 2—龙会 3—龙会 4 井飞仙关组波阻抗反演剖面图

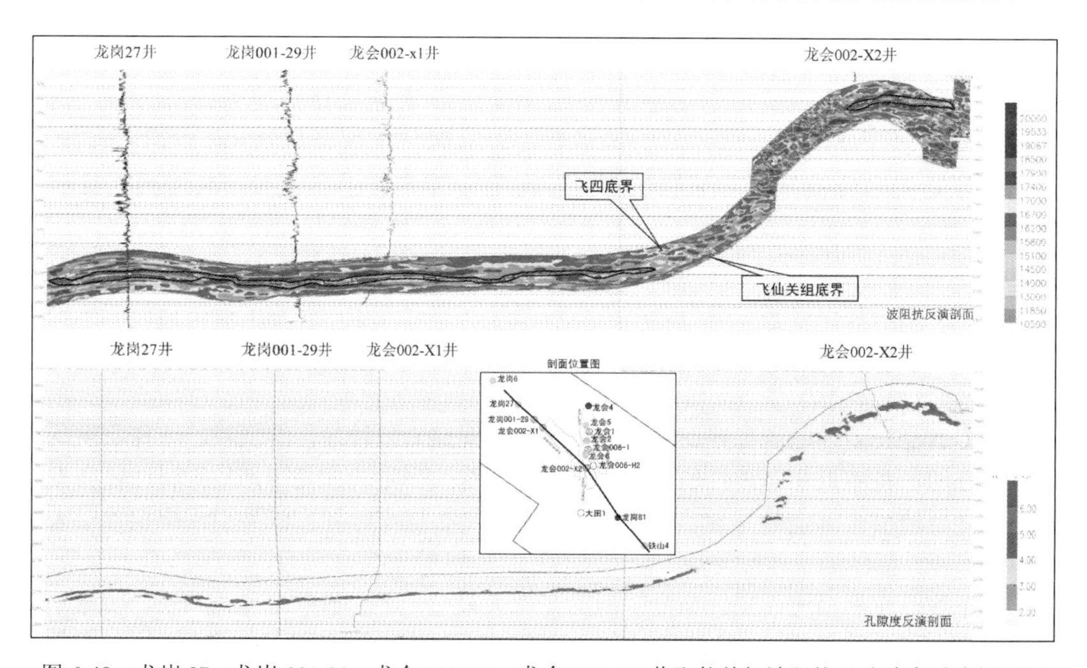

图 6-48　龙岗 27—龙岗 001-29—龙会 002-X1—龙会 002-X2 井飞仙关组波阻抗及孔隙度反演剖面图

从飞仙关组储层地震预测、测井解释连井剖面对比图上（图 6-49），可见储层段平均孔隙度与测井解释孔隙度基本吻合。

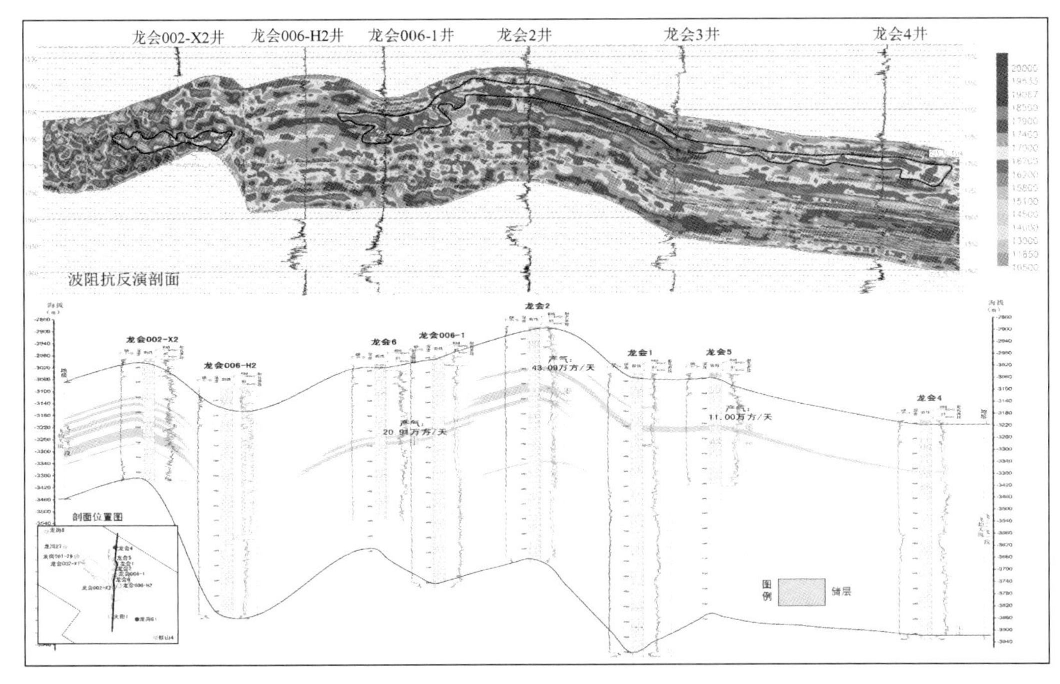

图 6-49　龙会 002-X2—龙会 4—飞仙关组地震预测、测井解释储层连井剖面对比图

3）鲕滩储层厚度、孔隙度、储能系数计算

利用剔除泥质灰岩、致密灰岩后的飞仙关组孔隙度数据体得到鲕滩储层的厚度、孔隙度平面图，利用储层厚度与平均孔隙度的乘积（$H \times \varphi$）得到储能系数平面图，从而完成龙会场区块飞仙关组鲕滩储层的定量预测。

5. 鲕滩储层地震反演预测成果评价

采用了龙岗—龙会场—铁山地区内 28 口井进行飞仙关储层预测，表 6-14 为飞仙关组鲕滩储层预测厚度、孔隙度预测与实钻吻合表，从表中可以看出，三维地震区内 33 口井中只有铁北 101 井和铁北 101-X1 井的储层厚度误差相对较大以外，其余井的误差都较小。说明本次预测成果与实际情况比较吻合，能够满足储量计算的要求。

表 6-14　飞仙关鲕滩储层厚度、孔隙度预测与实钻吻合表

井位	储层厚度（m）	预测厚度（m）	吻合度	井位	储层厚度（m）	预测厚度（m）	吻合度
龙岗 81	3.2	0～10	吻合	铁山 13	2.8	0～10	吻合
龙会 1	23.2	30～40	基本吻合	铁山 5	46.8	40～50	吻合
龙会 2	41.6	40～50	吻合	铁山 4	43.3	40～50	吻合
龙会 5	15.1	10～20	吻合	铁山 21	35.9	40～50	吻合
龙会 6	10.9	20～30	基本吻合	铁山 11	49.6	40～50	吻合
龙会 006-1	14.5	20～30	基本吻合	铁山 14	53	50～60	吻合
七里 14	9	<10	吻合	4.7	4.5～5	吻合	七里 14
七里 52	29.3	20～30	吻合	3	3～3.5	吻合	七里 52

续表

井位	储层厚度（m）	预测厚度（m）	吻合度	井位	储层厚度（m）	预测厚度（m）	吻合度
七里 8	23.1	20～30	吻合	七里 8	2.2	2～2.5	吻合
七里 51	22.2	20～30	吻合	七里 51	4	4～4.5	吻合
七里 20	39	30～40	吻合	七里 20	2.2	2～2.5	吻合
铁北 101-X1	62.5	≥60	吻合	铁北 101-X1	3.83	3.5～4	吻合
铁山 8	15.65	10-20	吻合	铁山 8	5.4	≥5	吻合
铁山 22	67.7	≥60	吻合	铁山 22	5.33	≥5	吻合
铁山 13	2.8	0～10	吻合	铁山 13	4.3	4～4.5	吻合
铁山 5	46.8	40～50	吻合	铁山 5	4.54	4～4.5	吻合
铁山 4	43.3	40～50	吻合	铁山 4	4.07	4～4.5	吻合
铁山 21	35.9	40～50	吻合	铁山 21	4.33	4～4.5	吻合
铁山 11	49.6	40～50	吻合	铁山 11	5.87	4～4.5	不吻合

飞仙关组鲕滩储层在铁山较发育，双家坝相对变差，且厚度分布不均匀，非均质性较强，在 10～60m 范围内变化，台缘鲕粒坝滩是本工区主要的飞仙关组鲕滩的有利发育区。

龙会区储层预测 33 口井中只有铁北 101 井和铁北 101-X1 井的储层厚度误差相对较大以外，其余井的误差都较小。从孔隙度误差分析表中可以看出，28 口井中除龙岗 6 和铁山 11 误差相对较大外，其余井的误差都较小。

铁山—双家坝区储层预测采用了 16 口井，表 4-31 为飞仙关组鲕滩储层预测厚度、孔隙度预测与实钻吻合（表 6-14），从中可以看出，16 口井的误差都较小。从孔隙度误差分析表中可以看出，16 口井中除铁山 11 误差相对较大外，其余井的误差都较小。说明本次预测成果与实际情况比较吻合，能够满足储量计算的要求。

第 7 章　生物礁滩储层流体识别

7.1　生物礁滩气藏成因

7.1.1　生物礁气藏成因探讨

前有研究表明四川盆地东部上二叠统长兴组生物礁气藏是一种原生的岩性圈闭气藏。王一刚等专家学者认为有利的储层发育相带、临近烃源岩、断层-裂缝输导、有效的围岩封堵是龙会场区块长兴组气藏成藏的主控因素。

1. 临近烃源岩

长兴组生物礁气藏的烃源岩主要为龙潭组的煤系泥、煤和大隆组中的硅质泥页岩。前人通过油气源对比研究表明，川东南点礁气藏天然气组分具有煤型气特征，川东北的点礁及边缘礁气藏天然气组分具有油型气的特征，说明生物礁气藏天然气以近源垂向运移为主，气藏气体组分明显受附近烃源岩类型的控制。另外长兴组下部发育局部断层，为油气的纵横向运移提供了优势通道。

2. 形成时间早

生物礁是受沉积相和成岩作用控制的岩性圈闭，因而其储层孔隙的发育、演化过程亦是圈闭形成、发展的过程。如果在生物礁圈闭形成后仍未有区域性的烃类运聚过程，由于胶结等成岩作用使圈闭破坏，这是无效圈闭。当生物礁油气藏得烃源岩进入热成熟阶段，有区域性烃类运聚过程发生时存在的圈闭，这样的圈闭才是有效的。

生物礁岩性圈闭形成时间早，位置接近源岩，因而具有优先捕获油气、形成高丰度、高产能气藏的优势。

3. 有效的围岩封堵

长兴组生物礁油气藏的储层整体被非礁相致密灰岩所围限，具有较强的围岩封堵作用。当礁油气藏形成后，在无断层切割破坏的情况下，油气藏所处构造位置的变化不会改变油气的保存条件。礁气藏形成后处于封闭状态，后期的构造变动，除断层破坏外，不会因构造变动发生气烃重新运聚。生物礁气藏的范围与构造形态无关，它可位于构造的各个部位，无统一的气水界面和压力场。例如：龙岗 81 礁体与铁山南礁体，说明礁气藏含气性与区域海拔无关，这种岩性遮挡能力保证了礁气藏岩性圈闭的有效性。

7.1.2 鲕滩气藏成因探讨

1. 飞仙关组鲕滩气藏基本特征

飞仙关组鲕滩气藏主要有以下一些特点：

（1）储层孔隙度高：碳酸盐蒸发台地相区鲕粒白云岩储层的样品孔隙度最高达到28.3%，已发现的大中型鲕粒滩气藏几乎都有单井平均孔隙度在10%左右的气井。

（2）储层连片大面积分布，可能形成多种圈闭类型：碳酸盐蒸发台地边缘巨厚鲕滩向深水方向迅速尖灭，易形成大型的岩性圈闭或岩性-构造复合圈闭。

（3）气藏气水分布状态复杂：由于复杂的油气充注过程及圈闭演化过程这些气藏圈闭无统一气水界面。因此，在深部岩性-构造复合圈闭仍具有较大勘探前景。

（4）储层层位集中：与飞仙关组早、中期高位域的沉积相序有关，该区储层主要发育在飞仙关组中下部。

（5）气藏均为高含硫气藏：由于地层中富硫酸盐沉积，深埋藏期的 TSR 作用使该区气藏天然气普遍含硫量高。

2. 飞仙关组鲕滩气藏成因探讨

1）烃源岩的有效性

在一个成熟的油气系统内，成藏要素组合的有效性中成熟的烃源岩是基础。飞仙关期沉积相带的分异约束了飞仙关组气藏烃源岩的分布和规模。川东北大中型飞仙关组鲕滩气藏的烃源岩是在开江-梁平海槽内早二叠世晚期在最大海泛面期间沉积的暗色硅质泥岩、泥质泥晶灰岩等，19 个烃源岩样品的有机碳平均含量为 3.9%，其中 8 个黑色泥岩样品的平均含量达到 6.21%。在开江梁平海槽相区烃源岩平均厚度在 25m 左右，分布面积约 $2.5\times10^4km^2$。烃源岩样品镜质体反射率平均 1.79%，已进入过成熟阶段。地面样品的 S_1+S_2 高的达到 10.52mg/g，而井下样品的则在 0.1～0.76mg/g 的范围。这表明生烃拗陷内的烃源岩已经经历了成熟的生烃和排烃过程，是有效的烃源岩。

2）储集岩的有效性

碳酸盐蒸发台地上的鲕粒岩的白云石化是在沉积界面附近发生的，即成岩作用早期阶段。作为优质储层的有效孔隙主要是埋藏期的次生溶孔。前期埋藏溶孔因烃源岩中排出的短链有机酸溶蚀而成，后期埋藏溶解孔则主要与液烃转变为气烃的过程中生成 CO_2 增加流体的酸性而发生的溶解作用而成。对于烃类的运聚成藏，它们都是有效的。

3）盖层的有效性

碳酸盐蒸发台地上的有效优质储层发育在飞仙关组中部及下部，其直接盖层是一套厚150～200m 的含硫酸盐的富泥碳酸盐潮坪旋回沉积层系，其有效封盖的气柱单井达到300m。上覆层包括厚达 1000m 以上的中、下三叠统的嘉陵江组、雷口坡组海相碳酸盐岩及厚度达到 2500～4000m 厚的上三叠统至白垩系的陆相相砂泥岩沉积。巨厚的上覆层不但使生烃拗陷区的烃源岩进入过成熟阶段，也使古油藏中液烃降解为气烃并使部分烃类因还原硫酸盐而氧化为 CO_2。

4）圈闭的形成过程及有效性

四川盆地内油气圈闭的形成过程与盆地构造史关系密切。上二叠统烃源岩与飞仙关组鲕粒岩沉积后盆地内的主要构造运动有印支运动、燕山运动和喜马拉雅运动三期。印支运动发生在三叠纪中、晚期，在盆地内表现为区域性升降。燕山运动对盆地影响最大的是发生在侏罗纪末的中幕，在盆地边缘形成线性褶皱。喜马拉雅运动发生在白垩纪以后，它在前期构造运动的基础之上最终定型了四川盆地的构造面貌。

背斜构造通常都是主要的圈闭基础。四川盆地内虽然有多组构造形迹交互排列，但局部背斜构造主要构造层大多形成同心褶皱。这表明这些构造可能是在持续受力的情况下发育成的。川东北地区构造形迹表明了平行于大巴山弧的北西向构造与平行于川东弧的北东向两组构造形迹的复杂叠加，它们都表现出褶皱强度由盆地边缘向盆地内减弱、构造时期由盆地边缘向盆地内逐渐变新的特点。据乐光禹等（1996）的研究可以确定该区构造始于燕山期，定形于喜马拉雅运动晚幕。

生烃拗陷中的烃源岩成熟于侏罗纪，液烃运聚成藏的关键时刻在燕山运动之前的中侏罗世。此时的有效圈闭是形成于印支运动的古构造。根据四川盆地现今构造在盆地边缘褶皱强烈而向盆地内减弱的特点，以及盆地内地层保存较全的特点，可以推断当时印支运动形成的古构造是一些面积较大、幅度相对较低的宽缓褶皱。现今川东北地区不论是气井、干井、水井和地面剖面的鲕粒白云岩储层中普遍含有储层沥青的现象可以作为一种支持这种推断的证据。烃源岩成气的关键时刻在白垩纪即燕山运动中幕之后，古油藏中液烃的裂解也发生在白垩纪的深埋藏期。因此在区域性的由油藏向气藏转化的过程中，燕山期的构造圈闭是形成气藏的有效圈闭。喜马拉雅运动对燕山构造的叠加与改造是决定现今气藏分布的重要因素，它可以使原先的构造圈闭气藏改变为岩性－构造复合圈闭气藏或岩性圈闭气藏，使气水重新分布，形成新的气藏或将原气藏破坏。

5）气藏成藏的运聚及保存的有效性

烃类的运移：烃源岩分布在开江-梁平海槽拗陷区，而大中型鲕滩气藏分布在台缘相区，表明水平运移是有效的二次运移。在开江-梁平生油拗陷与城口-鄂西海槽生油拗陷同等向蒸发台地上的有效圈闭供烃的情况下，由拗陷中部向台地中部侧向运移的距离在 70km 左右，而向台地边缘运移的距离约 30km（未计构造压缩）。台地上的鲕滩气藏都分布在飞仙关组中、下部即区域性直接盖层之下，这也是侧向运移成藏的特征。由于孔隙性鲕粒岩的不连续性，这些侧向运移可能主要是通过适时开启的断裂来实现的。现今鲕滩气藏大都分布在北东向断层伴生的北东向背斜构造上与这种认识相符。

气藏保存的有效性：除开启性断裂的破坏外，飞仙关组鲕滩气藏保存的有效性主要取决于适当深度的埋藏。燕山运动或喜马拉雅运动造成强烈的抬升使气藏因盖层的剥蚀而暴露地表而破坏，如宣汉东部滴水岩剖面所见含储层沥青的鲕粒白云岩储层。另一方面，过度埋藏使气藏长期处于 120℃以上的高地温环境，将使气藏中的烃类因 TSR 过程而逐渐消耗从而损害气藏的有效保存。目前大多数鲕滩气藏保存在埋深 3500～5000m 的范围，TSR 过程进行较缓慢，气藏中的 CH_4 大多在 80%以上。

7.2 多属性联合流体识别技术

油、气、水流体检测是目前甚至未来长期一段时间范围内储层流体预测技术中的一个难点，目前针对流体预测方法还没有相对成熟有效的技术和方法。本节主要对区内不同目标层段流体进行叠后及叠前方法探索。

1. 衰减属性

一般情况下，储层含气后，对地震波高频成分的吸收作用较强，因此通过对叠后地震资料特定时窗段的频谱进行分析，可定性预测储层的含油气性。吸收衰减是指地震波在地下介质传播中总能量的损失，引起地震波吸收衰减的因素是介质中固体与固体、固体与流体、流体与流体界面之间的能量耗损。理论研究和实际应用表明，在地质体中，如果孔隙发育，充填油、气、水（尤其对于含气的情况）时，地震反射吸收加大，高频吸收衰减加剧，含油气地层吸收系数可比相同岩性不含油气地层高几倍甚至一个数量级。研究和应用实践表明，在频率属性中，频率衰减是一种对烃类反映比较敏感的属性。

频率衰减的方法多样，主要有能量 85%对应频率、指定频率对应能量比、频率衰减梯度、起始衰减频率等 4 种方法（图 7-1）。

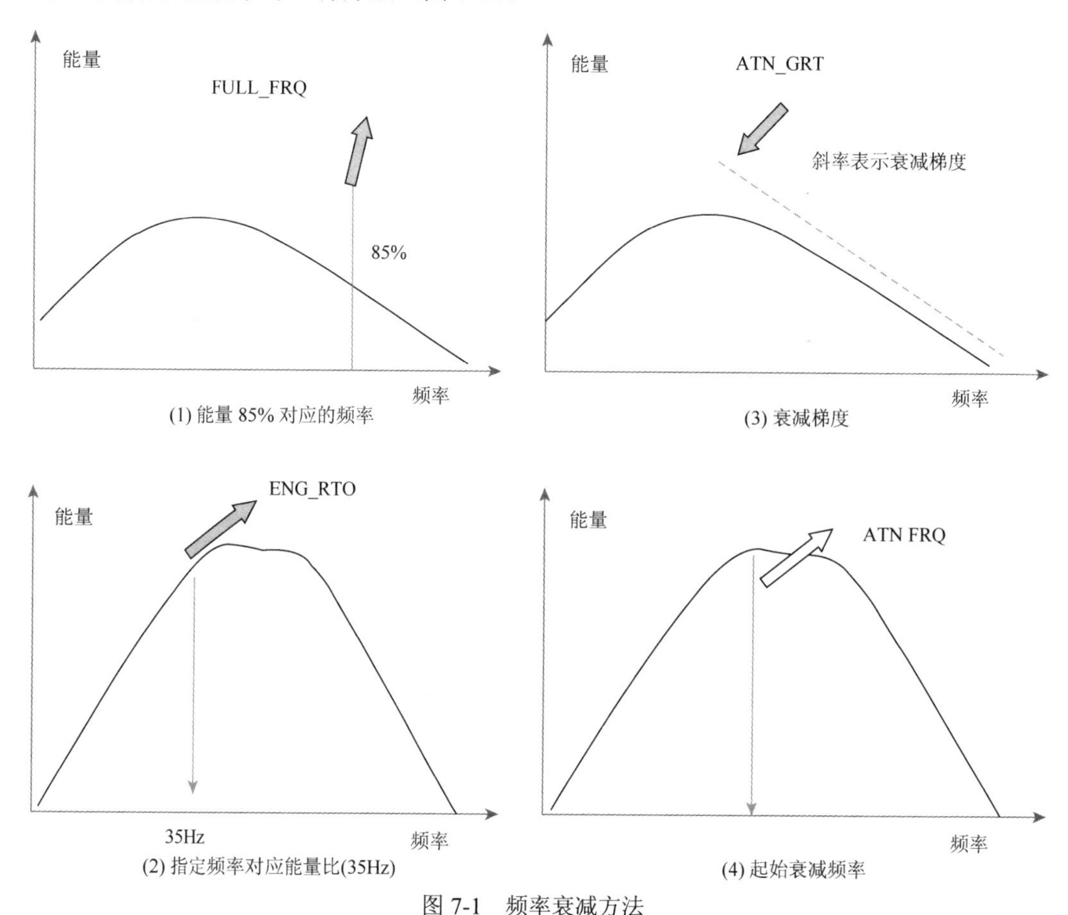

图 7-1 频率衰减方法

图7-2是过铁山21井频率衰减属性剖面图，从剖面上可以看出铁山21井测试产气$20.99\times10^4m^3/d$，在剖面上具有较高的衰减梯度值特征。而另外三种属性井旁能量及频率无明显变化，故选用频率衰减梯度的方法对油气进行识别。

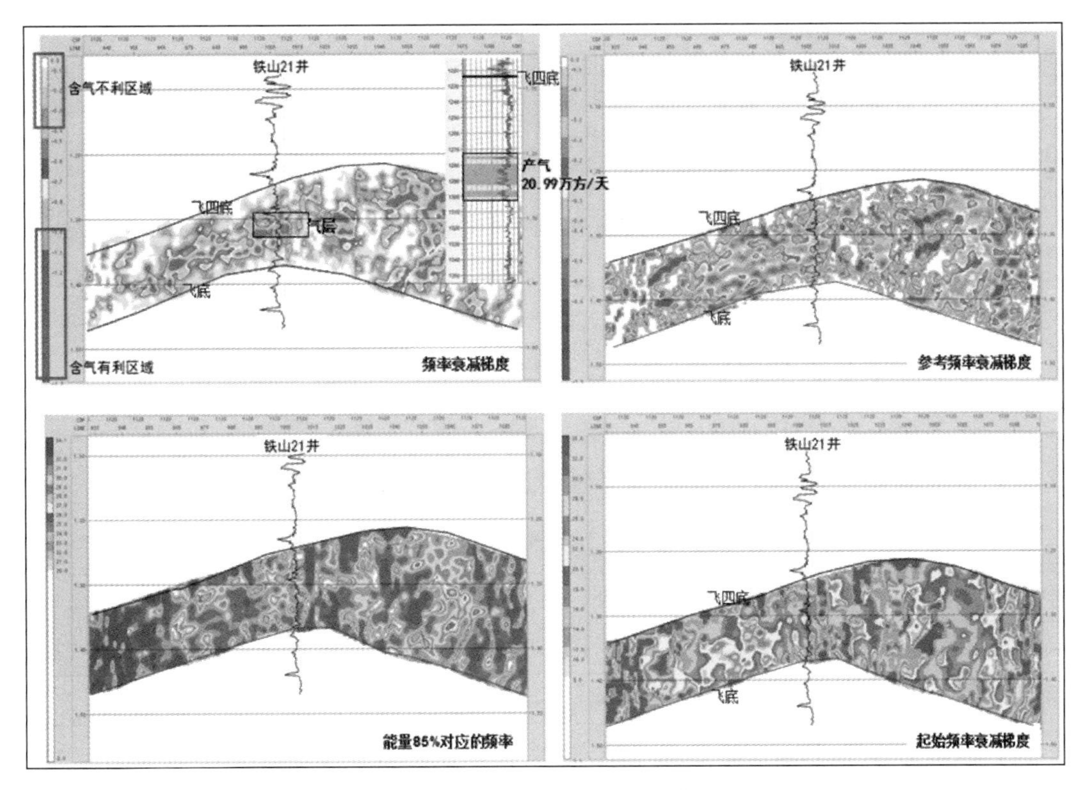

图7-2 铁山21井频率衰减属性剖面图

2. AVO属性分析技术

C.Ross以及E.F.Gonzalez等（2008）年在他们的研究中注意到运用AVO属性可以定量预测岩性和储层，对于不同工区的不同弹性参数储层段，AVO属性可能取得不同的结果。常规的、有效的做法是首先利用区内已知井储层特征，模拟和比较所有的AVO方法，择其最优者。

Rutherford、Williams、Ross、Kinman和Castagna等先后进行了AVO分类的工作，最终将含气层的AVO响应归结为4类AVO异常（图7-3）。

这4类AVO异常响应主要以含气层顶界所表现出的截距和梯度的差异来划分。之所以在含气储层顶界会形成4种不同类型AVO响应差异，是由于不同类型的含气储层与围岩波阻抗的不同。从图7-3（左）及表7-1可以看到，I类AVO异常为高阻抗含气储层，这类储层具有比上覆地层高的波阻抗，其AVO特征为：零偏移距振幅强且为正极性，AVO呈减少趋势，当反射角度足够大时，可观察到极性反转；II类AVO异常分为IIP和II两亚类，前者P值大于零，随偏移距增加振幅减少，并出现极性反转，后者P小于零，随偏移距增加振幅绝对值增加。III类和IV类储层的阻抗均低于上覆地层，III 类储层随偏移距增加振幅增强，而 IV 类储层随偏移距增加振幅减小。这 4 类 AVO 异常响应都可以利用 P-G（截距-梯度）交会图的方法，将它们与围岩加以区分（图 7-3）。

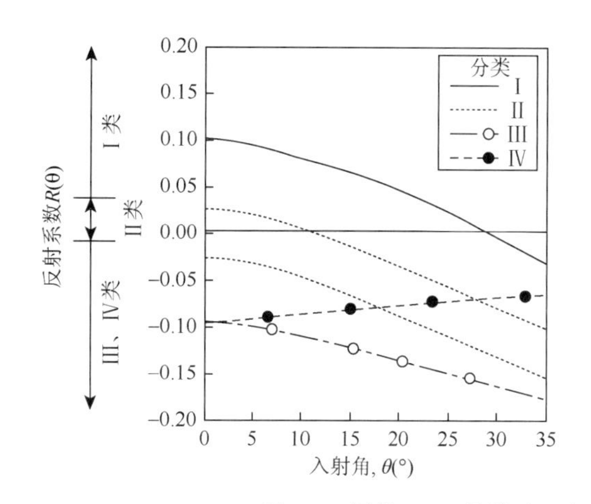

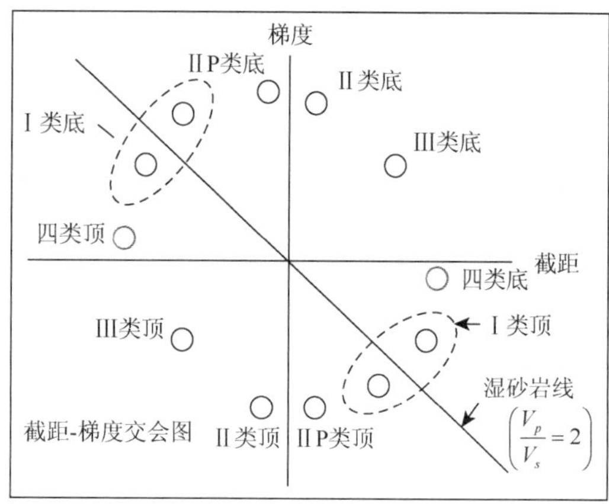

图 7-3　四类 AVO 异常以及它们在截距-梯度交会图上的位置

表 7-1　AVO 异常分类表

类别		相对阻抗	象限	截距	梯度	振幅随偏移距增大的变化
I 类		比上覆地层高	Ⅳ	−	+	减小
II类	II	与上覆地层相当	III	−	−	增加
	II P		Ⅳ	+	−	减小，出现极性反转
III类		比上覆地层低	III	−	−	增加
Ⅳ类		比上覆地层低	II	−	+	减小

3. AVO 正演分析

AVO 正演模拟方法综合应用了岩石物理、地球物理和地质学的一些基本原理，利用已知的模型来正演模拟 AVO 现象，结合已知的油藏特征，分析不同地质条件下油、气、水及特殊岩体的 AVO 响应，建立相应的 AVO 检测标志。

对于非零偏移距 AVO 模型正演通常用弹性波动方程或 Zoeppritz 方程模拟。AVO 正演理论模型一般是通过制作单一界面和三层介质的 AVO 理论模型，提取不同模型的 AVO 响应。对于层状介质，常采用射线追踪方法建立不同偏移距的地震记录，分析不同岩性组合的 AVO 特征，有助于直接识别岩性和油气。

在合成理论模型中，子波选用雷克子波，主频为 30Hz。图 7-4、图 7-5 为铁山 11 井和铁山 8 井用原始曲线和流体替换后的曲线采用 Zoeppritz 方程模拟的正演结果。从而图中可见，飞仙关组气层没有明显的振幅异常。铁山 11 井和铁山 8 井气层 AVO 异常振幅随着偏移距的增加，气层顶部和底部振幅逐渐变小，为第四类 AVO 异常。

但当角度达到 20°以后，气、水区别不大，故此次气水识别不采用 AVO 属性分析技术。

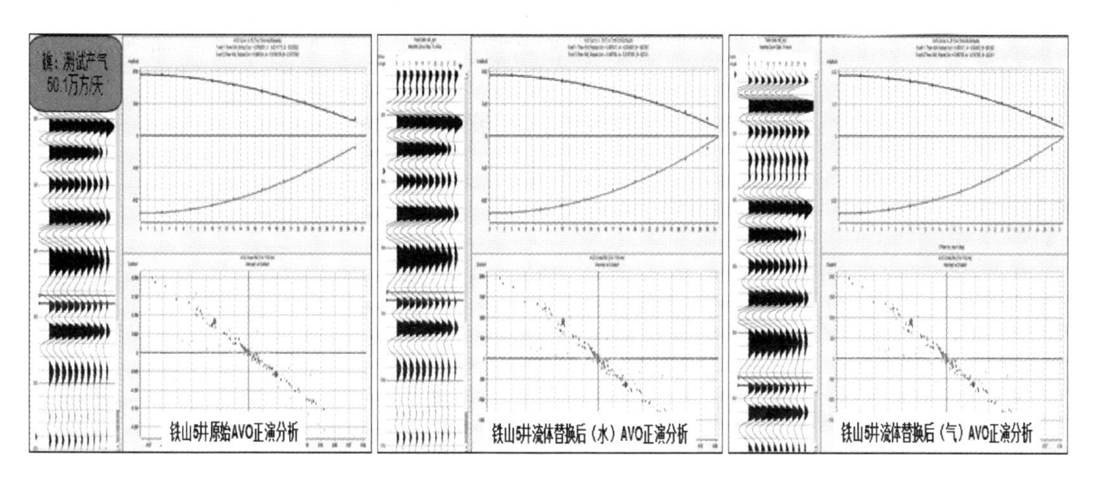

图 7-4　铁山 5 井采用 Zoeppritz 方程模拟的正演结果

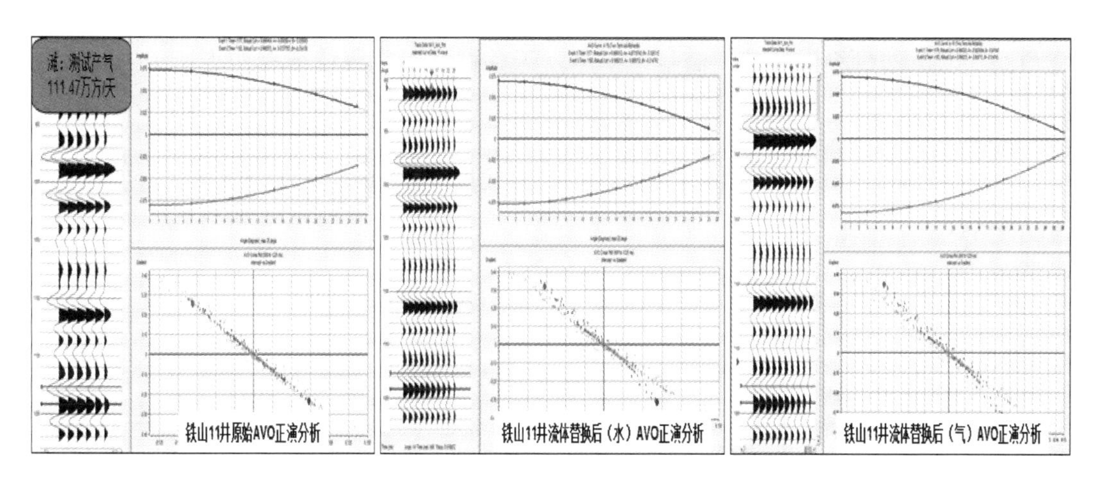

图 7-5　铁山 11 井采用 Zoeppritz 方程模拟的正演结果

第8章 深层碳酸盐岩礁滩气藏开发技术

8.1 气藏试采方案设计

8.1.1 试采区

龙会场—铁东深层生物礁滩气藏长兴组、飞仙关组存在多个含气区，根据“择优试采、滚动评价、动态调整”的试采原则，对不同区块进行分类评价，在分类评价的基础上优选试采区。

按照区块储量动用情况和认识程度将这些含气区块分为四类，区块的分类标准为（表8-1）：一类区指具有预测及以上储量级别基础，且储量动用情况好，井控程度高，气藏特征基本认识清楚，开发程度较高的区块；二类区指具有预测及以上储量级别基础，但储量动用程度较低，井控程度低，对气藏特征有初步认识的区块；三类区指具有预测及以上储量级别基础，储量未动用，无井控，对气藏特征有初步认识的区块；四类区指没有井控，对气藏特征认识程度很低，但具有较大资源量，可作为产能接替的区块。

在区块分类的基础上，根据试采原则，选择二类区和三类区作为试采区，四类区作为滚动评价区。

表8-1 龙会场—铁东区块分类评价标准及试采区选择

分类	分类标准			试采区选择
	储量级别	储量动用情况	对气藏特征的认识程度	
一类区	预测及以上储量级别	储量动用情况好、井控程度高	基本认识清楚	不作为试采区
二类区	预测及以上储量级别	剩余储量大、井控程度低	有初步认识	作为试采区
三类区	预测及以上储量级别	储量未动用、井控程度低或无井控	有初步认识	作为试采区
四类区	资源量	圈闭资源量大、无井控	认识程度很低	作为滚动评价区

下面分层系介绍试采区的选择情况：

1. 飞仙关组试采区

根据前面飞仙关组气藏特征部分的研究成果，工区内飞仙关组龙会场、铁山（铁山南和铁山北）、铁东三个区块含气区有7个：龙会002-X1井区、龙会2井区、龙会002-X2井区、高家坡区块、铁山南区块、铁山北区块、铁东台缘区。根据分类标准，对三个区块各井区评价如下（表8-2）：

表 8-2　飞仙关组分区评价及试采区选择结果统计表

气藏	区块	储量情况				对气藏特征认识程度	现有井情况	评价结果	试采区选择
		级别	储量（10^8m^3）	累计采出（10^8m^3）	剩余储量（10^8m^3）				
龙会场	龙会 002-X1 井区	预测	19.99	0	19.99	初步认识	完钻 1 口井，测井解释储层发育且为气层	三类	选择为试采区
	龙会 2 井区	控制	21.93	11.75	10.18	基本清楚	完钻 7 口井，投产井 3 口	一类	不作为试采区
	龙会 002-X2 井区	预测	16.41	0	16.41	初步认识	完钻 1 口井，测井解释储层发育且为气层	三类	选择为试采区
	高家坡	预测	12.4	0	12.4	认识很低	无井控	三类	选择为试采区
铁山	铁山北	探明	39.35	16.35	23	基本清楚	完钻井 3 口，投产井 3 口	一类	不作为试采区
	铁山南	探明	57.00	37	20	基本清楚	完钻井 9 口，投产井 3 口	一类	不作为试采区
铁东	铁东台缘	资源量	72.72	0	72.72	认识很低	无井控	四类	作滚动评价区

1）龙会场区块

龙会 2 井区：控制储量 $21.93\times10^8m^3$，含气面积 $9.9km^2$，完钻井 7 口，井控程度较高，累计投产井 3 口，累计产气 $11.75\times10^8m^3$，采出程度达 54%，开发程度较高，对气藏特征认识基本清楚。根据分类标准，该井区属于一类区。

龙会 002-X1 井区：完钻井 1 口，即龙会 002-X1 井，该井为长兴组专层井，在飞仙关组未测试。飞仙关组测井解释储层厚 14m，且均为气层，井区预测储量 $19.99\times10^8m^3$，含气面积 $13.5km^2$，储量未动用，根据分类标准，属于三类区。

龙会 002-X2 井区：完钻井 1 口，即龙会 002-X2 井，该井为长兴组专层井，在飞仙关组未测试。飞仙关组测井解释储层厚 54.1m，且均为气层，井区预测储量 $16.41\times10^8m^3$，含气面积 $4.8km^2$，储量未动用，根据分类标准，属于三类区。

高家坡区块：预测储量 $12.4\times10^8m^3$，含气面积 $5.6km^2$，无井控，紧邻开发程度及认识程度较高的龙会 2 井区，对气藏特征有初步认识，根据分类标准，该井区属于三类区。

2）铁山区块

铁山北区块：气藏特征基本认识清楚，2007 申报探明储量 $39.35\times10^8m^3$，本次计算动态储量 $35.28\times10^8m^3$，表明现有井已控制住气藏。根据分类标准，属于一类区。

铁山南区块：气藏特征基本认识清楚，2005 年开发调整方案复算飞仙关组探明储量 $57\times10^8m^3$，目前累计产气 $37\times10^8m^3$，开发程度较高。根据分类标准，属于一类区。

3）铁东区块

铁东台缘区块：无井控，气藏的认识程度很低，但三维地震解释成果表明储层发育，资源量较大，达 $72.72\times10^8m^3$。根据分类依据，属于四类区。

根据分类评价的结果，选择飞仙关组的龙会 002-X1 井区、龙会 002-X2 井区和高家坡区块作为试采区，选择铁东台缘区作为滚动评价区。

2. 长兴组试采区

根据长兴组气藏特征的研究成果，工区内长兴组龙会场、铁山（铁山南和铁山北）、铁东三个区块含气区块有 4 个：龙会 002-X1 井区、龙会 002-X2 井区、铁山南区块和铁东台缘区。根据分类标准，对三个区块各井区评价如下（表 8-3）：

表 8-3　长兴组分区评价及试采区选择结果统计表

区块	井区	储量情况				气藏特征认识程度	现有井情况	评价结果	试采区选择
		级别	储量（10^8m^3）	累计采出（10^8m^3）	剩余储量（10^8m^3）				
龙会场	龙会 002-X1 井区	预测	48.06	0	48.06	初步认识	完钻 1 口，储层发育且均为气层，测试产气 $38.81\times10^4m^3/d$	三类区	试采区
	龙会 002-X2 井区	预测	59.76	0.1	57.66	初步认识	完钻 1 口，日产 $9.36\times10^4m^3/d$，生产基本稳定	二类区	试采区
铁山	铁山南	探明	39.99	27.79	12.2	基本清楚	完钻井 9 口，投产井 3 口	一类区	不作试采区
铁东	铁东台缘	资源量	45.01	0	45.01	认识很低	无井控	四类区	滚动评价区

1）龙会场区块

龙会 002-X1 井区：完钻井 1 口，即龙会 002-X1 井，该井正眼未钻遇生物礁，侧眼钻遇生物礁储层，测井解释储层厚 32.4m，且均为气层，测试产气 $38.81\times10^4m^3/d$，该区块预测储量 $48.06\times10^8m^3$，均未动用，气藏特征还需深入认识，根据分类标准，属于三类区。

龙会 002-X2 井区：预测储量 $59.76\times10^8m^3$，含气面积 $12.5km^2$，完钻井 1 口，即龙会 002-X2 井，测井解释储层厚 54.1m，且均为气层，该井长兴组测试产气 $27.8\times10^4m^3/d$，于 2014 年 7 月 28 日投产，投产初期井口油压 28.43MPa，到 2014 年 12 月 31 日油压 27.8MPa，日产气 $6.44\times10^4m^3/d$，平均产量 $9.36\times10^4m^3/d$，生产较稳定，累计产气 $0.1\times10^8m^3$，无地层水产出，区块剩余储量大，井控程度低，根据分类标准，属于二类区。

2）铁山区块

铁山南长兴组气藏特征基本认识清楚，探明储量 $39.99\times10^8m^3$，目前累计产气 $27.79\times10^8m^3$，采出程度较高。根据分类标准，属于一类区。

3）铁东区块

铁东台缘区无井控，气藏的认识程度很低，但三维地震资料表明储层发育，且资源量较大，达 $45.01\times10^8m^3$。对根据分类标准，属于四类区。

根据分类评价的结果，选择长兴组龙会 002-X1 井区和龙会 002-X2 井区作为试采区，选择铁东台缘区作为滚动评价区。

8.1.2　试采区井位部署

1. 开采方式

根据试采的目的及任务，为了能够准确地获取各个层位的静、动态资料，采用部署专层井，单层开采的方式。

2. 试采井井型

试采井型的选择从两个方面考虑，一是考虑储层的特征；二是根据试采目的，早期评价气藏特征的同时兼顾获取产能，因此利用数值模拟研究分析，以气藏的实际资料为基础建立单井数值模拟模型（图 8-1～图 8-3），并根据已开发井生产动态特征，分别对气藏大斜度井和直井的开发效果进行了模拟和对比分析，研究不同井型的生产情况，选择生产效果较好、能提高单井产量的井型。

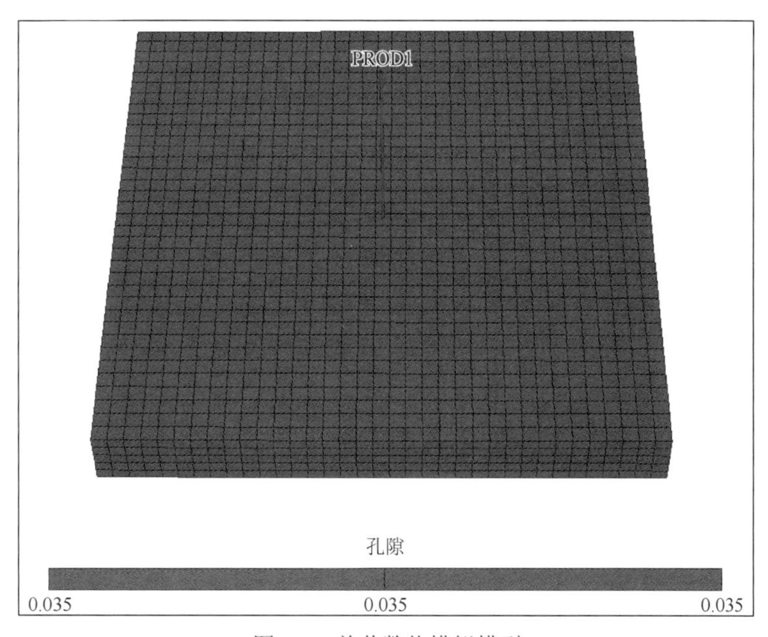

图 8-1　单井数值模拟模型

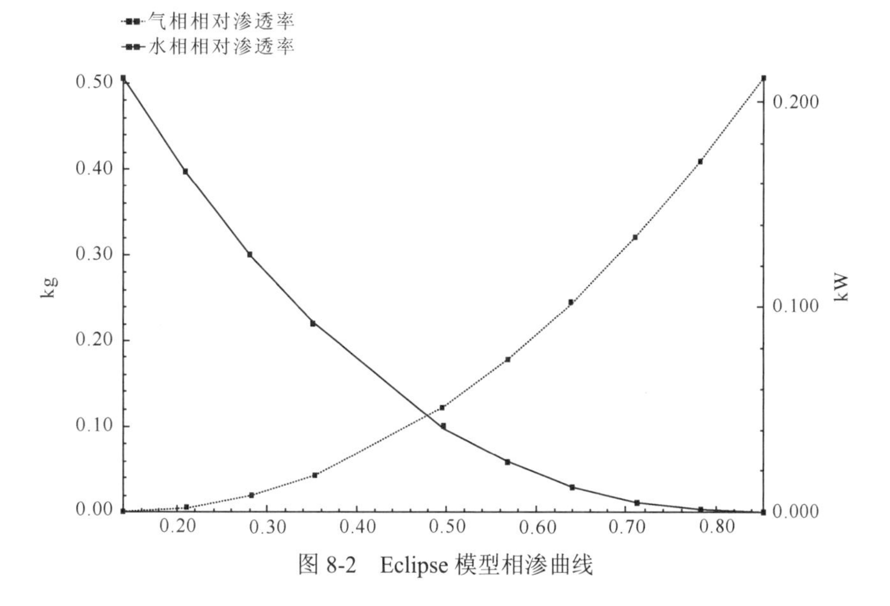

图 8-2　Eclipse 模型相渗曲线

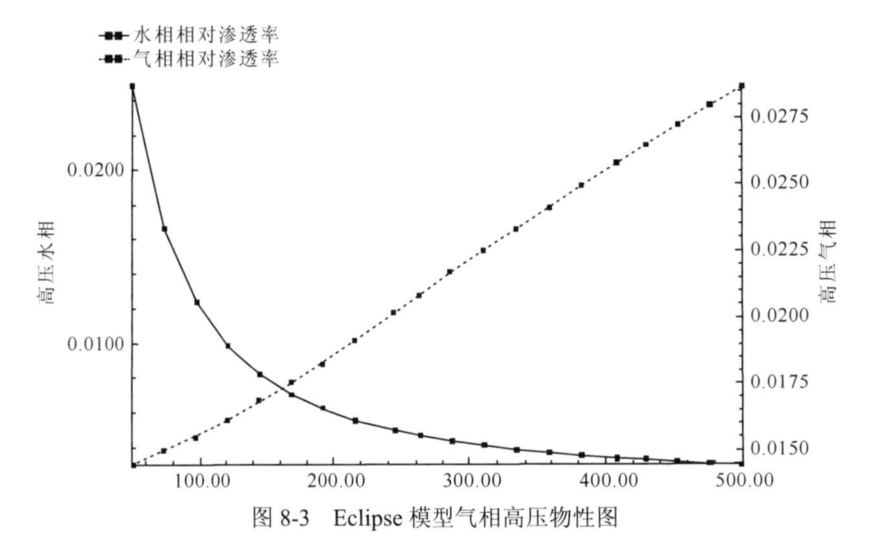

图 8-3 Eclipse 模型气相高压物性图

试采井型的选择考虑了不同层系储层分布特征，同时利用数值模拟，对三个层系不同井型的生产效果进行研究。

本书数值模拟分析采用建立单井模型为基础开展机理研究，选用的单井模型参数来自于龙会场—铁东区块不同层系现有井资料，能较好地表征各个层系气藏的特征。

网格类型：三维块中心网格系统。

网格步长：采用均匀网格，网格步长为 50m×50m。

下面分层介绍试采井井型的选择：

1）飞仙关组试采井井型

飞仙关组储层纵向上具有多层叠加的特征，累计厚度大，但单层厚度薄，如龙会 002-X2 井 11 套储层累计厚度达 54.1m，但平均单程厚度只有 4.83m，因此这类储层适宜部署大斜度井和直井。

根据数值模拟的研究结果（图 8-4、图 8-5），定产量生产条件下，气井配产均为

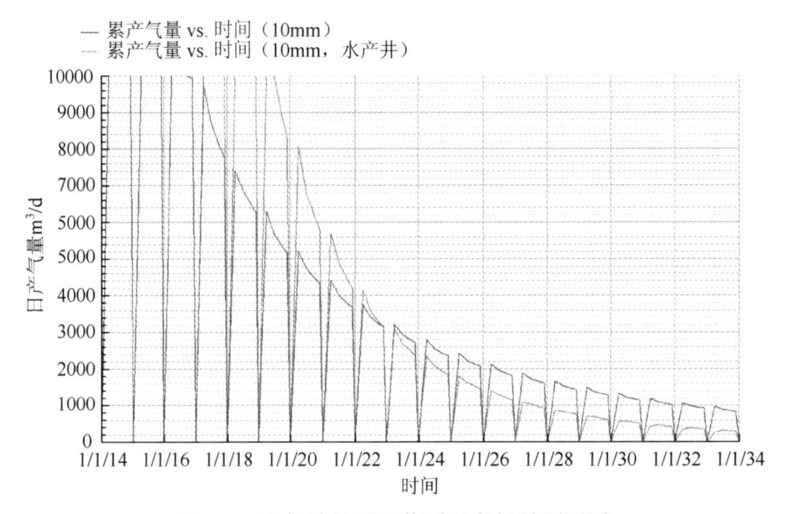

图 8-4 飞仙关组不同井型日产气量预测图

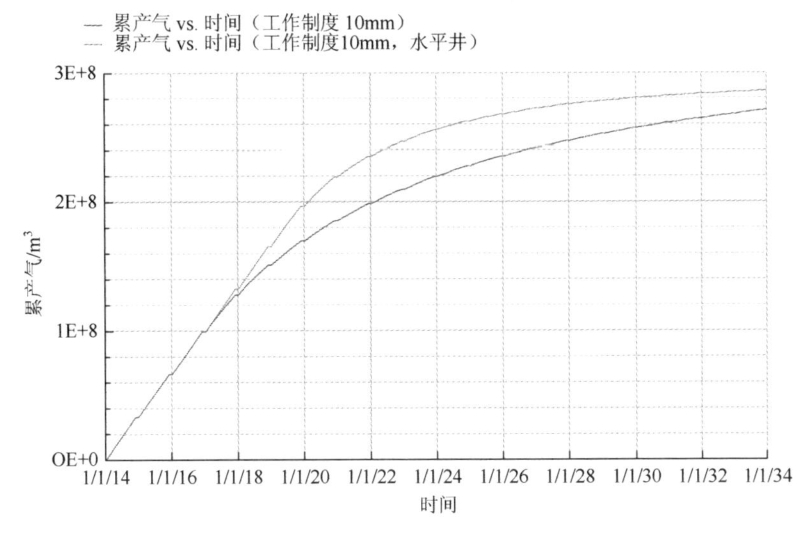

图 8-5　飞仙关组不同井型累产气量预测图

$10\times10^4m^3/d$ 时，从模拟二十年后的结果看，无论从稳产时间还是预测期末累产气量，大斜度井均优于直井，其预测期末累产气量为 $2.87\times10^8m^3$，比直井高 $0.164\times10^8m^3$，稳产期则从直井的 2.8 年增加到 5.3 年。因此，大斜度井的生产效果比直井好。

综合研究认为，飞仙关组试采井井型选择大斜度井。

2）长兴组试采井井型

长兴组储层纵向上单层厚度大，但储层渗透性较差，如龙会 002-X2 井总储层厚度 46.95m，单层最大厚度可达 37.657m，该井试井解释外区渗透率只有 0.833mD。因此，长兴组的储层特征适宜部署大斜度井和直井。

根据数值模拟的研究结果（图 8-6、图 8-7），定产量生产条件下，气井配产均为 $8\times10^4m^3/d$ 时，从模拟二十年后的结果看，无论从稳产时间还是预测期末累产气量，大斜

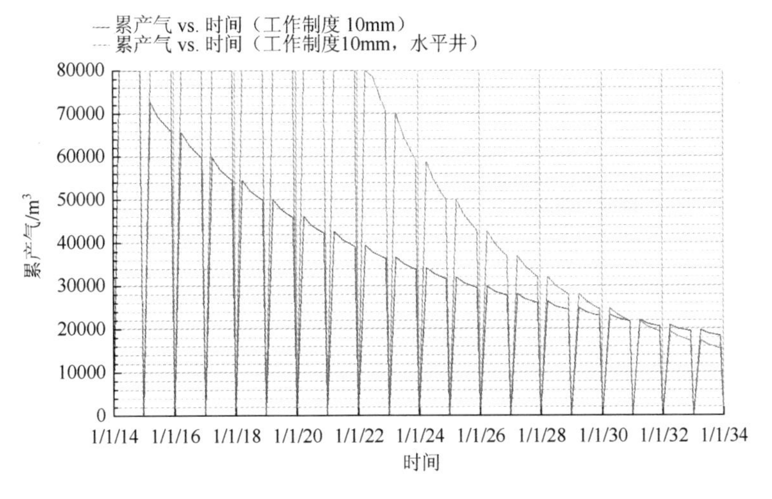

图 8-6　长兴组不同井型日产气量预测图

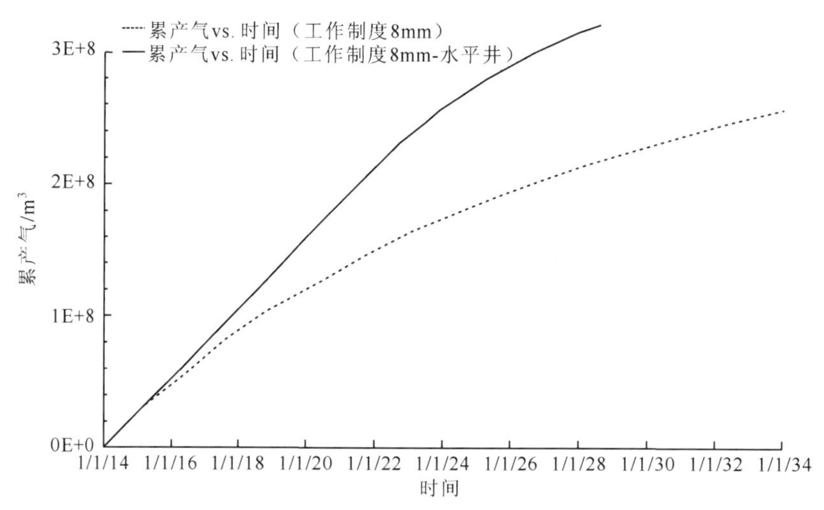

图 8-7　长兴组不同井型累产气量预测图

度井均优于直井，其预测期末累产气量为 3.60×10⁸m³，比直井高 1.03×10⁸m³，增产可达 40.76%。因此，大斜度井的生产效果比直井好。

综合研究认为，长兴组试采井井型选择大斜度井。

3. 试采井井位部署

1）飞仙关组试采井井位部署

飞仙关组试采区目前没有专层井，计划利用正钻井龙会 006-H2 井，再新部署 3 口井：龙会 005-X1、龙会 005-X2 井、龙会 005-X3 井，4 口井在平面上均匀分布，平均井距 3km 左右，能够控制住整个试采区（图 8-8）。

根据地震剖面图和地震预测储层厚度与构造叠合平面图（图 8-8～图 8-10），4 口试采井均处于构造和储层发育的有利位置，龙会 006-H2 井位于构造轴部，地震预测储层厚度 40～50m；龙会 005-X2 井也位于构造轴部，地震预测储层厚度 20～30m；龙会 005-X3 井位于华②号断层下盘的最高点，地震预测储层厚度 20～30m；龙会 005-X1 井位于高家坡潜伏构造的高点，地震预测储层厚度 30～40m。

通过以上试采井的部署可深化认识龙会场飞仙关组台缘带储层的连通性、气水分布及储量可动性。具体如下：

龙会 005-X2 井和龙会 005-X3 井可认识华②号断层下盘储层特征、连通性及流体分布。

龙会 006-H2 井能深化认识龙会 002-X2 井区的流体性质、产能特征以及与龙会 2 井区之间的连通关系。

龙会 005-X1 井可认识高家坡区块储层特征、含气性、产能大小。

飞仙关组和长兴组试采区叠合度较高，为了充分利用有限的试采井获取更多气藏的静、动态资料，建议飞仙关组的试采井均要钻穿长兴组，达到兼探长兴组气藏的目的。

2）长兴组试采井井位部署

长兴组部署 4 口试采井，其中利用已有的滚探井 2 口：龙会 002-X1 侧和龙会 002-X2 井；新部署试采井 2 口：龙会 002-X3 和龙会 002-X4，分别位于龙会 002-X2 井以东和龙

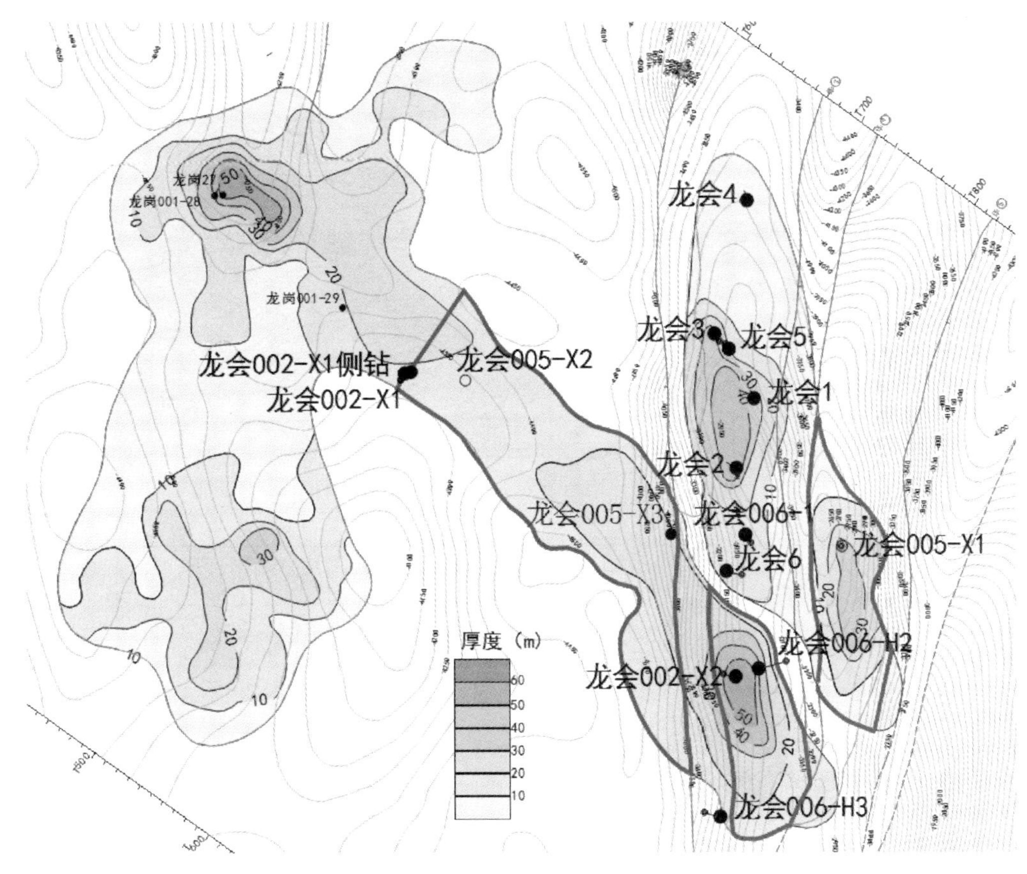

图 8-8　飞仙关组试采井井位部署示意图

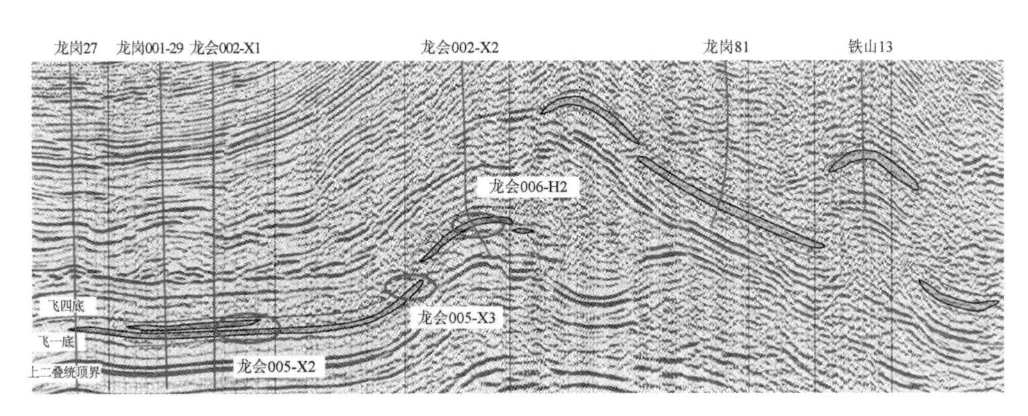

图 8-9　飞仙关组龙岗 27-铁山 13 井地震剖面图

会 002-X1、龙会 002-X2 井之间。4 口试采井在试采区均匀分布，在平面上控制住整个试采区。

根据地震剖面图和地震预测储层厚度与构造叠合平面图（图 8-11、图 8-12），新部署的 2 口试采井均处于储层发育的有利位置，龙会 002-X3 井地震预测储层厚度 50～60m，龙会 002-X4 井地震预测储层厚度 30～40m。

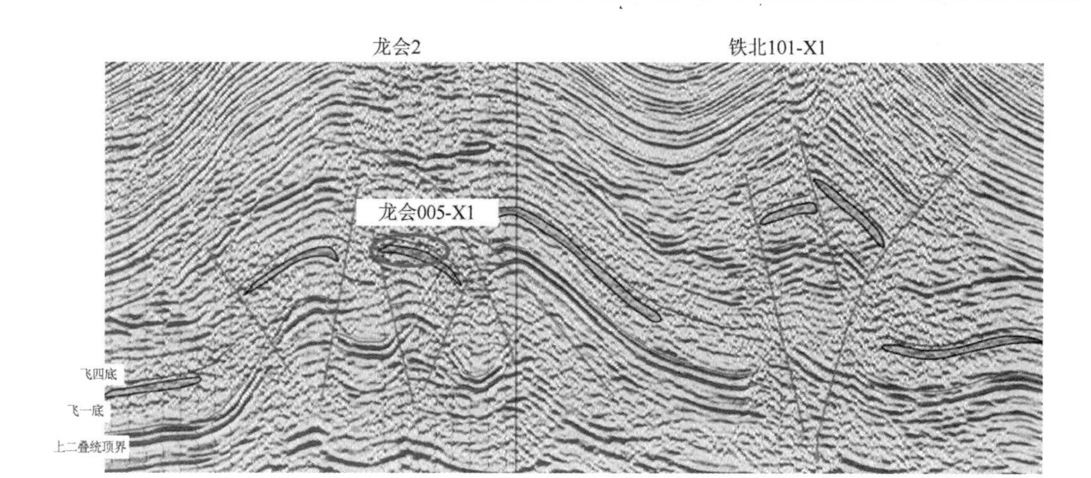

图 8-10　飞仙关组龙会 005-X1 井地震剖面图

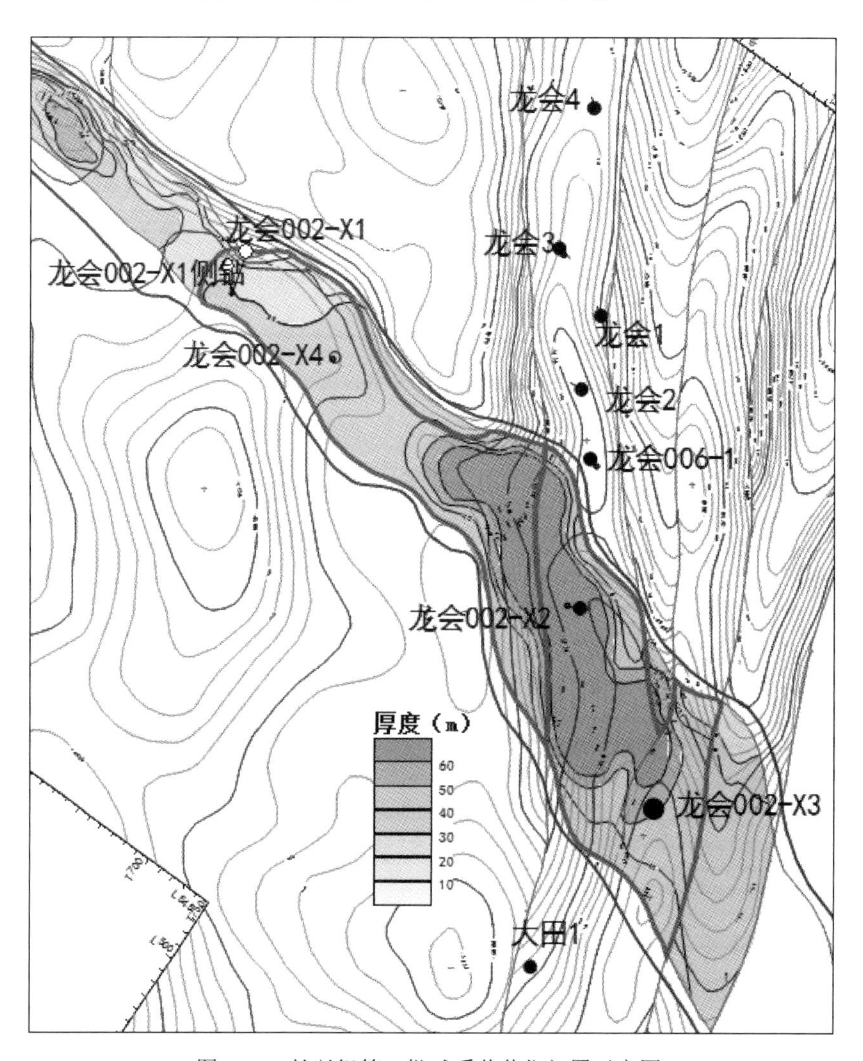

图 8-11　长兴组第一批试采井井位部署示意图

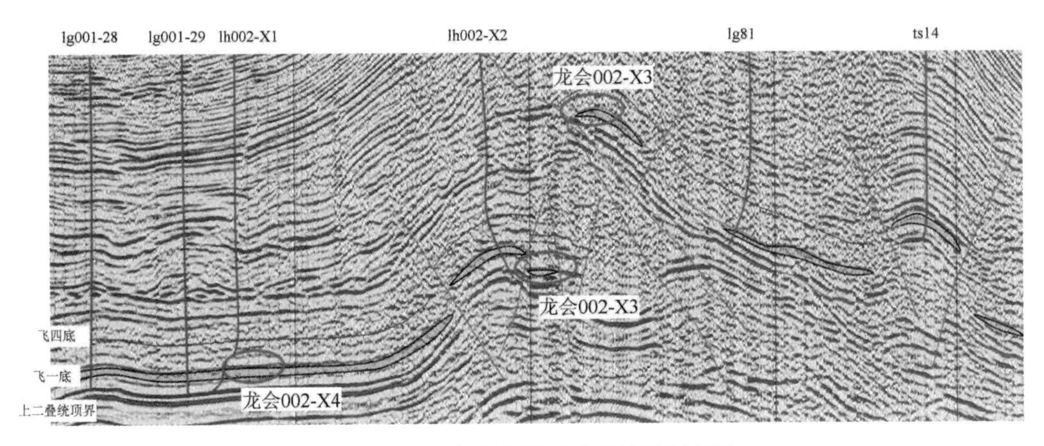

图 8-12　长兴组新部署试采井地震剖面图

利用已有滚探井龙会 002-X1 侧和新部署试采井龙会 002-X4 认识华②号断层下盘储层非均质性、气水分布。

已有滚探井龙会 002-X2 井试采，进一步认识该井区的产能特征，储量的可动性。

龙会 002-X3 井可认识华③号断层下盘储层特征、流体性质，与龙岗 002-X2 井区之间的连通性，同时兼探华①号断层上盘龙岗 81 井以西储层发育情况。

综上所述，试采区共计部署试采井 8 口（表 8-4），其中利用投产井 1 口、完钻井 1 口、正钻井 2 口，新钻试采井 4 口。

表 8-4　龙会场～铁东试采区试采井统计表

序号	层位	井区	井名	井别	井型
1	飞仙关	龙会 002-X1 井区	龙会 005-X2	试采井	大斜度
2			龙会 005-X3	试采井	大斜度
3		高家坡	龙会 005-X1	试采井	大斜度
4		龙会 002-X2 井区	龙会 006-H2	试采井	大斜度
小计			4		
1	长兴	龙会 002-X1 井区	龙会 002-X1 侧	试采井	大斜度
2			龙会 002-X4	试采井	大斜度
3		龙会 002-X2 井区	龙会 002-X2	试采井	大斜度
4			龙会 002-X3	试采井	大斜度
小计			4		

4. 试采井配产

试采井配产一是参考现有井生产情况，二是通过数值模拟研究预测气井的稳定产量。最后结合试采井的地震预测储层厚度、构造位置进行配产。

1）飞仙关组试采井配产

（1）现有生产井情况。

飞仙关组现有生产井龙会 2 和龙会 6 井，其中龙会 2 井为高产井，地震预测储层厚度

40～50m，位于构造高部位，裂缝发育；龙会 6 井为低产井，地震预测储层厚度 30～40m，位于构造边部。通过对比，飞仙关组试采井储层条件均比龙会 2 井差，与龙会 6 井相当，因此可参考龙会 6 井的生产情况进行配产。

龙会 6 井以 $5～6×10^4m^3/d$ 产量生产较为稳定，该井为直井，大斜度井根据构造位置和地震预测储层厚度的不同，建议配产在 $9～12×10^4m^3/d$。

（2）数值模拟研究。

通过数值模拟预测 10 年的累计产气量分析（图 8-13、图 8-14），当气井以产量 $8×10^4m^3/d$ 以上生产时，各个产量制度下生产的预测期末累产气量相差不大，若生产时间为 20 年，则各个配产的最终累计采气量趋于一致。考虑气井应当具有一定稳产期，飞仙关大斜度井配产建议为 $8×10^4～12×10^4m^3/d$。

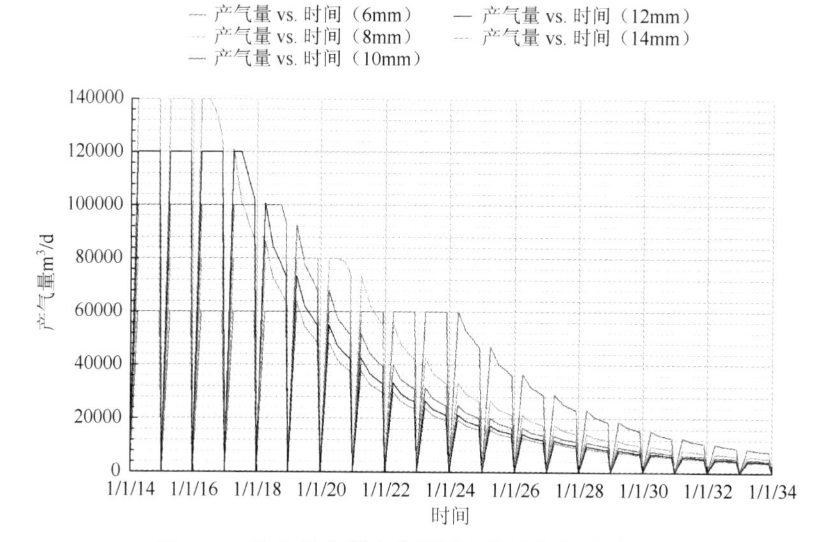

图 8-13　飞仙关大斜度井不同配产日产气量预测图

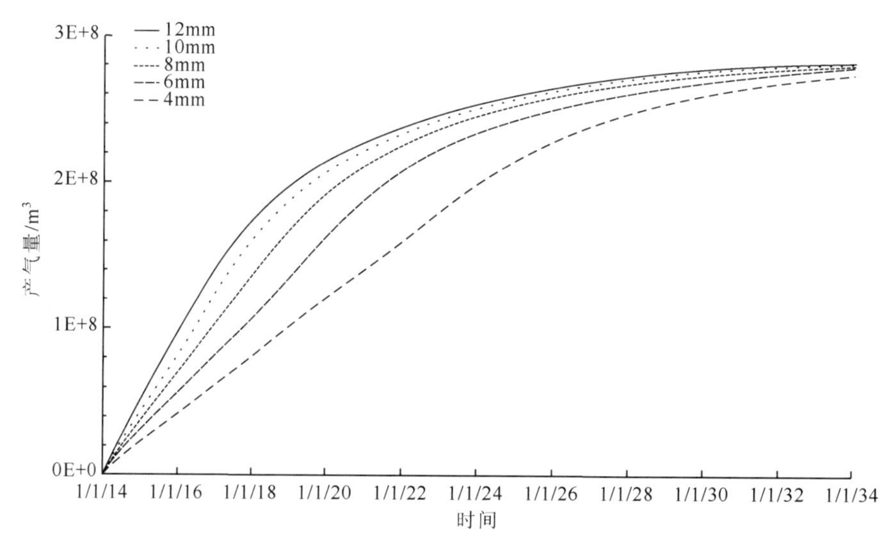

图 8-14　飞仙关大斜度井不同配产累产气量预测图（20 年）

综上所述，飞仙关组试采井配产建议为 $8\times10^4\sim12\times10^4m^3/d$，具体产量根据试采井的地震预测储层厚度和构造位置不同而有所差别。

（3）试采井配产。

飞仙关组试采井配产见表 8-5。4 口试采井配产 $43\times10^4m^3/d$ 左右，其中龙会 006-H2 井海拔高，地震预测储层厚度 40～50m，按 $12\times10^4m^3/d$ 左右配产；龙会 005-X3 井和龙会 005-X1 都位于构造高部位，地震预测储层厚度较大（20～40m），按 $11\times10^4m^3/d$ 左右配产；龙会 005-X2 井位于构造边部，海拔较低，地震预测储层 20～30m，按 $9\times10^4m^3/d$ 左右配产。

表 8-5　飞仙关组试采井配产表

井号	井型	海拔（m）	构造位置	地震预测储层厚度（m）	配产（$10^4m^3/d$）
龙会 006-H2	大斜度井	−3050	构造轴部	40-50	12
龙会 005-X2	大斜度井	−4325	构造轴部	20-30	9
龙会 005-X3	大斜度井	−4100	构造高部	20-30	11
龙会 005-X1	大斜度井	−2750	构造高部	30-40	11
合计					43

2）长兴组试采井配产

（1）现有生产井情况。

长兴组现有生产井仅龙会 002-X2 井，该井地震预测储层厚度大于 60m，于 2014 年 7 月 28 日投产，投产初期井口油压 28.43MPa，到 2014 年 12 月 31 日平均日产气 $9\times10^4m^3/d$，累计产气 $0.1\times10^8m^3$，生产较稳定，由于地面管线原因，产量无法达到 $10\times10^4m^3/d$。

类比铁山南产能相似的气井铁山 21 井，该井为直井，一点法无阻流量 $63.10\times10^4m^3/d$，开发方案中配产 $10\times10^4m^3/d$，约为无阻流量的六分之一。龙会 002-X2 井为大斜度井，二项式无阻流量 $56.8\times10^4m^3/d$，按无阻流量的五分之一计算，建议配产约 $10\times10^4m^3/d$。

（2）数值模拟研究。

通过数值模拟预测 20 年累计产气量分析（图 8-15、图 8-16），当气井以产量 $8\times10^4m^3/d$

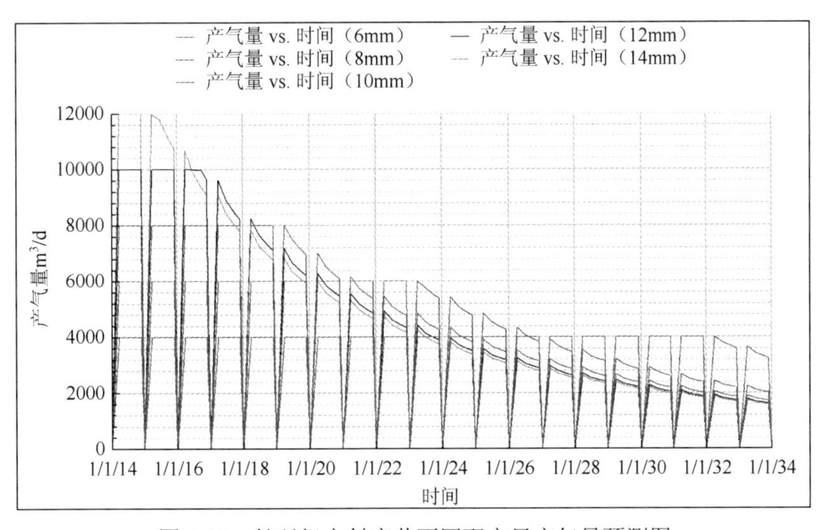

图 8-15　长兴组大斜度井不同配产日产气量预测图

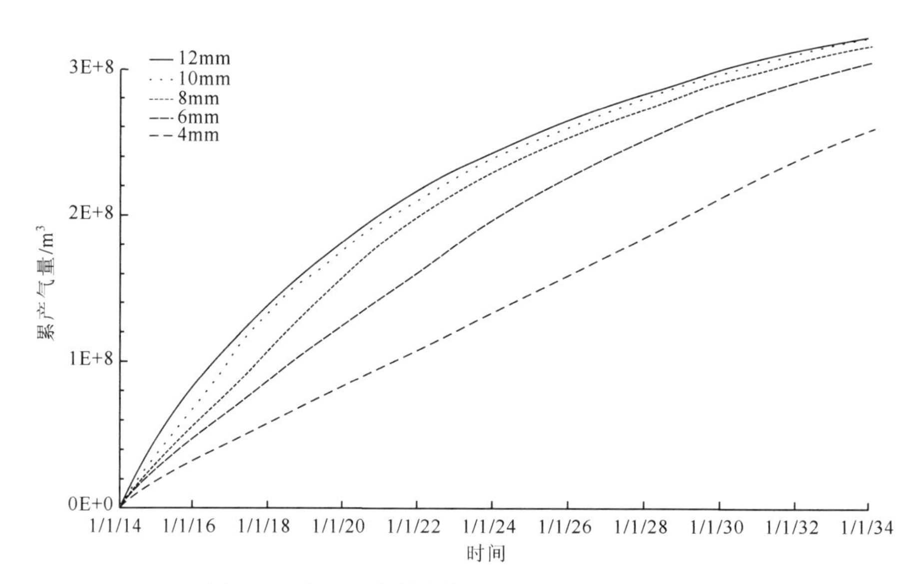

图 8-16 长兴组大斜度井不同配产累产气量预测图

以上生产时，各个产量制度下生产的最终累计产气量趋于一致。考虑气井应当具有一定稳产期，长兴组大斜度井配产建议为 6×10^4～$10\times10^4m^3/d$。

综上所述，长兴组试采井配产建议在 6×10^4～$10\times10^4m^3/d$。根据试采井的地震预测储层厚度不同而有所差别。

（3）试采井配产。

长兴组试采井配产见表 8-6。4 口试采井配产 $37\times10^4m^3/d$ 左右。其中龙会 002-X2 井地面管线建设完成后，按 $10\times10^4m^3/d$ 左右配产；其余 3 口井地震预测储层厚度比龙会 002-X2 井薄，按 $9\times10^4m^3/d$ 左右配产。

表 8-6 长兴组试采井配产表

井号	井型	海拔（m）	构造位置	地震预测储层厚度（m）	配产（$10^4m^3/d$）
龙会 002-X2 井	大斜度井	−3650	构造轴部	＞60	10
龙会 002-X3 井	大斜度井	−3500	构造边部	50～60	9
龙会 002-X4 井	大斜度井	−4700	构造边部	30～40	9
龙会 002-X1 井侧	大斜度井	−4700	构造边部	20～30	9
合计					37

8.1.3 试采规模

根据试采区和滚动评价区试采井部署及配产情况，龙会场—铁东区块试采井共计 10 口，试采规模为 $90\times10^4m^3/d$（表 8-7），根据试采井及地面建设的实施进度，5 口试采井（龙会 002-X1 侧、龙会 002-X2、龙会 006-H2、龙会 006-H3 井、龙会 005-X1）可于 2016

年2月形成49×$10^4m^3/d$规模，其余5口井（龙会005-X2、龙会005-X3、龙会002-X3、002-X4、铁山021-X1井）于2016年12月形成41×$10^4m^3/d$规模。

因此，到2016年12月底生物礁滩气藏共计可形成83×$10^4m^3/d$规模。

表8-7　龙会场井铁东区块试采井配产表

序号		层位	井区	井名	井别	井型	配产（$10^4m^3/d$）
试采区	1	飞仙关	龙会002-X2井区	龙会006-H2	试采井	大斜度	12
	2		龙会002-X1井区	龙会005-X2	试采井	大斜度	9
	3		龙会002-X1井区	龙会005-X3	试采井	大斜度	11
	4		高家坡	龙会005-X1	试采井	大斜度	11
			小计	4			43
	1	长兴	龙会002-X2井区	龙会002-X2	试采井	大斜度	10
	2		龙会002-X1井区	龙会002-X1侧	试采井	大斜度	9
	3		龙会002-X1井区	龙会002-X4	试采井	大斜度	9
	4		龙会002-X2井区	龙会002-X3	试采井	大斜度	9
			小计	4			37
		合计		8			80
滚动评价区	1	飞仙关组 长兴组	铁东	铁山021-X1	试采井	大斜度	3
	合计			9			83

8.2　钻井工程及其配套技术

针对龙会场地区的复杂构造条件，钻井难度大，从地质认识先行，优选井型及钻井工艺技术，优化储层分段改造及试油工艺。实践认为，该套技术体系的应用，有力支撑了龙会场气田勘探开发的有效推进，稳定了气田生产，促进了气田发展。

8.2.1　龙会场地区大斜度钻井技术难点

1. 地层破碎易漏、易塌、易卡

上部沙溪庙组—自流井组地层，以泥页岩为主，地层成岩较晚、压实效应差、地层破碎、裂缝发育，其漏失带较深，为川东典型的低压漏失带，具有漏失层段多、井段长、漏层单层厚度大、漏失量大等特点。客观地质条件使钻井施工的井漏复杂情况很难避免。

2. 高陡构造井眼轨迹控制难度大

龙会场构造位于川东南中隆高陡构造区华蓥山构造群北部，地层倾角大、倾向变异大而导致井斜、方位难以控制，需采用定向工艺调整井眼轨迹，增加了轨迹控制的难度。

龙会 002-X2 井位于龙会场潜伏构造较高部位，井型为大斜度井。设计井口—入靶点闭合距 600±50m。定向点在嘉陵江组（井深 2301.81m），在随钻过程中，为了确保准确钻达地质目标，跟踪组每日更新随钻测斜数据，在剖面和平面图上进行实钻和设计轨迹的对比，分析实钻方位是否在设计范围内、井底闭合距在平面图上所处位置，分析井底地层是否异常、井底构造部位和轨迹偏差等，最终在 3861m 钻遇长兴生物礁白云岩储层，闭合距 600m，长兴组云岩钻厚 107m。实际与设计轨迹见图 8-17、图 8-18。

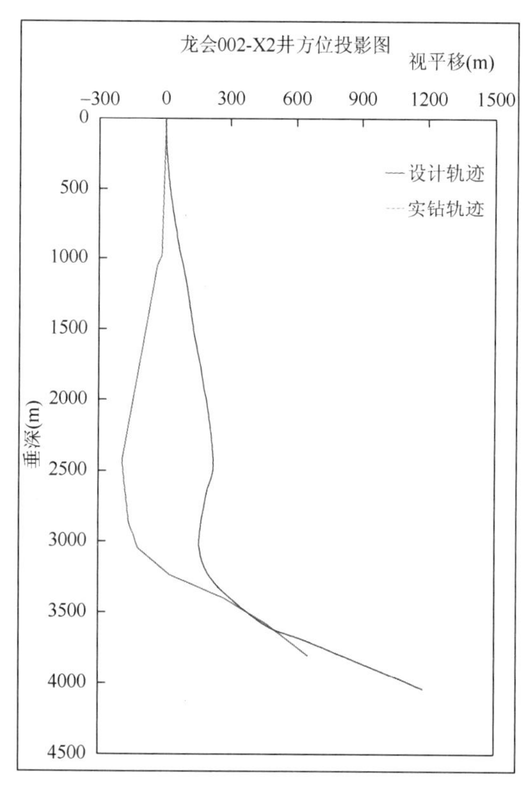

图 8-17　龙会 002-X2 井方位投影图

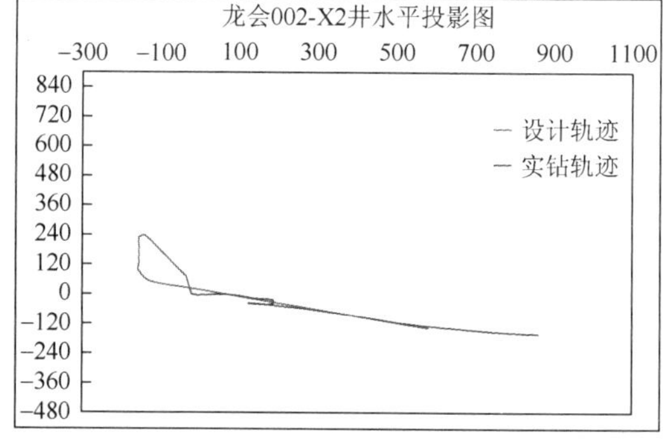

图 8-18　龙会 002-X2 井水平投影图

3. 多压力系统共存、事故复杂情况突出，增加轨迹控制难度

由于横向上储层分布的不稳定性及储层类型的多样化，压力系统相对独立性强，同一构造同一层横向上地层压力对比性差，导致钻井过程中事故复杂频繁。

龙会 002-X2 井压力设计，主要依据邻井龙会 006-1、龙会 6 井实际钻井液密度资料、显示情况和测试压力资料推测而来。井口—嘉二^{3}以上，预测为地表静水柱压力；嘉二^{3}—嘉一，龙会场的龙 006-1、龙会 6 井都钻遇嘉二^{2}高压盐水层；密度为 1.86～2.03g/cm^{3}；综上考虑后预计本井该井段的压力系数 1.88(用龙会 6 井密度高限 2.03g/cm^{3}减去附加值 0.15 换算到本井深度估计）。飞仙关组根据龙会 6 井原始地层压力换算至海拔−3454.3m 地层压力 40.03MPa，压力系数 1.16；长兴组龙会场长兴组未获得工业性气井，也无实测地层压力资料，本井依据邻区邻井龙岗 001-29 井长兴组储层中部井深推测本井长兴组压力系数 1.1（图 8-19）。

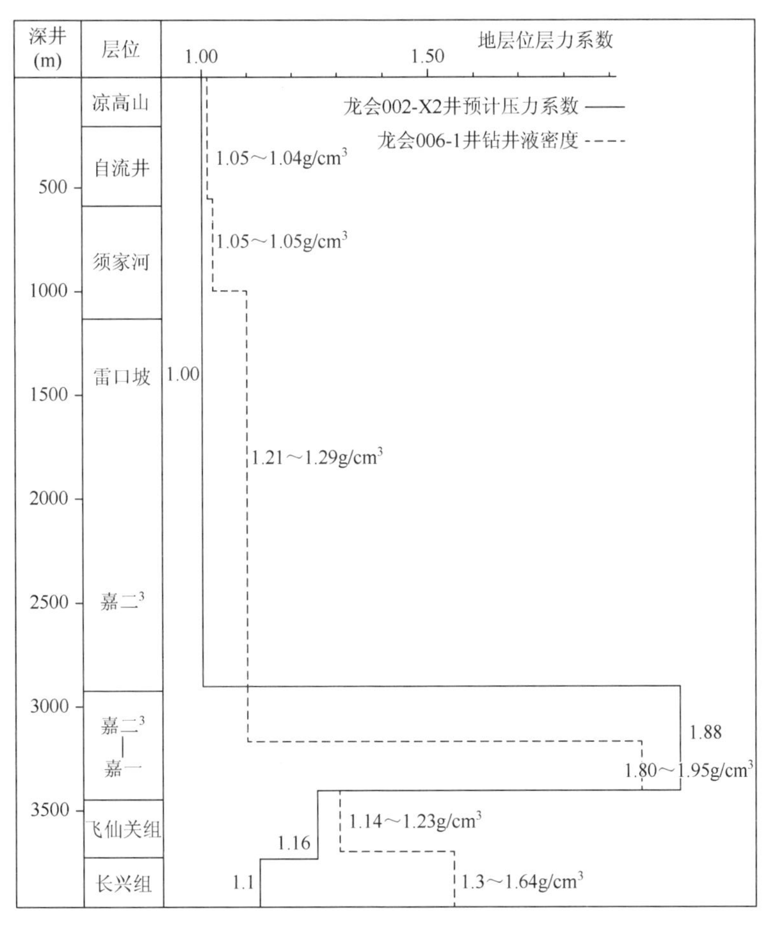

图 8-19　龙会 002-X2 井压力系数预测图

4. 适合进行定向作业的井段少，设计和施工难度较大

龙会场构造地质条件复杂，定向作业施工作业层段的选择受到较大限制，往往只能在嘉二—嘉一地层和飞仙关组地层进行，给定向井设计和施工作业带来较大难度，甚至出现由于造斜层位难以选择导致无法实现设计钻井目的情况。

5. 上部地层变化和储层横向分布的不稳定，增加中靶难度

上部地层变化大，加上储层埋藏深、横向上储层分布不稳定、对比性差，设计目的层和实钻存在较大差异，在钻进过程中容易造成轨迹的调整幅度大，增加了钻井控制难度和风险。龙会 002-X1 井，按正眼设计未钻遇生物礁，也未钻遇生物礁储层，然后更改目标，从原目标向台内回退 300m 作为侧钻目标，成功钻遇长兴组生物礁及生物礁储层（图 8-20～图 8-22）。

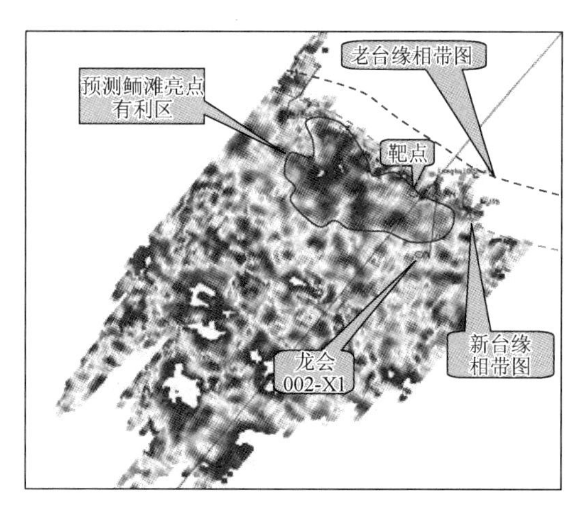

图 8-20　龙会 002-X1 井区振幅异常分布图

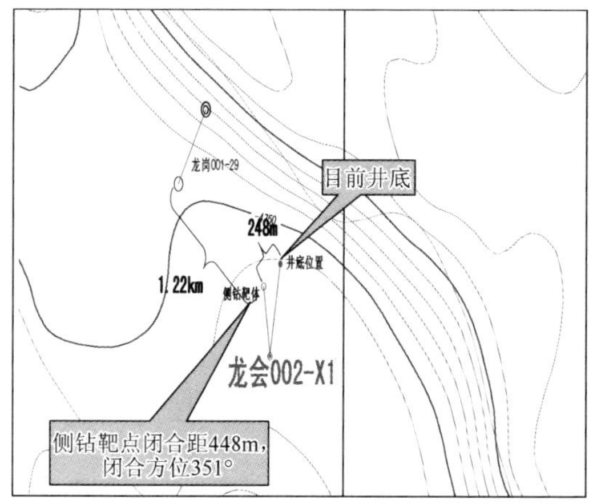

图 8-21　龙会 002-X1 井侧眼平面位置图

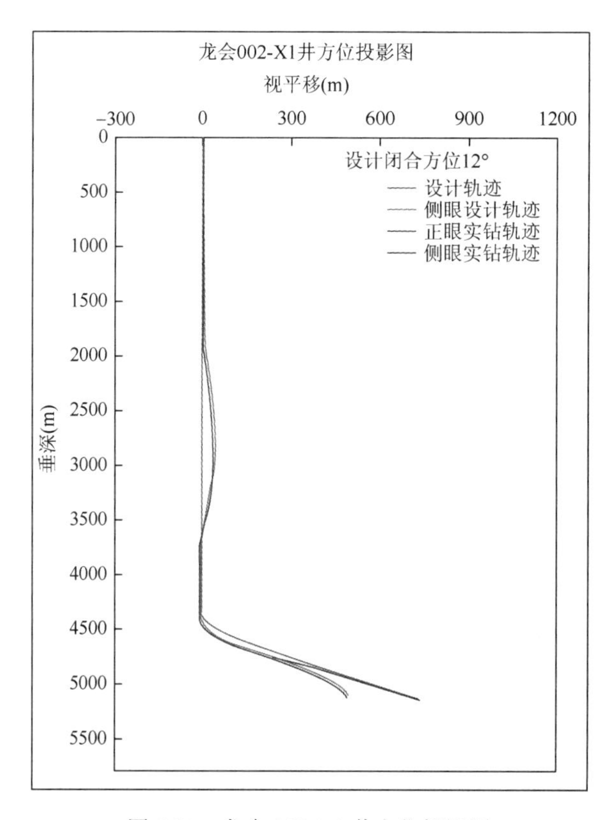

图 8-22　龙会 002-X1 井方位投影图

6. 钻井作业存在井控安全隐患

同一裸眼中，多压力系统共存，井漏、井涌、垮塌及压差卡钻等井下复杂情况时常出现，同时龙会场构造二叠、三叠系 H_2S 含量高，钻井作业存在井控安全隐患。

8.2.2　大斜度钻井及其配套技术

针对以上的深井、高温、高压、含硫较高、高产及同一裸眼多压力系统共存、地层稳定性差、可钻性差、倾角大钻井过程中存在“漏、塌、卡、斜、硬、毒”等诸多技术难题，在该区推行了以下钻井工程技术来保障大斜度井安全、优质、快速地成功钻井。

1. 定向井技术

除防碰或水平位移大等客观条件限制需要在 12-1/4″井眼定向的情况以外，造斜点应尽可能选择在嘉二—嘉一层位以及飞仙关组层位，避免由于上部斜井段发生方位漂移而导致定向调整方位，也有利于提高上部井段的机械钻速。

2. 使用垂直钻井技术防斜打直

龙会场构造属于高陡构造，易斜的特点，使用垂直钻进系统在龙会场构造上部直井段的 444.5m 井段分别进行提速试验，提速增效显著，为下步中靶提供保障（表 8-8）。

表 8-8　龙会场构造垂直钻进系统提速对比表

钻进方式	钻压（t）	自流井组		须家河组		最大井斜（°）	节约周期（d）
		机械钻速（m/h）	钻进井段（m）	机械钻速（m/h）	钻进井段（m）		
常规钻进	6～8	1.62	—	0.89	—	6.07	—
PowerV	26	3.55	33～88	3.3	88～500 608～730	0.82	30.58
VTK	26	6.4	32～159	5.93	159～1022	1.3	74.43

3. 随钻监测

MWD 无线随钻测斜仪是在有线随钻测斜仪的基础上发展起来的一种新型的随钻测量仪器。它与有线随钻测斜仪的主要区别在于井下测量数据的传输方式不同，目前采用 MWD 施工主要脉冲方式实现信号的传输（图 8-23、图 8-24）。它是通过泥浆脉冲发生器的针阀与小孔的相对位置能够改变泥浆流道在此的截面积，从而引起钻柱内部的泥浆压力的升高，针阀的运动是由探管编码的测量数据通过调制器控制电路来实现。在地面通过连续地检测立管压力的变化，并通过译码转换成不同的测量数据。这种方法的优点是：下井仪器结构简单、尺寸小，使用操作和维修方便，不需要专门的无磁钻铤。缺点是：数据传输速度慢。

在龙会场地区由于嘉二—嘉一层位以及飞仙关层位岩石可钻性好，钻井速度快，可全部采用无线随钻测量仪进行随钻监测；以长兴为目的层的定向井，可采用无线随钻测量仪在上部井段摸清钻具组合效能，进入长兴后采用电子多点投测的方式监测。

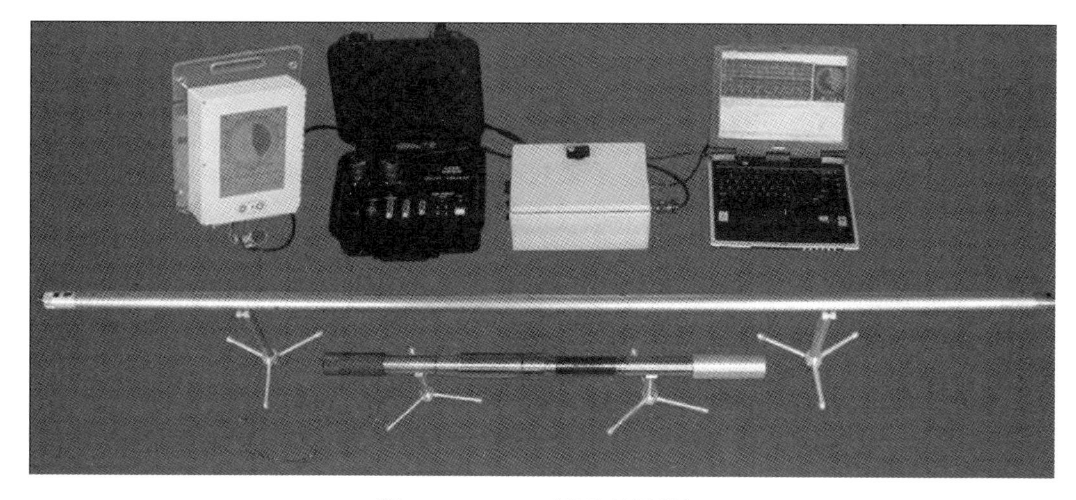

图 8-23　MWD 无线随钻测斜仪

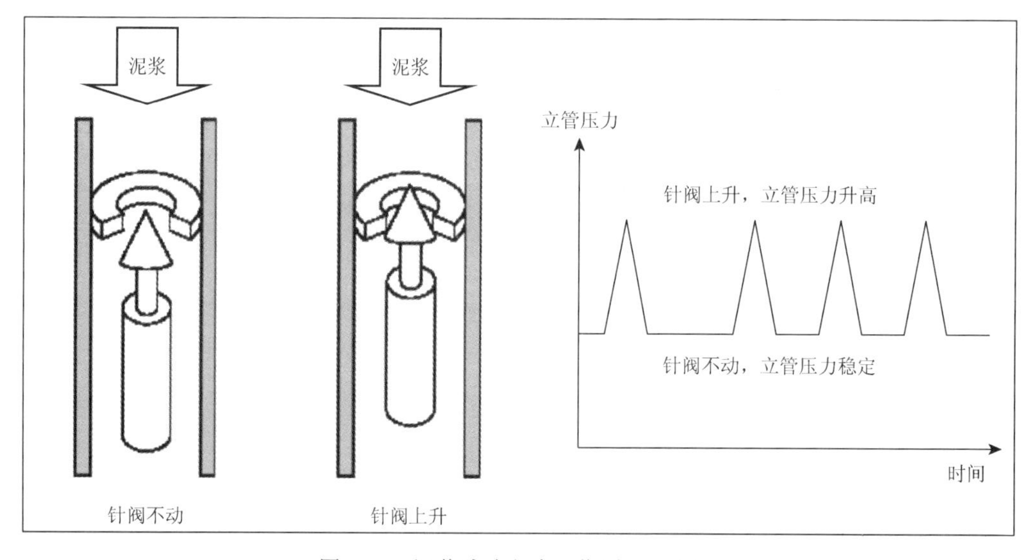

图 8-24　泥浆脉冲方式工作原理示意图

在龙会场地区由于嘉二—嘉一层位以及飞仙关层位岩石可钻性好，钻井速度快，可全部采用无线随钻测量仪进行随钻监测；以长兴组为目的层的定向井，可采用无线随钻测量仪在上部井段摸清钻具组合效能，进入长兴组后采用电子多点投测的方式监测。

4. 应用欠平衡控压钻进技术，成功解决井下复杂

在钻井过程中，利用自然条件或采取人工方法，在可以控制的条件下，使井筒内钻井液液柱压力低于所钻地层的压力，从而在井筒内形成负压。这一钻井过程叫欠平衡钻井。龙会场构造二叠、三叠系存在不同的压力系统，下喷上漏，压力窗口极窄，多次用桥浆和水泥堵漏均未成功，处理复杂损失时间长，面对常规堵漏工艺无法解决的情况应用欠平衡技术，既缩短了钻井周期，又大大减少井下复杂。龙会 006-H3 井在茅二及栖一段钻遇高压气层，上部长兴组为低压漏层，上漏下喷，且易发生卡钻事故，井下非常复杂。为此使

用欠平衡钻井技术，很好地解决了井下复杂（图 8-25）。

8.2.3　钻井工程设计

1. 井身结构

1）龙会场构造井身结构方案

龙会构造地质情况非常复杂，地层压力横向差异大，根据所布新井所在井区不同，其地质复杂，地层压力各有差异，其井身结构也有所不同，下面针对不同的井区提出不同的井身结构方案。

（1）飞仙关组、长兴组大斜度井井身结构方案：龙会 002-X2 井区。

井身结构方案：龙会 002-X2 井区井身结构见图 8-26。

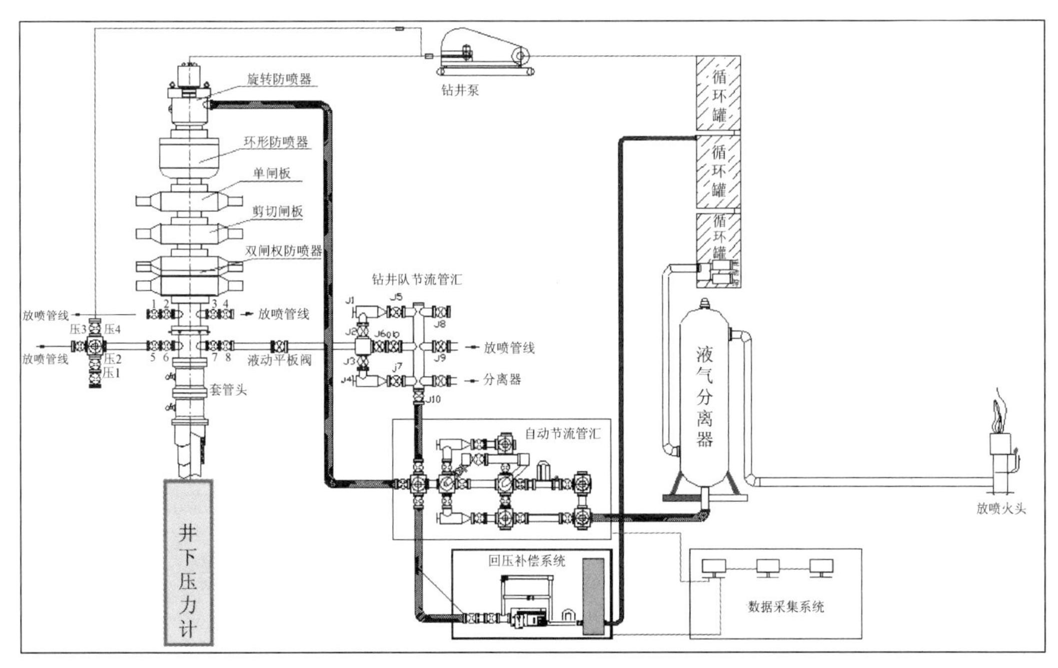

图 8-25　欠平衡控压钻进技术工作原理图

井身结构说明：①表层套管根据周边是否有煤矿而有差异，若有煤矿，Φ339.7mm 表层套管封过须家河开采煤层 100m 以上；若周边无煤矿，Φ339.7mm 套管下入 400～500m 的稳定地层。②技术套管需要下至嘉二 3，封隔上部相对低压层，为三开可能高密度钻进做准备。③如嘉二段钻遇高压盐水，则 Φ215.9mm 钻头钻至飞四云岩下 Φ177.8mm 油层套管封隔高压盐水层，Φ149.2mm 钻头完钻，下 Φ127mm 尾管固井，射孔完成目的层。如嘉二段没钻遇高压盐水，Φ215.9mm 钻头可钻至完钻井深下 Φ177.8mm 油层套管。④若表层套管下深超过 500m 或表层套管封隔整个须家河下至雷顶，必须增下 Φ508mm 导管；其他情况根据各单井地表土壤承重情况或是否有流沙层，确定是否增下 Φ508mm 导管。

（2）飞仙关、长兴大斜度井井身结构方案：龙会 002-X1 井区。

井身结构方案：龙会 002-X1 井区井身结构见图 8-27。

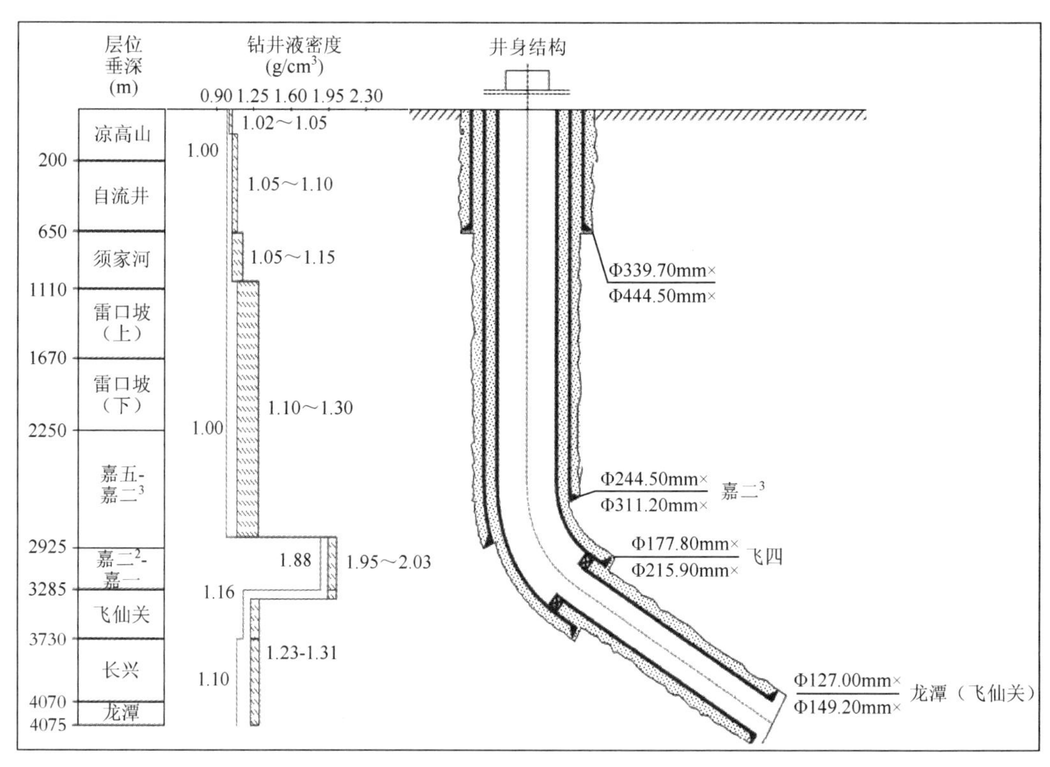

图 8-26　龙会 002-X2 井区井身结构图

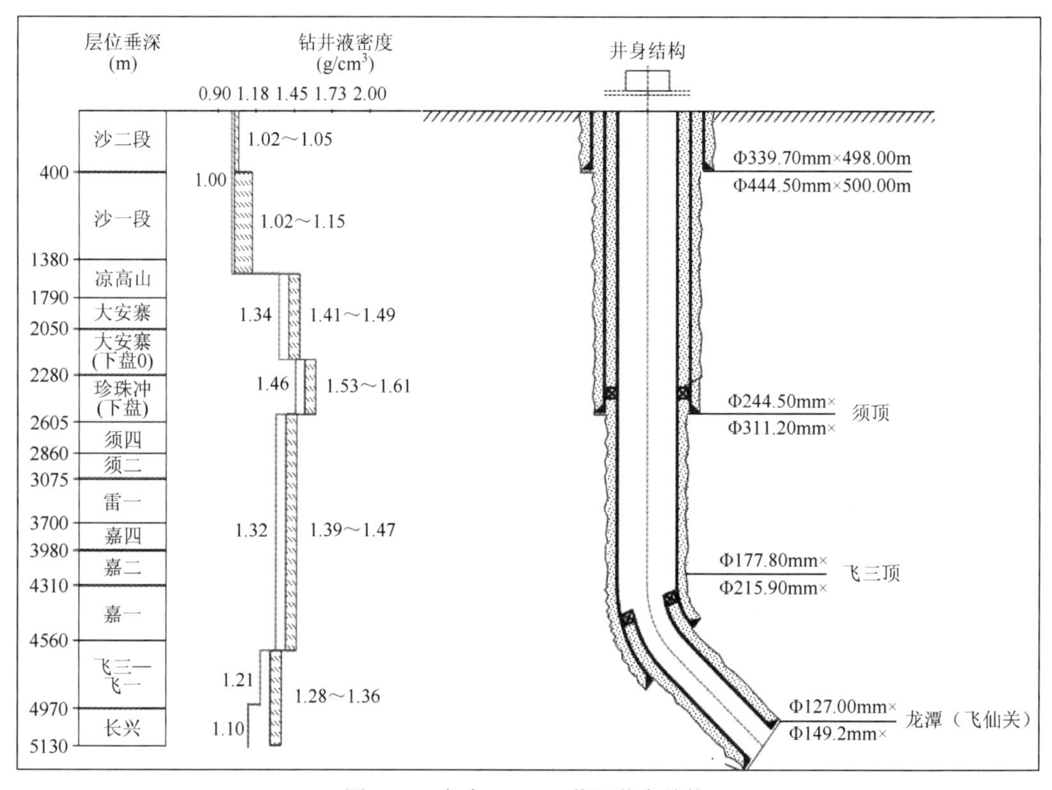

图 8-27　龙会 002-X1 井区井身结构

井身结构说明：①Φ444.5mm 钻头钻至稳定地层下入 Φ339.7mm 套管，水泥浆返至地面封固上部易漏失层段，为下部钻井及井控提供条件。②Φ311.2mm 钻头钻至须六顶部下入 Φ244.5mm 套管，封固上部复杂层段。③Φ215.9mm 钻头钻至飞三—飞一顶部下 Φ177.8mm 油层套管。④Φ149.2mm 钻头完钻，下 Φ127mm 尾管固井，射孔完成目的层。

若表层套管下深超过 500m，必须增下 Φ508mm 导管；其他情况根据各单井地表土壤承重情况或是否有流沙层，确定是否增下 Φ508mm 导管。

2. 井眼轨迹与控制

1）定向井轨迹剖面设计原则

根据试采区内地层特点，飞仙关和长兴大斜度井全井剖面采用“直—增—稳(微增)”方式钻进、龙会区块石炭系水平井全井剖面采用“直—增—微增（稳）—增—稳”方式钻进。定向工具选择及方案的制定应确保井下施工安全，原则是：

试采区内上部地层的自然造斜能力较强，在造斜点前井斜角变化较大，对下部施工难度、准确钻地质目标靶区及井眼质量影响较大，因此要求在造斜点前尽量控制上部直井段的井斜角及反向位移的长度。

造斜点的选择应以确保地质靶区的实现为前提、尽可能地选择岩性稳定的层段、有利于工程施工，保证合理的狗腿度的地层中。遵照该原则造斜点常规选择在稳定的飞仙关组地层中。

试采区内上部地层的自然造斜方向一般都与地质目标方位相差很大，为避免影响井身质量，确保下部施工工具顺利下入及施工的安全，定向施工时尽量将方位一次扭到位。

如预计嘉二为高压盐水，为避免高压盐水破坏钻井液性能引起定向工具卡钻事故，定向井段不要选在高压盐水段。

为减少下部稳斜段长度，水平井一般在龙潭—栖霞组采用微增斜方式钻进，既满足工程上安全施工，又满足地层目标靶区的准确中靶。

2）大斜度井轨迹剖面设计方案

大斜度井造斜点选择在嘉陵江—飞仙关等稳定地层，采用“直—增—稳（微增)”三段制剖面，设计轨迹在 Φ215.9mm 井眼狗腿度控制在 5°/30m 以内。设计剖面见表 8-9。

表 8-9　大斜度井轨迹剖面设计节点数据表

描述	测深（m）	井斜（°）	网格方位（°）	垂深（m）	北坐标（m）	东坐标（m）	视平移（m）	狗腿度（°/30m）	闭合距（m）	闭合方位（°）
直井段	0.00	0.00	105.00	0.00	0.00	0.00	0.00	—	0.00	0.00
定向增斜段	4310.00	4.00	105.00	4306.50	−38.92	145.26	−7.37	—	150.39	105.00
稳斜段	4645.24	50.00	356.00	4601.52	95.27	147.77	124.32	4.60	175.82	57.19
177.8 套管	4651.00	50.00	356.00	4605.22	99.67	147.46	128.56	0.00	177.98	55.95
中靶点	5234.06	50.00	356.00	4980.00	545.23	116.31	557.49	0.00	557.49	12.04
完钻	5467.42	50.00	356.00	5130.00	723.55	103.84	729.17	0.00	730.97	8.17

3）水平井轨迹剖面设计方案

水平井造斜点在选择在嘉陵江—飞仙关等稳定地层，采用“直—增—稳—增（微增）—稳”五段制剖面，设计轨迹在 Φ215.9mm 井眼狗腿度控制在 5°/30m 以内，Φ149.2mm 井眼狗腿度控制在 10°/30m 以内。设计剖面见表 8-10。

表 8-10 水平井轨迹剖面设计节点数据表

描述	测深（m）	井斜（°）	网格方位（°）	垂深（m）	北坐标（m）	东坐标（m）	视平移（m）	狗腿度（°/30m）	闭合距（m）	闭合方位（°）
直井段	0	0	0	0	0	0	0	0	0	0
	800	0.50	245	799.99	−1.48	−3.16	2.86	0.02	3.49	245
	3005	1	245	3004.79	−13.67	−29.32	26.50	0.01	32.35	245
定向井段	4100	2	245	4099.40	−25.79	−55.30	49.98	0.03	61.02	245
	4260	25	208	4254.02	−57.26	−73.96	86.57	4.39	93.54	232.25
转盘微增	5037	60	208	4818.02	−513.57	−316.59	603.06	1.35	603.31	211.65
	5065	60	208	4832.02	−534.98	−327.98	627.30	0	627.52	211.51
入靶点	5194	89.25	195	4865.99	−649.55	−372.02	748.54	7.38	748.54	209.80
出靶点	5660	89.25	195	4872.09	−1099.63	−492.62	1198.62	0	1204.94	204.13

3. 钻井提速及周期预测

1）钻井提速思路

龙会-铁东区块内井深达到 3000～5000m，上部井段易斜，为有效控制上部直井段井斜角，减少下部扭方位作业，铁东区块和龙会 002-X1 井区须家河以上使用钟摆钻具组合+PDC 防斜打直，雷口坡—长兴相地层适合采用螺杆+个性化 PDC 钻井的方式以提高机械钻速；龙会 006-1 井区（含龙会 002-X2 井区）须家河以上可使用 PDC+垂直钻井系统，雷口坡—长兴相地层适合采用螺杆+个性化 PDC 钻井的方式以提高机械钻速，龙潭—栖霞采用个性 PDC 提速，石炭系采用螺杆+个性化 PDC 缩短钻井周期。

若部分井离周围煤矿坑道近，对煤矿作业构成很大威胁时应该考虑采用气体钻井方式，将采煤段地层有效封隔。

具体以单井设计为准，其中龙会 006-1 井区（含龙会 002-X2 井区）区块钻井提速思路见图 8-28，龙会 002-X1 井区和铁东区块钻井提速思路见图 8-29。

2）钻井周期预测

根据目前龙会-铁东区块邻井大斜度井实钻周期及复杂情况结合本方案的提速措施来预计试采区块上大斜度井的钻井周期；由于龙会区块上还没有完钻一口石炭系水平井，其周期只能参考直井龙会 006-1，同时考虑定向井段和水平井段长度来预计龙会石炭系水平井周期，其邻井实钻周期统计见表 8-11，龙会-铁东区块预计周期见表 8-12。

4. 钻井液方案

1）钻井液面临的技术难点

须家河及以上地层，易发生井壁垮塌，要求钻井液具有强的抑制、包被、封堵性能，

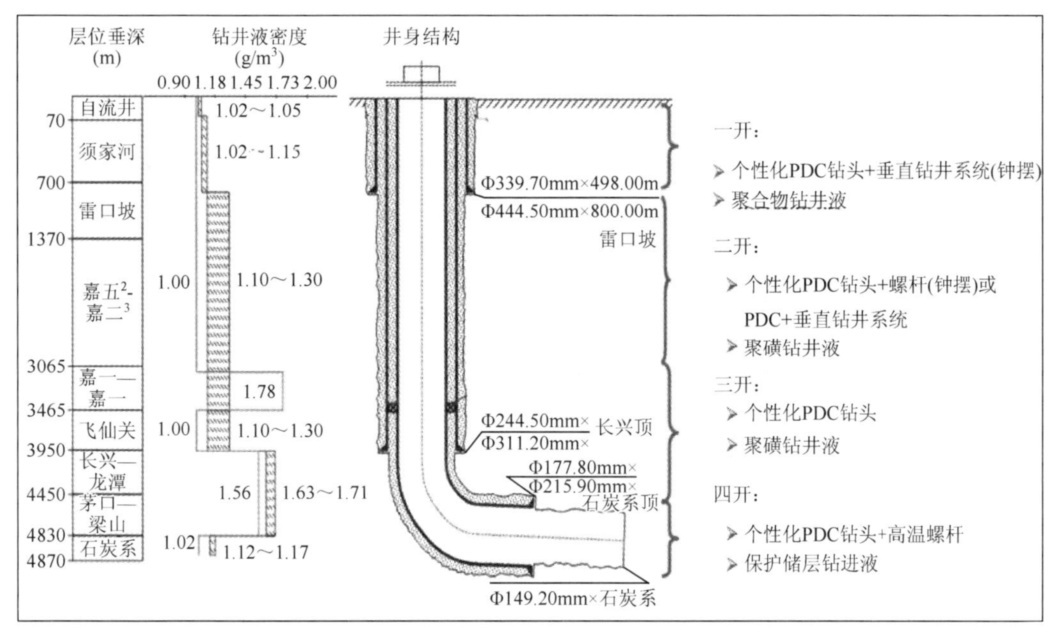

图 8-28　龙会 006-1 井区（含龙会 002-X2 井区）钻井提速思路

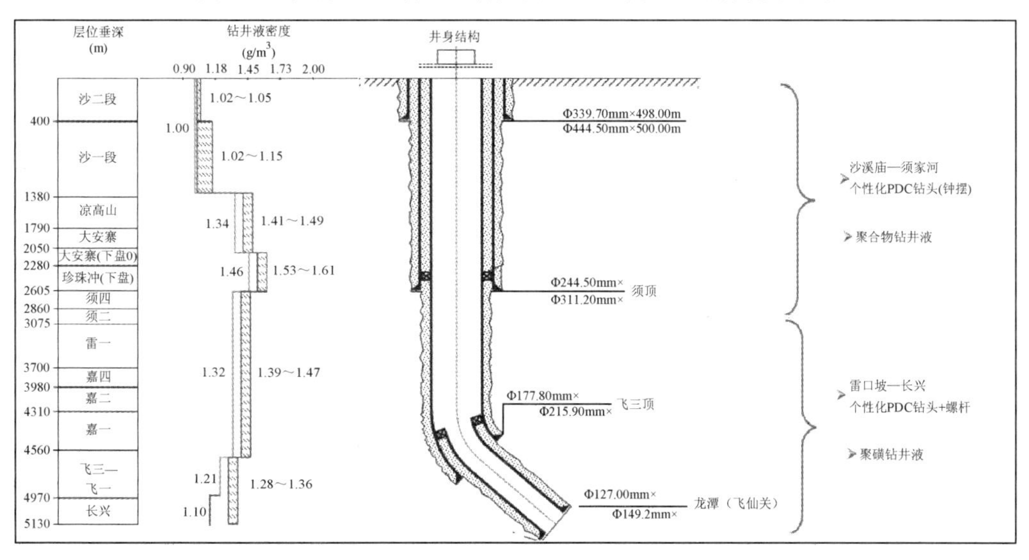

图 8-29　龙会 002-X1 井区和铁东区块钻井提速思路

表 8-11　邻井实钻周期统计

井名	龙会 006-1	龙会 002-X2	龙会 002-X1	铁山 5
井深（m）	4940	4557	5502	3344
周期（d）	205.31	135	182	163

表 8-12　龙会—铁东区块预计周期

井名	龙会水平井	龙会 002-X2 井区	龙会 002-X1 井区	铁东区块
井深（m）	5900	4600	5600	3400
周期（d）	240	120	165	100

预防井壁垮塌。

雷口坡—嘉二^3：将钻遇膏盐层，进入该层前应做好钻井液抗膏盐污染等准备工作，优化钻井液流变性能，预防膏盐缩径、卡钻等复杂情况的发生。

嘉二^3—石炭系顶：嘉二高压盐水层或高密度与飞仙关低压漏失层处于同一裸眼段，存在喷漏同存，易发生卡钻、井漏等复杂情况，进入该层前应做好防喷及防漏堵漏准备工作。

石炭系储层段：储层高温、易漏，易被高密度钻井液污染，要求钻井液具有良好的抗温稳定性、较好的储层保护性能。

2）钻井液体系、密度、性能要求

针对上述难点，钻井液体系、密度和性能设计（表 8-13）。

5. 钻具组合

大斜度井和水平井要求采用 S135 钢级新钻杆或 I 级钻杆，钻井过程中加强钻具使用监测，杜绝钻具事故。

1）钻具使用要求

各井段钻进注意校正方钻杆垂直度，防止方钻杆碰撞井口防喷器装置。

所有送往井队的钻杆、钻铤、特殊工具、接头、方钻杆等，必须进行探伤等项目的检查，钻杆、钻铤的技术参数必须达到要求。

必须按井控规定安装钻具止回阀、旁通阀。钻具内防喷工具的规格尺寸应与安装位置的钻具直径基本一致，压力级别与该开井口防喷器压力级别相同。

要防止随钻震击器疲劳损坏，随钻震击器的使用寿命必须控制在其性能规定的范围内。

2）井口与套管防磨保护措施

开钻后，严格执行领眼钻井技术措施，打完单根坚持划眼 1～2 次后再接单根，开直上部井眼，天车、转盘、井口“三点一线”找正，在钻井施工过程中，加强观察“三点一线”情况，避免提升负荷加重，导致“三点一线”偏差太大。

Φ215.9mm、Φ149.2mm 井段钻进中，为尽量减少套管磨损，在钻具中加装防磨接头（非金属），原则上在井口 3 立柱每 1 立柱加 1 个防磨接头，在钻柱中部适当的位置加 3 个防磨接头，在全角变化大井段应加密安装防磨接头。

在钻井施工中要加强对套管磨损的监测，岩屑中若出现铁屑必须查明原因并及时采取针对性的防范措施，及时更换不合格的防磨接头。

3）钻具组合

（1）直井段。

龙会—铁东构造地层造斜能力强，龙会 006-1 井区（含龙会 002-X2 井区）嘉二^{3}以上直井段可用垂直钻井系统防斜，龙会 002-X1 井区和铁东井区以及龙会 006-1 井区（含龙会 002-X2 井区）215.9mm 井段直井段用钟摆钻具组合。钻具组合设计如表 8-14～表 8-16 所示。

（2）斜井段。

钻具组合如表 8-17～表 8-19 所示。

表 8-13 钻井液体系、密度和性能设计（以龙会 006-H2 井为例）

<table>
<tr><th rowspan="3">井眼尺寸（mm）</th><th rowspan="3">井段（m）</th><th rowspan="3">地层</th><th colspan="10">常规性能</th><th colspan="4">流变参数</th><th rowspan="3">固含（%）</th><th rowspan="3">膨润土含量（g/L）</th></tr>
<tr><th rowspan="2">密度（g/cm^3）</th><th rowspan="2">漏斗黏度（S）</th><th rowspan="2">API 失水（ml）</th><th rowspan="2">泥饼（mm）</th><th rowspan="2">pH</th><th rowspan="2">含砂（%）</th><th rowspan="2">HTHP 失水（mL）</th><th rowspan="2">摩阻系数</th><th colspan="2">静切力（Pa）</th><th rowspan="2">塑性黏度（mPa.s）</th><th rowspan="2">动切力（Pa）</th><th rowspan="2">n 值</th><th rowspan="2">K 值（Pa.s^n）</th></tr>
<tr><th>初切</th><th>终切</th></tr>
<tr><td>444.5</td><td>30～800</td><td>自流井—雷顶</td><td>1.05～1.10</td><td>35～50</td><td>≤5</td><td>≤0.5</td><td>8～9</td><td>≤0.5</td><td>/</td><td>≤0.18</td><td>1～3</td><td>2～7</td><td>6～20</td><td>3～10</td><td>0.40～0.70</td><td>0.10～0.40</td><td>5～11</td><td>35～45</td></tr>
<tr><td colspan="3">聚合物钻井液</td><td colspan="16">井浆 30%～50%1.06g/cm^3 预水化膨润土浆+0.08%～0.15%FA367+0.08%～0.15%KPAM+0.5%～1.5%LS-2+2%～4%FRH+0.3%～0.5%CaO+加重剂（按密度需要）</td></tr>
<tr><td>311.2</td><td>800～3000</td><td>雷口坡—嘉二^3</td><td>1.10～1.30</td><td>40～60</td><td>≤5</td><td>≤0.5</td><td>9～10</td><td>≤0.5</td><td>≤18</td><td>≤0.18</td><td>1～5</td><td>2～12</td><td>8～28</td><td>4～10</td><td>0.40～0.80</td><td>0.10～0.50</td><td>8～17</td><td>30～40</td></tr>
<tr><td colspan="3">聚磺钻井液</td><td colspan="16">井浆+0.1%～0.3%NaOH+0.07%～0.12%KPAM+0.5%～1%LS-2+2%～4%SMC+3%～4%SMP-1+3%～4%FRH+1.5%～2.5%FK-10+0.2%～0.3%SP-80+0.3%～0.5%CaO+加重剂（按密度需要）</td></tr>
<tr><td>311.2</td><td>3000～3961</td><td>嘉二^3—长兴顶</td><td>1.10～1.30</td><td>40～60</td><td>≤5</td><td>≤0.5</td><td>10～11</td><td>≤0.5</td><td>≤18</td><td>≤0.18</td><td>1～5</td><td>2～12</td><td>8～28</td><td>4～10</td><td>0.40～0.80</td><td>0.10～0.50</td><td>8～17</td><td>30～40</td></tr>
<tr><td colspan="3">聚磺钻井液</td><td colspan="16">井浆+0.1%～0.3%NaOH+0.07%～0.12%KPAM+0.5%～1%LS-2+2%～4%SMC+3%～4%SMP-1+3%～4%FRH+1.5%～2.5%FK-10+0.3%～0.5%SP-80+0.3%～0.5%CaO+1%～1.5%除硫剂+加重剂（按密度需要）</td></tr>
<tr><td>215.9</td><td>3961～5065</td><td>长兴—石炭系顶</td><td>1.63～1.71</td><td>45～65</td><td>≤5</td><td>≤0.5</td><td>10～11</td><td><0.3</td><td>≤15</td><td>≤0.1</td><td>2～5</td><td>3～12</td><td>15～32</td><td>5～14</td><td>0.40～0.85</td><td>0.20～0.60</td><td>23～29</td><td>20～30</td></tr>
<tr><td colspan="3">聚磺钻井液</td><td colspan="16">井浆+0.1%～0.3%NaOH+0.05%～0.1%KPAM+0.5%～1%LS-2+3%～5%SMC+3%～5%SMP-1+3%～5%FRH+3%～5%FK-10+0.3%～0.5%SP-80+0.3%～0.5%CaO+1%～1.5%除硫剂+加重剂（按密度需要）</td></tr>
<tr><td>149.2</td><td>5065～5660</td><td>石炭系</td><td>1.12～1.17</td><td>40～55</td><td>≤5</td><td>≤0.5</td><td>10～11</td><td>≤0.3</td><td>≤15</td><td>≤0.10</td><td>1～4</td><td>3～8</td><td>8～26</td><td>4～10</td><td>0.40～0.85</td><td>0.10～0.40</td><td>8～14</td><td>30～40</td></tr>
<tr><td colspan="3">聚磺钻井液</td><td colspan="16">井浆+0.1%～0.3%NaOH+0.07%～0.12%KPAM+0.5%～1%LS-2+3%～5%SMC+3%～5%SMP-1+3%～5%FRH+3%～5%FK-10+2%～3%PPL+0.3%～0.5%SP-80+3%油气层保护剂+1%～1.5%除硫剂+加重剂（按密度需要）</td></tr>
</table>

表 8-14 444.5mm 井眼直井段钻具组合设计表

开钻次序	一开	井段（m）							
钻具组合图	钻具名称	外径（mm）	内径（mm）	长度（m）	累计长度（m）	累计重量（kN）	抗拉	抗挤	抗拉余量（kN）
	钻杆×S135 Ⅰ	127	108.6	按需					
	钻铤	165.1	71.44	54	177.97	376.63			
	随钻震击器	203		4.6	123.97	288.61			
	钻铤	203.2	71.44	54	119.37	278.35			
	钻铤	228.6	76.2	45	65.37	157.93			
	稳定器	442		1.8	20.39	53.53			
	无磁钻铤	228.6	76.2	9	18.57	27.43			
	螺杆钻具	244.5		9	9.57	1.33			
	钻头	444.5		0.57	0.57	1.33			

注：龙会 006-1 井区（含龙会 002-X2 井区）可用垂直钻井系统防斜

表 8-15　311.2mm 井眼直井段钻具组合设计表

开钻次序	三开	井段（m）							
钻具组合图	钻具名称	外径（mm）	内径（mm）	长度（m）	累计长度（m）	累计重量（kN）	抗拉	抗挤	抗拉余量（kN）
	钻杆×S135 Ⅰ	127	108.6	按需					
	钻铤	165.1	71.44	54	178.84	361.67			
	随钻震击器	203		4.6	124.84	288.23			
	钻铤	203.2	71.44	54	120.24	277.96			
	钻铤	228.6	76.2	27	66.24	157.54			
	旁通阀	228.6		0.5	39.24	79.24			
	钻铤	228.6	76.2	9	38.74	79.24			
	稳定器	310		1.8	29.74	53.14			
	钻铤	228.6	76.2	9	27.94	53.14			
	无磁钻铤	228.6	76.2	9	18.94	27.04			
	止回阀	228.6		0.5	9.94	0.94			
	螺杆钻具	244.5		9	9.44	0.94			
	钻头	311.2		0.44	0.44	0.94			

注：龙会 006-1 井区（含龙会 002-X2 井区）可用垂直钻井系统防斜

表 8-16　215.9mm 井眼直井段钻具组合设计表

开钻次序	二开	井段（m）							
钻具组合图	钻具名称×规格型号	外径（mm）	内径（mm）	长度（m）	累计长度（mm）	累计重量（kN）	抗拉	抗挤	抗拉余量（kN）
	钻杆×S135 Ⅰ	127	108.6	按需					
	加重钻杆	127	76.2	54	367.5	316.6			
	随钻震击器	165		4.4	313.5	279.71			
	加重钻杆	127	76.2	216	309.1	273.23			
	钻铤	165.1	71.44	54	93.1	122.55			
	旁通阀	165.1		0.5	39.1	49.46			
	钻铤	165.1	71.44	9	38.6	49.46			
	稳定器	215.9		2	29.6	37.22			
	钻铤	165.1	71.44	9	27.6	34.72			
	稳定器	215.9		2	18.6	22.48			
	无磁钻铤	165.1	71.44	9	16.6	19.98			
	止回阀	165.1		0.5	7.6	7.74			
	螺杆钻具	172		6.7	7.1	7.74			
	钻头	215.9		0.4	0.4	0.45			

表 8-17　215.9mm 井眼定向钻具组合设计表

开钻次序	三开	井段（m）							
钻具组合图	钻具名称×规格型号	外径（mm）	内径（mm）	长度（m）	累计长度（m）	累计重量（kN）	抗拉	抗挤	抗拉余量（kN）
	钻杆×S135 Ⅰ	127	108.6	按需					
	加重钻杆	127	76.2	54	372.9	326.6			
	随钻震击器	165		4.4	318.9	287.71			
	加重钻杆	127	76.2	216	314.5	281.23			
	钻铤	165.1	71.44	54	98.5	130.03			
	旁通阀			0.5	44.5	56.59			
	钻铤	165.1	71.44	27	44	56.59			
	无磁钻铤	165.1	71.44	9	17	19.87			
	定向接头	165.1		0.5	8	7.63			
	止回阀	165.1		0.5	7.5	7.63			
	弯螺杆钻具	165.1		6.7	7	7.63			
	PDC 钻头	215.9		0.3	0.3	0.34			

注：若为龙会 002-X2 井区大斜度井，为防止定向工具在嘉二高压盐水卡钻，应在 311.2mm 井段定向

表 8-18　215.9mm 井眼转盘微增（稳斜）钻具组合设计表

开钻次序	三开	井段（m）							
钻具组合图	钻具名称×规格型号	外径（mm）	内径（mm）	长度（m）	累计长度（m）	累计重量（kN）	抗拉	抗挤	抗拉余量（kN）
	钻杆×S135 Ⅰ	127	108.6	按需					
	加重钻杆	127	76.2	54	372.04	328.03			
	随钻震击器	165		4.4	318.04	289.13			
	加重钻杆	127	76.2	216	313.64	282.66			
	钻铤	165.1	71.44	54	97.64	131.46			
	旁通阀	165.1		0.5	43.64	58.02			
	钻铤	165.1	71.44	27	43.14	58.02			
	稳定器	214		2	16.14	21.3			
	短钻铤	165.1	71.44	2	14.14	18.8			
	无磁钻铤	165.1	71.44	9	12.14	16.08			
	稳定器	215		2	3.14	3.84			
	止回阀	165.1	63.5	0.84	1.14	1.34			
	钻头	215.9		0.3	0.3	0.34			

注：也可采用小弯螺杆稳（微增）斜

表 8-19　149.2mm 井眼转盘稳斜钻具组合设计表

开钻次序	四开	井段（m）							
钻具组合图	钻具名称×规格型号	外径（mm）	内径（mm）	长度（m）	累计长度（m）	累计重量（kN）	抗拉	抗挤	抗拉余量（kN）
	钻杆×S135 Ⅰ	88.9	70.21	按需					
	加重钻杆	88.9	52.4	54	341.51	153.16			
	随钻震击器	121		3.7	287.51	132.8			
	加重钻杆	88.9	52.4	216	283.81	129.94			
	钻铤	120.7	57.15	36	67.81	48.51			
	旁通阀	120.7		0.5	31.81	23.31			
	钻铤	120.7	57.15	18	31.31	23.31			
	稳定器	151		1.8	13.31	10.71			
	无磁钻铤	120.7	57.15	9	11.51	8.55			
	稳定器	152		1.8	2.51	2.25			
	止回阀	120.7		0.5	0.71	0.09			
	钻头	149.2		0.21	0.21	0.09			

注：该组合用于龙会构造大斜度井

6. 钻头及钻井参数

钻头及钻井参数主要根据龙会—铁东构造和川渝地区钻头实际使用情况进行择优推荐，实钻中应强化钻井参数，最大限度地提高机械钻速。

钻头及钻井参数方案见表 8-20、表 8-21。

表 8-20　大斜度井钻头及钻井参数设计

尺寸(mm)	地层	钻头型号	钻压（kN）	转速（r/min）	排量（L/s）	立管压力（MPa）
444.5	自流井	DFS1605BU	20～100	70～90	55～60	10
311.2	须家河	MM75R/HJT537GK	80～120	复合	50	18
	雷口坡—嘉二 ^{3}	FX55D/HJT537GK	80～120	复合	48	20
215.9	嘉二 ^{3}—嘉一	FX55D/HJT537G	60～80	定向	28	22
	飞仙关—长兴	FX55D/HJT537GK	70～100	复合	28	20
149.2	长兴	HJT537GK	40～60	50～70	12	12

表 8-21　水平井钻头及钻井参数设计

尺寸(mm)	地层	钻头型号×只数	钻压（kN）	转速（r/min）	排量（L/s）	立管压力（MPa）
444.5	自流井	DFS1605BU	20～100	70～90	55～60	10
311.2	须家河	MM75R/HJT537GK	80～120	复合	50	18
	雷口坡—嘉二 ^{3}	FX55D/HJT537GK	80～120	复合	48	20
215.9	嘉二 ^{3}—长兴	FX55D/HJT537G	60～80	定向	28	22
	龙潭—石炭系顶	MM75R/SJT617GK	70～100	复合	28	22
149.2	石炭系	MM64DH×2	40～60	定向/复合	12	22

7. 固井

1）固井施工主要技术难点分析

339.7mm 表层套管固井，由于大套管固井地表地层较为疏松、环空间隙较大，返速低，套管内混浆严重，地层较为疏松，易垮塌、易漏失，常规固井方法难于确保质量和水泥浆有效的返至地面。

244.5mm 技术套管固井，裸眼段较长，可能存在井漏、垮塌形成的大肚子井段，影响固井质量。

177.8mm 套管、127.0mm 尾管固井，裸眼井段长（大斜度井及水平井井眼曲率大、井斜角大）下套管作业、使套管居中难度大，水泥浆密度高，在水泥浆驱替钻井液时，可能造成混浆严重，不利于环空顶替效率的提高，造成环空间隙封固不好，水泥环质量差。

产层含有硫化氢，对水泥浆有腐蚀作用，造成水泥石强度降低。

2）主要应对工艺及要求

为确保水泥浆返至地面，Φ508mm 和 Φ339.7mm 套管固井可采用正反注水泥方式固井。

Φ244.5mm 技术套管固井，考虑采用一级两凝水泥固井和正反注水泥，从而解决本次固井裸眼段较长、易漏失等问题。

Φ177.8mm 油层套管固井，若下深超过 4000m，为保证固井质量采用悬挂回接方式固井。

Φ177.8mm 油层套管固井段含硫，因此应优选水泥浆配方，使其具有抗硫防腐的特点。

Φ177.8mm 悬挂套管下套管之前加入固体润滑剂。

固井质量要求：水泥返至地面，按标准采用声幅和变密度测井技术检测固井质量。完钻后对井身质量进行评估，质量合格方可转入试采。

做好防斜打快工作，严格控制井身质量；井口加长防磨套；钻杆上加防磨套和防磨接头，最大限度减少套管磨损。

定向井施工中尽量避免出现过大狗腿，使轨迹尽可能保持平滑，固井前采用定向井专用通井工具认真通井，严防出现套管下不到底或卡套管等复杂情况的发生。

固井设计及施工严格按川庆钻探工程有限公司、西南油气田分公司共同制定的《固井技术管理规定》（川庆工技发［2012］8 号）要求执行。

其余固井详细工艺技术及施工措施及要求见单井固井施工设计。

各次固井质量的检测时间、检测程序应严格执行《固井技术管理规定》；固井质量的评价标准应严格执行 SY/T6592《固井质量评价方法》和《中国石油天然气集团公司固井质量检测管理规定（试行）的通知》（工程字［2006］28 号）。固井质量达不到有关标准要求的应采取补救措施。

3）套管材质选择及强度

（1）套管强度设计要求。

套管选材和强度校核主要根据 SY/T5724—2008《套管柱结构与强度设计》、5087—2005《含硫化氢油气井安全钻井推荐作法》等标准规范进行设计，大斜度井、水平井钻井在进行套管强度校核时，应充分考虑弯曲应力的影响。同时，还应充分考虑其磨损问题，以确保安全钻井，套管柱设计及强度效核分别见表 8-22、表 8-23。

（2）龙会区块大斜度井套管选材及强度校核（龙会 002-X2 为例）。

（3）龙会区块水平井套管选材及强度校核（龙会 006-H2 为例）。

8. 井控设计

油气井井控应严格执行《四川油气田钻井井控规定实施细则》相关规定。

大斜度井、水平井套管头选用 TF13 3/8×9 5/8×7-70 双级套管头（DD 级），井口防喷器及节流、压井管汇选用 70MPa 压力级别。

表 8-22　龙会区块大斜度井套管选材及强度校核

套管程序	井深（m）	规范		长度（m）	钢级	壁厚(mm)	重量（kN）		抗外挤（MPa）			抗内压（MPa）			抗拉（kN）		
		尺寸（mm）	扣型				段重	累重	额定强度	安全系数	三轴强度	额定强度	安全系数	三轴强度	额定强度	安全系数	三轴强度
表层套管	0～658	339.7	偏梯	658	J55	12.19	666	666	13.4	1.88	13.4	23.8	2.0	23.8	3003	6.5	3003
技术套管	0～1500	244.5	TP-CQ	1500	TP-110S	11.99	1049	2010	36.5	2.06	36.3	65.1	1.36	70.99	6641	3.53	6641
	1500～2872	244.5	偏梯	1372	TP-110TS	11.99	961	961	48.95	1.45	48.91	63.16	1.71	66.5	6641	6	5943
油层套管	0～2500	177.8	TP-CQ	2500	TP-110SS	11.51	1190	1644	74.4	1.28	63.43	85.9	1.87	76.04	4533	3.45	4533
	2500～3050	177.8	偏梯	550	TP-110TS	12.65	286	452	92.4	1.24	92.14	80.2	5.39	80.51	4871	8.42	3635
	3050～3080	177.8	偏梯	30	110 耐蚀合金钢	12.65	15	166	90	1.19	89.5	80.2	6.5	80.2	3692	18	3000
	3080～3371	177.8	偏梯	291	TP-110TS	12.65	151	151	92.4	1.21	92.14	80.2	6.0	80.51	4871	24	3635
尾管悬挂	3221～4701	127	长圆	1480	TP-95S	9.19	396	396	82.94	1.58	82.74	83.01	11.1	83.32	1890	4.03	1366

备注：

特殊扣套管，应注意所有附件（包括套管双公短节、悬挂头、悬挂器等）的扣型，提前加工好符合质量要求的变扣短节。

当实钻地层压力和钻井液密度超过设计值（如钻遇异常高压气、水层等情况），应重新校核安全系数并按规定要求对套管柱设计作相应调整。

本井区因 CO_2 和 H_2S 含量较高，在座封封隔器处使用 3 根 110 耐蚀合金钢套管，具体下入深度由固井前根据预计完井封隔器下深位置而定。

对于龙会 002-X1 井区井，封隔嘉四—嘉二的膏盐层段要设计 193.68mm110SS×δ19.05mm 套管。

表 8-23　龙会区块水平井套管选材及强度校核

套管程序	井深（m）	规范		长度（m）	钢级	壁厚（mm）	重量（kN）		抗外挤（MPa）			抗内压（MPa）			抗拉（kN）		
		尺寸（mm）	扣型				段重	累重	额定强度	安全系数	三轴强度	额定强度	安全系数	三轴强度	额定强度	安全系数	三轴强度
表层套管	0～798	339.7	偏梯	798	TP-110S	12.19	711	711	16.1	1.8	16.1	47.6	4.91	49.08	9248	15.13	9248
技术套管	0～1500	244.5	TP-CQ	1500	TP-110TS	11.99	1049	2798	48.95	1.4	48.13	65.19	1.25	71.94	6641	2.84	6641
	1500～2900	244.5	偏梯	1400	TP-110TS	11.99	979	1749	48.95	1.49	48.79	63.16	1.52	68.41	6672	4.08	5953
	2900～3200	247.65	BC	300	TP-110TT	13.84	239	770	77	1.21	76.86	63	1.95	65.35	6900	9.04	5808
	3200～3959	244.5	偏梯	759	TP-110TS	11.99	531	531	48.95	1.59	48.92	63.16	2.08	65.14	6672	12.63	5593
油层回接	0～2000	177.8	TP-CQ	2000	TP-110TS	11.51	952	1667	81.6	3.18	81.08	85.9	1.76	86.12	4528	3.26	4528
	2000～3500	177.8	偏梯	1500	TP-110TS	11.51	714	714	81.6	2.08	81.52	80.2	2.85	80.48	4684	7.01	4177
油层悬挂	3500～4500	177.8	偏梯	1000	TP-110TS	11.51	476	769	81.6	1.09	81.57	80.2	7.15	80.54	4684	4.49	3226
	4500～4800	177.8	偏梯	300	TP-110TS	12.65	156	156	92.4	1.16	92	80.2	59	80.51	4871	11.59	2997
	4800～4830	177.8	偏梯	30	110 耐蚀合金钢	12.65	15	136	90	1.14	89.5	80.2	60	80.2	3692		2600
	4830～5063	177.8	偏梯	233	TP-110TS	12.65	121	121	92.4	1.14	92	80.2	60.91	80.51	4871		2997

备注：

按地质设计压力系数计算二开地层压力最高可能达到 60.5MPa 左右，Φ339.7mm 套管抗内压强度仅为 47.6MPa，因此，二开施工中必须坚持搞好一次井控工作，严禁喷空，给表层套管带来危害，同时必须控制关井时间，出现井涌、井漏等情况必须及时处理，严防套管损毁导致失控事故发生。

特殊扣套管，应注意所有附件（包括套管双公短节、悬挂头、悬挂器、回接筒等）的扣型，提前加工好符合质量要求的变扣短节。

当实钻地层压力和钻井液密度超过设计值（如钻遇异常高压气、水层等情况），应重新校核安全系数并按规定要求对套管柱设计作相应调整。

为防止嘉二盐层挤毁套管，2900～3200m 采用 Φ247.65mm 高抗挤套管。

本井区因 CO_2 和 H_2S 含量较高，在座封封隔器处使用 3 根 110 耐蚀合金钢套管，具体下入深度由固井前根据预计完井封隔器下深位置而定。

8.3 完井工程设计

8.3.1 完井方案

1. 龙会场

完井方式：

由于龙会场飞仙关和长兴气藏埋藏较深，储层相对较厚，低孔低渗，且 H_2S 含量较高，储层改造施工压力大，故以长兴组或飞仙关组为目的层的井，采用大斜度井 Φ177.8mm 套管+Φ127.0mm 尾管射孔完井。

完井工艺：

（1）飞仙关气藏，目前尚无新井获取气分析资料、产能资料、压力温度资料等，故完井前先下测试管柱进行射孔初测。获取相关资料后，再根据 H_2S 含量决定二次完井工艺：若 H_2S 含量较高（≥30g/m^3），则下永久式完井封隔器管柱，储层改造后排液测试，最后完井投产；若 H_2S 含量低（≤30g/m^3），则下酸化封隔器完井管柱，储层改造后排液测试，最后完井投产。

（2）长兴气藏，近期新井龙会 002-X2 井测试已经证实长兴储层中 H_2S 含量较高（65.94g/m^3），同时长兴组储层相对较厚（30～60m），采用大斜度井完井时射孔跨距较长，且丢枪后射孔枪易遮蔽射孔井段，所以选择先下射孔管柱射开长兴储层，再另下永久式完井封隔器管柱，储层改造后排液测试，最后完井投产。

2. 铁东

完井方式：铁山构造长兴、飞仙关储层厚度较大（20～80m），H_2S 含量较低（一般在 10g/m^3 左右），为扩大渗流面积，提高单井产量，采用大斜度井 Φ177.8mm 套管射孔完井。

完井工艺：长兴、飞仙关储层厚度大，且大斜度井射孔跨距长，为确保射孔质量，同时为后期储层改造预留通道，采用射孔管柱先射孔后，另下酸化封隔器管柱进行储层改造，最后排液测试，完井投产。

8.3.2 生产管柱设计

1. 油管组合

综合井筒压力损失、携液临界流量、冲蚀临界流量、油管强度校核等因素，并结合目标气藏的试采配产气量和完井工艺，龙会场-铁东区块飞仙关、长兴气藏，油管尺寸推荐方案如下（表 8-24）：

表 8-24 不同气藏推荐油管方案

目的层		油管组合
飞仙关	产层中深超过 4600m	Φ88.9mmδ6.45mm 油管+Φ73mmδ5.51 油管
	产层中深未超过 4600m	Φ73mmδ5.51 油管
长兴	产层中深超过 4900m	Φ88.9mmδ9.53mm 油管+Φ73mmδ5.51 油管
	产层中深未超过 4900m	Φ88.9mmδ6.45mm 油管+Φ73mmδ5.51 油管

2. 油管材质

龙会场飞仙关、长兴气藏 H_2S 和 CO_2 含量较高，且地层可能产水，铁山构造飞仙关、长兴气藏 H_2S 和 CO_2 含量较低。根据 NACE MR0175 标准，目标区块井下腐蚀环境恶劣。但是，该区块单井配产低（一般 6×10^4～$8\times10^4m^3/d$，最高仅 $12\times10^4m^3/d$），试采周期短（仅为 2 年），同时气田水对油管电化学腐蚀试验表明平均腐蚀速率为 1.2138mm/a，而现场加注缓蚀剂后油管检测显示腐蚀速率为 0.042mm/a，缓蚀剂对油管保护效果好，故推荐新井选 SS 碳钢油管加注缓蚀剂。

3. 完井管柱结构及要求

完井管柱结构：因目的层和完井工艺不同而有所差别，见表 8-25。

表 8-25　完井管柱结构表

构造	目的层	完井工艺	完井管柱
龙会场	飞仙关	酸化封隔器管柱二次完井	油管挂+油管+井下节流工作筒+油管+酸化封隔器+油管+油管鞋
		永久式封隔器管柱二次完井	油管挂+油管+井下节流工作筒+油管+永久式完井封隔器+油管+油管鞋
	长兴	先射孔，再下永久式封隔器管柱完井	油管挂+油管+井下节流工作筒+油管+永久式完井封隔器+油管+油管鞋
铁东	飞仙关	先射孔，再下酸化封隔器管柱完井	油管挂+油管+井下节流工作筒+油管+酸化封隔器+油管+油管鞋
	长兴	先射孔，再下酸化封隔器管柱完井	油管挂+油管+井下节流工作筒+油管+酸化封隔器+油管+油管鞋

备注：井下节流工作筒根据试采需要确定是否下入。

井下工具要求：完井管柱上应根据试采需要确定是否配备井下节流工作筒。裸眼分段酸化时插入管柱上端应配备水力锚，以避免分段酸化时插管从密封腔内抽出。完井封隔器选择抗腐蚀材质，推荐材质 9Cr1Mo，工作压差 70MPa。

8.2.3　油层套管控制参数

据油管与油层套管匹配关系、钻完井工艺可行性以及增产措施的要求，建议龙会场大斜度井采用Φ177.8mm+Φ127.0mm 生产套管，裸眼水平井采用Φ177.8mm 生产套管，铁东区块大斜度井采用Φ177.8mm 生产套管。

1. 射孔完井

尾管射孔完井（表 8-26）。

表 8-26　油层套管控制参数计算表

外径（mm）	壁厚（mm）	钢级	下入深度（m）	抗内压（MPa）	抗外挤（MPa）	管外钻井液密度（g/cm³）	清水时最大掏空深度（m）	清水时最高控套（MPa）	纯天然气时最低控套（MPa）	纯天然气时最高控套（MPa）
177.8	11.51	TP110SS	2500	85.90	74.4	2.03	全掏空	68.72	0	68.72
177.8	12.65	TP110TS	3221	80.2	92.4	2.03	全掏空	64.16	0	80.34
127.0	9.19	TP95S	4701	83.0	82.9	1.31	全掏空	66.41	0	87.26
综合控制参数							全掏空	64.16	0	68.72

注：本表油层套管数据参照钻井设计；对于大斜度井，由于井斜情况未知，本表油层套管下入深度按设计斜深进行计算，因此计算出来的清水时最大掏空深度和纯天然气时最低控制套压偏大，实际计算油层套管下入深度应根据井斜数据折算成垂深。

套管射孔完井（表 8-27）。

表 8-27　油层套管控制参数计算表

外径（mm）	壁厚（mm）	钢级	下入深度（m）	抗内压（MPa）	抗外挤（MPa）	管外钻井液密度（g/cm³）	清水时最大掏空深度（m）	清水时最高控套（MPa）	纯天然气时最低控套（MPa）	纯天然气时最高控套（MPa）
177.8	11.51	TP95S	1938	74.2	67.15	1.32	全掏空	59.36	0	59.36
177.8	11.51	TP95S	4227	69.29	67.15	1.45	4184	55.43	0.35	68.55
综合控制参数							4184	55.43	0.35	59.36

注：本表油层套管数据参照钻井设计；对于大斜度井，由于井斜情况未知，本表油层套管下入深度按设计斜深进行计算，因此计算出来的清水时最大掏空深度和纯天然气时最低控制套压偏大，实际计算油层套管下入深度应根据井斜数据折算成垂深。

2. 裸眼完井

裸眼完井油层套管控制参数计算见表 8-28。

表 8-28　油层套管控制参数计算表

外径（mm）	壁厚（mm）	钢级	下入深度（m）	抗内压（MPa）	抗外挤（MPa）	管外钻井液密度（g/cm³）	清水时最大掏空深度（m）	清水时最高控套（MPa）	纯天然气时最低控套（MPa）	纯天然气时最高控套（MPa）
177.8	11.51	TP110SS	2000	85.90	81.6	1.17	全掏空	68.72	0	68.72
177.8	11.51	TP110TS	3500	80.2	81.6	1.17	全掏空	64.16	0	77.1
177.8	11.51	TP110TS	4500	80.2	81.6	1.17	全掏空	64.16	0	86.81
177.8	12.65	TP110TS	5063	80.2	92.4	1.71	4780.4	64.16	2.23	93.29
综合控制参数							4780.4	64.16	2.23	68.72

注：本表油层套管数据参照钻井设计；由于井斜情况未知，本表油层套管下入深度按设计斜深进行计算，因此计算出来的清水时最大掏空深度和纯天然气时最低控制套压偏大，实际计算油层套管下入深度应根据井斜数据折算成垂深；考虑到裸眼水平段较长，为确保井眼比较稳定，井内为纯气时或氮气时推荐最低控制套压 10MPa（根据实际计算结果调整）。

8.3.4 采气井口

龙会场—铁东区块飞仙关、长兴气藏均含硫化氢和二氧化碳，且硫化氢含量较高，因此井口装置的抗腐蚀性能要求较高；目标区块地层压力 35～61MPa，前期井解堵酸化施工压力 20～46MPa，酸压施工压力为 33～87.5MPa。完井采气井口需要满足完井及试采期间的储层改造、完井测试、安全关井、正常生产等要求，基于此，推荐选择70/105MPa 抗硫复合型采气井口，其材质级别不低于“FF-NL”级，温度级别为“P-U 级”，采气井口须经安检部门按规定气密封检验合格。

8.3.5　射孔工艺

射孔工艺方式的优选：根据气藏特征和气质情况，推荐采用油管传输射孔工艺。

射孔液的优选：射孔液建议采用清水或无固相盐水体系。

射孔工艺参数推荐：对射孔工艺方案进行优化，在现场作业前需根据单井具体特征进行详细的射孔方案设计。

8.4　储层改造设计

8.4.1　储层保护

1. 储层敏感性分析

龙会场—铁东区块飞仙关、长兴组、石炭系储层物性变化较大，储集空间按形态分为孔隙、洞穴和裂缝三大类，主要的储集空间是裂缝—孔隙（洞）型，喉道和裂缝为渗滤通道，钻井中易发生储层渗漏，造成较严重的储层伤害。

2. 油气层保护措施要求

根据储层的地质特点及引起储层损害的主要原因初步研究实验结果，在开发过程中，建议保护储层应从以下几个方面开展工作：

（1）在储层中钻进时，确定合理的钻井液密度，减小钻井液对储层的损害。

（2）充分使用固控设备，清除钻井液中的有害固相粒子。

（3）严格控制钻井液的滤失量，减小液相对储层的损害。

（4）钻井液中加适量的活性剂，降低表面张力，减小水锁或贾敏损害。

8.4.2　储层改造工艺

1. 储层地质特征

龙会场地区储层地质特征如表 8-29 所示。

表 8-29　龙会场区块储层特征统计表

项目		龙会场飞仙关组	龙会场长兴组
主要储集岩		含灰质白云岩、鲕粒灰岩	角砾白云岩、生屑云岩
储集空间类型		粒间、粒内溶孔	孔隙、洞穴、裂缝
储层物性特征	孔隙度（%）	低孔，平均 4.33	低孔，平均 5.05
	渗透率	中、低渗	低渗

续表

项目		龙会场飞仙关组	龙会场长兴组
主要储集类型		裂缝-孔隙型	裂缝-孔（洞）型
储层展布特征	纵向	薄层叠加	长兴组顶部
	横向	分布范围较大，平均厚度为25m	储层厚度46.9m
Ⅰ、Ⅱ类优质储层发育状况		0～5.9m，平均2.5m	12.57m

2. 污染堵塞情况

龙会场区块钻井期间漏失泥浆污染堵塞严重（表8-30），泥浆漏失或泥浆滤液侵入不可避免对储层造成污染。

表8-30　龙会场区块飞仙关组钻井液密度统计表

层位	井号	钻井液密度（g/cm^3）	漏失泥浆（m^3）
飞仙关组	龙会1	1.79～2.0	1038.6
	龙会3	1.60～1.70	279.8
	龙会4	1.62～1.82	164.8
	龙会5	1.48	58.0
	龙会6	2.03	160.5
	龙会006-1	1.63～1.96	429.3

3. 酸化情况及效果评价

飞仙关组：区块飞仙关组实施酸化储层改造3口井（表8-31），采用解堵酸化工艺，施工过程见到明显的压力降落，说明解除了近井地带污染堵塞，取得了较好的效果。

长兴组：区内实施以长兴组生物礁为目的层的储层改造井只有龙会002-X2井，该井于2014年5月7日施工，采用油套合注方式，注入转向酸298.76m^3，降阻水61.09m^3，助破后冲洗液10m^3，停泵油压23.5MPa。该井酸化后，表皮系数解释为–3.116，测试产气27.8×$10^4m^3/d$，酸化效果明显。

表8-31　龙会场区块飞仙关组酸化参数统计表

井号	射孔段（m）	射厚（m）	酸液类型	规模（m^3）	用酸强度（m^3/m）	泵压（MPa）	排量（m^3/min）	酸化后产量（$10^4m^3/d$）	停泵压力（MPa）	备注
龙会5	3698～3721 3758～3766	31	胶凝酸	123.2	4.0	57～65.4	3.8～4.1	6.22		桥塞座封不严
龙会6	3812～3844	32	胶凝酸	60.55	2.0	28～58	3.5	16.51		
			抗石膏酸	60.35	1.9	65.6～69.6	1.5～1.8	12.9	18	
			胶凝酸	124.2	4.0	48～50.5	3.0～3.1	20.91	18.5	
龙岗81	3608～3654.5	46.5	加重胶凝酸	114.95	2.5	47～50	2.9～3.0	水：4.1m^3	15.2	

4. 工艺类型

工艺选择：基于储层地质特征、完井方式、井型及区块储层改造等资料，龙会场—铁东区块飞仙关组、长兴组、石炭系储层改造工艺类型如表 8-32。

表 8-32　飞仙关组、长兴组储层改造工艺表

层位	井型	完井方式	储层情况	储层改造工艺类型
飞仙关组—长兴组	大斜度井	射孔完成	缝、洞发育	储层跨度小，解堵酸化
				储层跨度大，分层解堵酸化（可配合机械封隔器或可溶解转向材料）
			缝、洞不发育	储层跨度小，酸压
				储层跨度大，分层酸压（可配合机械封隔器或转向材料）

大斜度井酸化改造工艺根据储层段长短分为两种情况。

笼统酸化：如储层厚度不大，大斜度井可直接采取笼统酸化。并采用一趟管柱射孔酸化联作工艺，以降低储层伤害、缩短完井周期。

分段酸化：射孔完成的井实现分段酸化方式主要有两种（表 8-33），第一种方式是采用机械封隔器分段酸化。第二种方式是物理化学转向酸化，采用可降解纤维或者可降解堵塞球暂时堵塞裂缝发育通道从而实现均匀布酸。

表 8-33　大斜度井射孔完成井酸化工艺对比及适应性分析表

	工艺类型	优点	缺点	适应性分析
机械分段酸化	机械封隔器分段酸化	分段明确，转层迅速 可一次性完井酸化	修井困难	备用方案
物理化学转向酸化	可降解堵塞球转向酸化	施工简单、易于修井 可一次性完井酸化	均匀布酸的效果相对机械封隔器效果次之	推荐使用
	可降解纤维转向酸化	施工方便、易于修井 可一次性完井酸化	分段酸化不明确 转向酸化效果差一些	备用方案

8.4.3　酸液体系

根据区内储层特征，已施工井情况，结合室内实验及储层改造目的，不同的储层改造工艺使用不同的酸液类型，即解堵（均匀）酸化工艺酸液类型为转向酸，酸压工艺选择胶凝酸。解堵酸化主要考虑储层的均匀布酸、均匀解堵，转向酸随着酸浓度降低黏度升高实现转向达到均匀布酸的目的。胶凝酸具有增黏、降阻、降滤、缓速、低伤害等综合性能，提高酸液沿水平方向的覆盖率，实现储层深度改造目标。

8.4.4 施工参数优化

1. 施工排量

井底吸酸压力梯度：从已施工井吸酸压力梯度统计（表 8-34），飞仙关组解除污染后吸酸压力梯度一般在 0.015MPa/m，长兴组解除污染后吸酸压力梯度一般在 0.016MPa/m，石炭系解除污染后吸酸压力梯度一般在 0.018～0.020MPa/m。初期排量选择吸酸压力梯度分别为：飞仙关组 0.018MPa/m，长兴组 0.019MPa/m，石炭系 0.023MPa/m 进行计算。

表 8-34 龙会场区块飞仙关组、长兴组储层井底吸酸压力梯度表

层位	井号	吸酸压力梯度（MPa/m）
飞仙关组	龙会 6	0.0148
	龙岗 81	0.0142
长兴组	龙会 002-X2	0.0158

施工排量、油管及井口选择：从预测施工排量表明，大斜度井采用 KQ70MPa 井口+73.0mm 油管，水平井采用 KQ105MPa 井口+73.0mm 油管能够满足解堵酸化施工的要求，排量 2.0～2.5m^3/min。如果需要进一步深度酸化，则需要提高井口等级或者选择直径更大的油管进行酸化施工（表 8-35）。

表 8-35 不同层位、井型、油管、井口对应预测排量表

层位	井型	井口	油管（mm）	排量（m^3/min）
飞仙关组	大斜度井	KQ70MPa	60.3	1.0
			73.0	2.0～2.5
			88.9	＞4.0
		KQ105MPa	60.3	1.5～2.0
			73.0	3.5～4.0
			88.9	＞4.0
长兴组	大斜度井	KQ70MPa	60.3	1.0
			73.0	2.0
			88.9	3.5～4.0
		KQ105MPa	60.3	1.5
			73.0	3.0～3.5
			88.9	＞4.0

2. 施工规模

大斜度井用酸强度：储层段长 80～120m，从计算结果可以看出，要解除近井伤害，

推荐大斜度井用酸强度为 2.0～3.0m^3/m（图 8-30）。

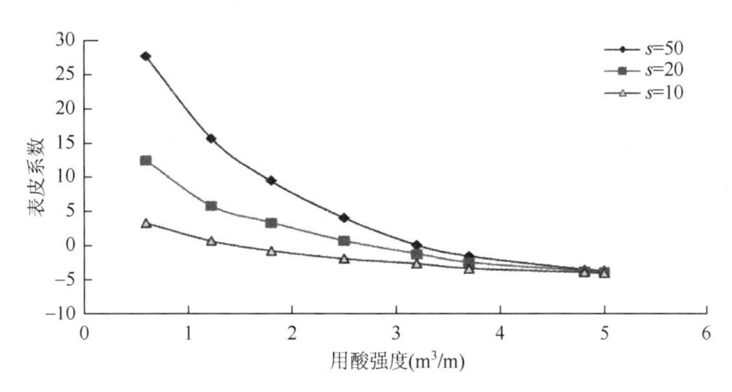

图 8-30　大斜度井解堵酸化规模优化图

第9章　经验与总结

生物礁滩油气藏储量约占世界油气探明储量的 10%，具有丰度大、产能高的特点，一直倍受国内外勘探家的重视。中国古生代海相碳酸盐岩地层生物礁发育非常广泛，但生物礁相的油、气藏较为少见。近年来在四川盆地东/东北部二叠系长兴组、三叠系飞仙关组发现了一系列生物礁滩气藏，极大地振奋了人们寻找深层生物礁滩气藏的信心。

长期以来，深层生物礁滩油气藏的勘探难以得到有效的突破，而复杂构造区的勘探难度更大。因此寻找有效的、统一的勘探开发技术，对深层生物礁滩油气藏的勘探开发具有重要意义。龙会场复杂构造区飞仙关鲕滩气藏与长兴组生物礁气藏资源潜力巨大，是川东北矿区重要的油气接替区，在不断提高三维地震勘探资料采集质量、提升地震资料处理解释准确性，强化储层地质认识的基础上，利用先进的钻井、试油技术，实现了该区生物礁滩气藏的高效勘探开发。实践表明，深层碳酸盐岩礁滩储层的形成和发育具有其独有的特征，只要把握了这些独特的储层发育规律，对储层进行识别和预测，辅以先进的开发技术，就可以取得较好的勘探开发效果。

龙会场地区属于高陡复杂构造区，地表条件复杂，断层组系多。通过优化三维地震勘探观测系统、覆盖次数、药量及接收参数等，提高了三维地震勘探资料采集质量、提升地震资料处理解释准确性，弄清了地腹构造细节、圈闭特征及规模；结合长兴组生物礁、飞仙关组鲕滩发育特征及分布规律，提出了应用地震沉积学的地层切片技术，进一步提高了生物礁与鲕滩储层的预测精度；基于储层以礁滩相白云石化控制的颗粒白云岩为主，利用井震结合，采用有井约束的相控反演，精细定量刻画储层展布特征，指出台地边缘相带是二叠系生物礁储层及飞仙关组鲕滩储层重要分布带，向海槽方向飞仙关组储层变差，有效地指导了勘探开发部署；针对不同目标层段，采用叠后地震频率衰减梯度分析、能量分析、频谱分解以及叠前 AVO 正演分析，综合预测流体分布，解决了复杂构造带含硫气藏分布研究难题，明确了天然气富集区带；最终优选出合理的试采区，利用大斜度井、暂堵球智能分段改造工艺等先进开发技术，合理地设计了气藏试采、钻井工程、完井工程以及储层改造方案等，实现了该区生物礁滩气藏的有效开发。

通过以上综合分析可知，龙会场复杂构造区礁滩气藏的勘探开发的一系列研究与现场应用是有效的，本书形成了复杂构造带礁滩岩性气区地质—地球物理—钻井试油开发工程一体化勘探开发综合配套技术，可以为生物礁滩油气勘探开发提供有效的指导和参考，也可以为邻区或者类似盆地中生物礁滩油气储藏的有序勘探提供有效的研究思路，具有借鉴意义。

主要参考文献

毕长春，李联新，梅燕，等，2007. 川东长兴组生物礁分布控制因素及地震识别技术[J]. 天然气地球科学，18（4）：273-284.

程刚，丁琳，2006. 生物礁与其他岩隆的地震特征对比[J]. 中国西部油气地质，2（3）：329-332.

陈成生，张继庆，1991. 川东、鄂西地区晚二叠世长兴期海绵礁的成岩历史及其油气信息[J]. 沉积学报，9（2）：27-33.

陈广坡，潘建国，管文胜，等，2005. 碳酸盐岩岩溶型储层的地球物理响应特征分析[J]. 天然气勘探与开发，28（3）：43-46.

陈洪德，钟怡江，侯明才，等，2009. 川东北地区长兴组-飞仙关组碳酸盐岩台地层序充填结构及成藏效应[J]. 石油与天然气地质，30（5）：539-547.

陈太源，1987. 川东上二叠统生物礁气藏的地震反射特征[J]. 天然气工业，7（2）：11-15.

董凤树，陈浩林，刘原英，2004. 基于褶积模型的动校正及其实现方法[J]. 石油地球物理勘探，42（4）：387-391.

范嘉松，1996. 中国生物礁与油气[M]. 北京：海洋出版社：1-36.

范嘉松，张维，1985. 生物礁的基本概念、分类及识别特征[J]. 岩石学报，1（3）：45-61.

范嘉松，吴亚生，2005. 世界二叠纪生物礁的基本特征及其古地理分布[J]. 古地理学报，7（3）：287-304.

巩恩普，1992. 辽宁本溪本溪组生物礁的发现[J]. 地层学杂志，16（3）：222-228.

郭倩，2012. 巴麦地区小海子组礁滩体的识别与沉积储层综合研究[D]. 西安：西北大学：2-16.

耿威，郑荣才，李爽，等，2008. 开江-梁平台内海槽东段长兴组礁、滩相储层特征[J]. 成都理工大学学报：自然科学版，35（6）：639-647.

甘玉青，肖传桃，张斌，2009. 国内外生物礁油气勘探现状与我国南海生物礁油气勘探前景[J]. 海相油气地质，14（1）：16-20.

郭旭升，胡东风，2011. 川东北礁滩天然气勘探新进展及关键技术[J]. 天然气工业，31（10）：6-11.

洪海涛，王一刚，杨天泉，等，2008. 川北地区长兴组沉积相和生物礁气藏分布规律[J]. 天然气工业，28（1）：38-41.

黄思静，秦海若，胡作维，等. 2007. 四川盆地东北部三叠系飞仙关组碳酸盐岩成岩作用和白云岩成因的研究现状和存在问题[J]. 地球科学进展，22（5）：495-501.

侯振学，王兴志，张帆，等，2011. 开江-梁平海槽两侧长兴组生物礁储层研究[J]. 石油地质与工程，25（1）：24-27.

蒋晓光，2006. 生物礁隐蔽油气藏的精细研究-以滨里海盆地生物礁油气藏的预测为例[D]. 成都：成都理工大学：2-9.

蒋志斌，王兴志，张帆，等，2008. 四川盆地北部长兴组-飞仙关组礁、滩分布及其控制因素[J]. 中国地质，35（5）：940-950.

江怀友，宋新民，王元基，等，2008. 世界海相碳酸盐岩油气勘探开发现状与展望[J]. 海洋石油，28（4）：6-13.

李登华，唐跃，殷积峰，等，2006. 川东黄龙场构造上二叠统长兴组生物礁特征与潜伏礁预测[J]. 中国地质，33（2）：427-435.

李实荣，贺卫东，席代成，等，2007. 川东地区长兴组生物礁录井识别[J]. 天然气工业，27（11）：38-39.

李秋芬. 2013. 四川盆地盐亭-渔南海槽地质特征及台缘带礁滩体分布特征研究[D]. 北京：中国地质大学：

2-14.
刘春燕，林畅松，吴茂炳，等，2007. 中国生物礁时空分布特征及其地质意义[J]. 世界地质，26（1）：44-51.
刘殊，唐建明，马永生，2006. 川东北地区长兴组-飞仙关组礁滩相储层预测[J]. 石油与天然地质，27（3）：332-339.
刘殊，郭旭升，马宗晋，等，2009. 礁滩相地震响应特征和油气勘探远景[J]. 石油物探，45（5）：452-458.
刘文革，2008. 海相碳酸盐岩储层地震响应特征数值模拟[D]. 成都：成都理工大学：1-10.
刘远志，2009. 碳酸盐岩地震相分析与数值模拟[D]. 成都：成都理工大学：2-7.
刘殊，杨继友，2004. 一个可能的生物礁预测[J]. 石油物探，43（1）：20-25.
刘传虎，贺振华，黄德济，2006. 碳酸盐岩潜山储层缝洞预测[M]. 北京：石油工业出版社：5-39.
刘划一，王一刚，杨雨，等，1999. 川东上二叠统生物礁气藏多元信息综合预测方法研究[J]. 天然气工业，19（4）：13-18.
梁华，罗容，1999. 利用地震资料研究川东上二叠统生物礁分布规律[J]. 天然气工业，19（5）：91-91.
陆亚秋，龚一鸣，2007. 海相油气区生物礁研究现状、问题与展望[J]. 地球科学-中国地质大学学报，32（6）：871-878.
何鲤，罗潇，刘莉萍，等，2008. 试论四川盆地晚二叠世沉积环境与礁滩分布[J]. 天然气工业，28（1）：28-32.
马永生，牟传龙，谭钦银，等，2006. 关于开江-梁平海槽的认识[J]. 石油与天然气地质，27（3）：326-331.
马永生，牟传龙，郭旭升，等，2006. 四川盆地东北部长兴期沉积特征与沉积格局[J]. 地质论评，52（1）：25-29.
苏立萍，罗平，胡社荣，等，2004. 川东北罗家寨气田下三叠统飞仙关组鲕粒滩成岩作用[J]. 古地理学报，6（2）：182-190.
徐安娜，汪泽成，江兴福，等，2014. 四川盆地开江-梁平海槽两侧台地边缘形态及其对储层发育的影响[J]. 天然气工业，34（4）：37-43.
唐湘蓉，2012. 生物礁滩储层预测与流体识别研究—以 SLJ 地区为例[D]. 成都：成都理工大学：2-5.
王一刚，文应初，张帆，等，1998. 川东地区上二叠统长兴组生物礁分布规律[J]. 天然气工业，18（6）：10-15.
王一刚，张静，杨雨，等，2005. 四川盆地东部上二叠统长兴组生物礁气藏形成机理[J]. 海相油气地质，5（2）：145-152.
汪泽成，赵文智，胡素云，等，2013. 我国海相碳酸盐岩大油气田油气藏类型及分布特征[J]. 石油与天然气地质，34（2）：153-160.
王权锋，2008. 礁滩相储层地震预测及油气检测技术研究[D]. 成都理工大学：2-9.
王一刚，文应初，洪海涛，等，2006. 四川盆地及邻区上二叠统一下三叠统海槽的深水沉积特征[J]. 石油与天然气地质，27（5）：702-714.
王一刚，洪海涛，夏茂龙，等，2008. 四川盆地二叠、三叠系环海槽礁、滩富气带勘探[J]. 天然气业，28（1）：22-27.
赵文智，徐春春，王铜山，等，2011. 四川盆地龙岗和罗家寨-普光地区二、三叠系长兴-飞仙关组礁滩体天然气成藏对比研究与意义[J]. 科学通报，56：2404-2412.
赵文智，沈安江，周进高，等，2014. 礁滩储集层类型、特征、成因及勘探意义—以塔里木和四川盆地为例[J]. 石油勘探与开发，（3）：257-267.
朱光有，张水昌，张斌，等，2010. 中国中西部地区海相碳酸盐岩油气藏类型与成藏模式[J]. 石油学报，31（6）：871-878.
张兵，2010. 川东-渝北地区长兴组礁滩相储层综合研究[D]. 成都：成都理工大学：2-8.

周刚，郑荣才，罗韧，等，2013. 环开江-梁平海槽长兴组生物礁类型及储层特征[J]. 岩性油气藏，25（1）：81-87.
邹才能，徐春春，汪泽成，等，2011. 四川盆地台缘带礁滩大气区地质特征与形成条件[J]. 石油勘探与开发，38（6）：641-651.
周慧，赵宗举，刘烨，等，2012. 四川盆地及邻区早三叠世印度期层序岩相古地理及有利勘探区带[J]. 石油学报，33（2）：52-63.
张孝攀，2015. 川东北海相生物礁、滩储层地震正演数值模拟研究[D]. 成都：成都理工大学：2-5.
周刚，2012. 川东地区长兴组生物礁储层沉积学研究[D]. 成都：成都理工大学：2-12.
张景业，2011. 四川盆地生物礁滩储层地震预测—以川东北 L 地区为例[D]. 成都：成都理工大学：1-4.
赵明胜，2014. 塔里木盆地奥陶系不同台地边缘礁滩体类型、迁移及储集体差异性研究[D]. 成都：成都理工大学：1-6.
朱峰，2011. 塔里木盆地塔中地区寒武-奥陶系礁滩储集体形成与储层评价[D]. 北京：中国地质大学：2-5.
Albert S W，Jacqueline E H，2003. Visualization of log data and depositional trends in the middle Devonian traverse group，Michigan Basin，United States[J]. AAPG Bulletin，87（4）：581-608.
Allen M. B，Vincent S J，1999. Structural features of northern Tarim Basin：implications for regional tectonics and petroleum traps：discussion[J]. AAPG Bulletin，83（8）：1279-1283.
Alsharhan A S，1987. Geology and reservoir characteristics of carbonate buildup in giant Bu Hasa oil field，Abu Dhabi，United Arab Emirates[J]. AAPG Bulletin，71（10）：1304-1318.
Anselmetti F S，von Salis G A，Cunningham K J，et al，1997. Acoustic properties of Neogene carbonates and siliciclastics from the subsurface of the Florida Keys：implications for seismic reflectivity[J]. Marine Geology，144（1）：9-31.
Armstrong A K，1974. Carboniferous carbonate depositional models，preliminary lithofacies and paleotectonics maps，Arctic Alaska[J]. AAPG Bulletin，58（4）：621-645.
Aubert O，Droxler A，1996. Seismic stratigraphy and depositional signatures of the Maldive carbonate system（Indian Ocean）[J]. Marine and Petroleum Geology，13（5）：503-536.
Berner R A，Canfield D E，1989. A new model for atmospheric oxygen over Phanerozoic time[J]. Am. J. Sci，289（4）：333-361.
Berra F，Jadoul F，Binda M，et al，2011. Large scale progradation，demise and rebirth of a high-relief carbonate platform（Triassic，Lombardy Southern Alps，Italy）[J]. Sedimentary Geology，239（1-2）：48-63.
Betzler C，Lindhorst S，Hubscher C，et al，2011. Giant pockmarks in a carbonate platform（Maldives，Indian Ocean）[J]. Marine Geology，289（1-4）：1-16.
Betzler C，Ludmann T，Hubscher C，et al，2013. Current and sea-level signals in periplatform ooze（Neogene，Maldives，Indian Ocean）[J]. Sedimentary Geology，290：126-137.
Betzler C，Lindhorst S，Eberli G P，et al，2014. Periplatform drift：The combined result of contour current and off-bank transport along carbonate platforms[J]. Geology，42（10）：871-874.
Beverly Z，Saylor，2003. Sequence stratigraphy and carbonate-siliciclastic mixing in a terminal proterozoic foreland basin，urusis formation，nama group，namiboia[J]. Journal of sedimentary research，73（2）：264-279.
Bjorlykke K，Mo A，Palm E，1988. Modelling of thermal relevance to diagenetic reactions[J]. Marine and Petroleum convection in sedimentary basins and its Geology，5（4）：338-351.
Bojesen-Koefoed J，Nielsen L，Nytoft H，et al，2005. Geochemical characteristics of oil seepages from Dam Thi Nai，central Vietnam：implications for hydrocarbon exploration in the offshore Phu Khanh Basin[J]. Journal of Petroleum Geology，28（1）：3-18.

Braithwaite C J R，Rizzi G，Darke G，2004. The geometry and petrogenesis of dolomite hydrocarbon reservoirs：introduction[J]. Geological Society，London，Special Publications，235（1）：1-6.

Brigaud B，Vincent B，Carpentier C，et al，2014. Growth and demise of the Jurassic carbonate platform in the intracratonic Paris Basin（France）：interplay of climate change，eustasy and tectonics[J]. Marine and Petroleum Geology，53：3-29.

Brown A R，1999. Interpretation of three-dimentional seismic data[J]. AAPG，42（5）：97-188.

Brown A R，Dahm C G，Graebner R J，1981. A stratigraphic case history using three-dimensional seismic data in the Gulf of Thailand[J]. Geophysical Prospecting，29（3）：327-349.

Camoin G F，Montaggioni L F，1994. High energy coralgal-stromatolite frameworks from Holocene reefs（Tahiti，French Polynesia）[J]. Sedimentology，（41）：655-676.

Carmona A，Clavera-Gispert R，Gratacos O，et al. 2010. Modelling syntectonic sedimentation：combining a discrete element model of tectonic deformation and a process-based sedimentary model in 3D[J]. Mathematical Geosciences，42（5）：519-534.

Cathro D L，Austin Jr. J A，Moss G D. 2003. Progradation along a deeply submerged Oligocene-Miocene heterozoan carbonate shelf how sensitive are clinoforms to sea level variation[J]. AAPG，87（10）：1547-1574.

Chen Q，2008. Changxing Formation biohermal gas pools and natural gas exploration，Sichuan Basin China[J]. Petroleum Exploration and Development，35（2）：148-163.

Chopra S，Marfurt K J，2008. Introduction to this special section：seismic attributes[J]. The Leading Edge，27（3）：296-297.

Cooke D A，Schneider W A，1983. Generalized linear inversion of reflection seismic data[J]. Geophysics，48（6）：665-676.

Cullen A，Reemst P，Henstra G，et al，2010. Rifting of the South China Sea：new perspectives[J]. Petroleum Geoscience，16（3）：273-282.

Darryl G，Green W，2005. Fault and conduit controlled burial dolomitization of the Devonian West[J]. Central Alberta Deep Basin Bulletin of Canadian Petroleum Geology，53（2）：101-129.

Davies G R，Smith Jr L B，2006. Structurally controlled hydrothermal dolomite reservoir facies：an overview[J]. AAPG bulletin，90（11）：1641-1690.

Duggan J P，Mountjoy E W，Stasiuk L D，2001. Fault-controlled dolomitization at Swab Hill Simonette oil field（Devonian），deep basin West-Central Alberta Canada[J]. Sedimentology，48（2）：301-323.

Edie R W，1958. Mississipian Sedimentation and Oilfield in Southeastern Saskatchewan[J]. AAPG Bulletion，42（1）：94-126.

Edinger E N，Jompa J，Gino V，1998. Limmon. Biodiversity and changes in Indonesia：effects of land-based pollution，reef degradation and coral destructive fishing practises and changes over time[J]. Marine Pollution Bulletin，36（8）：617-630.

Edinger E N，Limmon G V，Jompa J，et al，2000. Normal coral growth rates on dying reefs：are coral growth rates good indicators of reef health[J]. Marine Pollution Bulletin，40（5）：404-425.

Folkestad A，Satur N. 2008. Regressive and transgressive cycles in a rift-basin：depositional model and sedimentary partitioning of the Middle Jurassic Hugin Formation，Southern Viking Graben，North Sea[J]. Sedimentary Geology，207（1-4）：1-21.

Fontaine J M，Cussey R，Lacaze J，et al，1987. Seismic interpretation of carbonate depositional environments[J]. AAPG Bulletin，71（3）：281-297.

Friedman G M，Sanders J E，1967. Origin and occurrence of dolostones[J]. Developments in sedimentology，

9（2）：267-348.

Galloway W E，1989. Genetic stratigraphic sequence in basin analysis：architecture and genesis of flooding surface bounded depositional units[J]. AAPG Bulletin，73（2）：125-142.

Gerhard L C，Anderson S B，Lefever J A，et al，1982. Geological development，origin，and energy mineral resources of Williston Basin，North Dakota[J]. AAPG Bulletin，66（8）：989-1020.

Green D G，Mountjoy E W，2005. Fault and conduit controlled burial dolomitization of the Devonian West-Central Alberta Deep Basin[J]. Bulletin of Canadian Petroleum Geology，53（2）：101-129.

Grotsch J，Mercadier C，1999. Integrated 3D reservoir moldiong based on 3-D seismic：the Tertiary Malampaya and Camago buildups，offshore Palawan，Philippines[J]. AAPG Bulletin，83（11）：1703-1728.

Hag B U，schutter S R，2008. A chronology of Paleozoic sea-level changes[J]. Science，322（5898））：64-68.

Harris P M，Frost S H，1984. Middle Cretaceous carbonate reservoirs，Fahud field and northwestern Oman[J]. AAPG Bulletin，68（5）：649-658.

Hatch J R，Leventhal J S，1992. Relationship between inferred redox potential of the depositional environment and geochemistry of the Upper Pennsylvanian（Missourian）Stark Shale Member of the Dennis Limestone，Wabaunsee County，Kansas，U. S. A. [J]. Chemical Geology，99（92）：65-82.

Jones B，Luth R W，2003. Temporal Evolution of Tertiary Dolostones on Grand Cayman as Determined by 87Sr/86Sr[J]. Journal of Sedimentary Research，73（2）：187-205.

Kendall C P，Schlager W G 1981. Carbonates and relative changes in sea level[J]. Marine Geology，44（1-2）：181-212.

Kerans C，1988. Karst-controlled reservoir heterogeneity in Ellenburger Group carbonates of west Texas[J]. AAPG bulletin，72（10）：1160-1183.

Khetani A B，Read J F. 2002. Sequence development of a mixed carbonate-siliciclastic high-relief ramp，Mississippian，Kentycky，USA[J]. Journal of sedimentary research，72（5）：657-672.

Kiessling W，Flügel E，Golonka J 1999. Paleoreef maps：evaluation of a comprehensive database on Phanerozoic reefs[J]. AAPG bulletin，83（10）：1552-1587.

Klemme H D，Ulmishek G F，1991. Effective petroleum source rocks of the world：stratigraphic distribution and controlling depositional factors[J]. AAPG Bulletin，75（12）：1809-1851.

Kump L R，1999. Interpreting carbon-isotope excursions：carbonates and organic matte（in Earth system evolution；geochemical perspective，Veizer）[J]. Chemical Geology，161（1-3）：181-198.

Land L S，1973. Contemporaneous dolomitization of middle Pleistocene reefs by meteoric water，north Jamaica（in Coral Reef Project）[J]. Bulletin of Marine Science，23（1）：64-92.

Larcombe P，Carter R M，2004. Cyclone pumping，sediment partitioning and the development of the Great Barrier Reef shelf system：a review[J]. Quaternary Science Reviews，23（1-2）：107-135.

Melim L A，Swart P K，Eberli G P，2004. Mixing-zone diagenesis in the subsurface of Florida and the Bahamas[J]. Journal of Sedimentary Research，74（6）：904-913.

Modica C J，Brush E R，2004. Postrift sequence stratigraphy，paleogeography，and fill history of the deep-water Santos Basin，offshore southeast Brazil[J]. AAPG，88（7）：923-945.

Mountjoy E W，Machel H G，Green D，et al，1999. Devonian matrix dolomites and deep burial carbonate cements：a comparison between the Rimbey-Meadowbrook reef trend and the deep basin of west-central Alberta [J]. Bulletin of Canadian Petroleum Geology，47（4）：487-509.

Read J F，1982. Carbonate platforms of passive（extensional）continental margins：types，characteristics and evolution[J]. Tectonophysics. ，81（3）：195-212.

Reeder R J，1981. Electron optical investigation of sedimentary dolomites[J]. Contributions to Mineralogy and

Petrology，76（2）：148-157.

Riding R，2002. Structure and composition of organic reefs and carbonate mud mounds：concepts and categories[J]. Earth-Science Reviews，58（1-2）：163-231.

Rodriguez E，Prodanovic M，Bryant S L. 2012. Contact line extraction and length measurements in model sediments and sedimentary rocks[J]. Journal of Colloid and Interface Science，368（1）：558-577.

Russel S D，Mahmoud A，Badarinadh V，et al，2002. Rock types and permeability prediction from dipmeter and image logs：Shuaiba，reservoir（Aptian），Abu Dhabi[J]. AAPG Bulletin，86（10）：1709-1732.

Schmidt V，McDonald D A，1979. The role of secondary porosity in the course of sandstone diagenesis（in Aspects of diagenesis）[J]. Special Publication-Society of Economic Paleontologists and Mineralogists，（26）：175-207.

Sears S O，Lucia F J，1979. Dolomitization of Northern Michigan Niagaran Reefs by Brine Refluxion and Mixing of Fresh Water and Seawater [J]. AAPG Bulletin，63（3）：524-524.

Sheriff R E，1995. Exploration Seismology[M]. Houston：Cambridge university press.

Smith Jr L B，Davies G R，2006. Structurally controlled hydrothermal alteration of carbonate reservoirs：Introduction[J]. AAPG Bulletin，90（11）：1635-1640.

Smith L B，Davies G R，2006. Structurally controlled hydrothermal dolomite reservoir fades：An overview[J]. AAPG Bulletin，90（11）：1641-1690.

Vail P R，1987. Seismic stratigraphic interpretation using sequence stratigraphy，Part seismic stratigraphy interpretation procedure，in Bally，A. W. （Ed. ），Atlas of Seismic Stratigraphy[J]. AAPG Studies in Geology，27（1）：1-10.

Vincent B，Ambeau C R，Mmanuel L E，Loreau J P 2006. Sedimentology and trace element geochemistry of shallow-marine carbonates：an approach to paleoenvironmental analysis along the Pagny-sur-Meuse Section（Upper Jurassic，France）[J]. Facies，52（1）：69-84.

Ward R F，Kendall C G S C，Harris P M，1986. Upper Permian（Guadalupian）facies and their association with hydrocarbons-Permian basin，west Texas and New Mexico[J]. AAPG Bulletin，70（3）：239-262.

Wright V P，Burchette T P，1998. Carbonate ramps：an introduction[J]. Geological Society，London，Special Publications，149（1）：1-5.